# UG NX 12.0 中文版

# 机械设计自学速成

叶国华 编著

人民邮电出版社

北京

**图书在版编目（CIP）数据**

UG NX 12.0中文版机械设计自学速成 / 叶国华编著
. -- 北京：人民邮电出版社，2021.10（2023.9重印）
ISBN 978-7-115-57052-9

Ⅰ．①U… Ⅱ．①叶… Ⅲ．①机械设计－计算机辅助
设计－应用软件 Ⅳ．①TH122

中国版本图书馆CIP数据核字(2021)第156475号

## 内 容 提 要

本书以丰富的实例为引导，全面介绍了包括草图、特征建模、装配建模、工程图设计在内的UG机械设计的各种设计方法。全书按知识结构分为12章，内容包括UG NX 12.0简介、基本操作、建模基础、曲线功能、草图设计、基本建模、特征建模、特征操作、编辑特征、曲面功能、装配建模、工程图等知识。本书知识介绍由浅入深，从易到难，各章节既相对独立又前后关联，作者根据自己多年的经验，及时给出总结和相关提示，帮助读者快捷地掌握所学知识。全书解说翔实，图文并茂，语言简洁，思路清晰。

本书可以作为工程技术人员的参考工具书，也可作为初学者的入门教材。

本书随书所配电子文件包含全书实例源文件和实例操作过程视频文件，可以帮助读者更加轻松自如地学习本书知识。

◆ 编 著 叶国华
　　责任编辑 黄汉兵
　　责任印制 陈 犇

◆ 人民邮电出版社出版发行　　北京市丰台区成寿寺路11号
　　邮编 100164　电子邮件 315@ptpress.com.cn
　　网址 https://www.ptpress.com.cn
　　北京九州迅驰传媒文化有限公司印刷

◆ 开本：787×1092　1/16
　　印张：23.5　　　　　　　2021年10月第1版
　　字数：595千字　　　　　2023年9月北京第2次印刷

定价：89.80元

读者服务热线：(010)81055493　印装质量热线：(010)81055316
反盗版热线：(010)81055315
广告经营许可证：京东市监广登字20170147号

# 前　言

UG是德国西门子公司出品的一套集CAD/CAM/CAE于一体的模型设计和加工的软件系统。它的功能覆盖了从概念设计到产品生产的整个过程，并且广泛地运用在汽车、航天、模具加工及设计和医疗器械等领域。它提供了强大的实体建模技术，具有高效能的曲面建构能力，能够完成最复杂的造型设计。除此之外，装配功能、2D出图功能、模具加工功能及与PDM之间的紧密结合，使得UG在工业界成为一套无可匹敌的高级CAD/CAM系统。

UG自从1990年进入我国以来，以其强大的功能和工程背景，已经在我国的航空、航天、汽车、模具和家电等领域得到广泛的应用。UG软件PC版本的推出，为UG在我国的普及起到了良好的推动作用。

UG的每一个新版本都代表了当时先进制造的发展前沿，很多现代设计方法和理念都能较快地在新版本中反映出来。这一次发布的新版本——UG NX 12.0在很多方面都进行了改进和升级，例如并行工程中的几何关联设计、参数化设计等。UG具有以下优势。

◆ 可以为机械设计、模具设计以及电器设计单位提供一套完整的设计、分析和制造方案。

◆ UG是一个完全的参数化软件，为零部件的系列化建模、装配和分析提供强大的基础支持。

◆ UG可以管理CAD数据以及整个产品开发周期中所有相关数据，实现逆向工程和并行工程等先进设计方法。

◆ UG可以完成包括自由曲面在内的复杂模型的创建，同时在图形显示方面运用了区域化管理方式，节约系统资源。

◆ UG具有强大的装配功能，并在装配模块中运用了引用集的设计思想，为节省计算机资源提出了行之有效的解决方案，可以极大地提高设计效率。

全书按知识结构分为12章，内容包括UG NX 12.0简介、基本操作、建模基础、曲线功能、草图设计、基本建模、特征建模、特征操作、编辑特征、曲面功能、装配建模、工程图等知识。本书知识由浅入深，从易到难，各章节既相对独立又前后关联。作者根据自己多年的教学经验，及时给出总结和相关提示，帮助读者快捷地掌握所学知识。全书解说翔实，图文并茂，语言简洁，思路清晰。本书可以作为初学者的入门教材，也可作为工程技术人员的参考工具书。

本书除有传统的书面内容外，还随书附送了方便读者学习和练习的源文件素材。读者可扫描本页二维码获取源文件下载链接。

为更进一步方便读者学习，本书还配有教学视频，对书中实例的操作过程进行了详细讲解。读者可使用微信"扫一扫"功能扫描正文中的二维码观看视频。

本书由昆明理工大学国土资源工程学院的叶国华副教授编写，解江坤老师、韩哲老师等为本书的出版提供了大量的帮助，在此一并表示感谢。

由于时间仓促，加上编者水平有限，书中不足之处在所难免，望广大读者发送邮件到714491436@qq.com批评指正，编者将不胜感激。

编者<br>2021年6月

扫描关注公众号
输入关键词57052
获取练习源文件

# 目　录

# 第 1 章

# UG NX 12.0 简介

**本章导读**

　　UG（Unigraphics）是集 CAD/CAM/CAE 为一体的三维机械设计平台，也是当今世界广泛应用的计算机辅助设计、分析和制造软件之一，广泛应用于汽车、航空航天、机械、消费产品、医疗器械、造船等行业，它为制造行业产品开发的全过程提供解决方案，功能包括概念设计、工程设计、性能分析和制造。本章主要介绍 UG 的发展历程及 UG 软件界面的工作环境，简单介绍如何自定义工具栏。

**内容要点**

　　● UG NX 12.0的启动

　　● 界面

　　● 选项卡的定制

　　● 系统的基本设置

## 1.1 UG NX 12.0的启动

启动UG NX 12.0中文版，有以下4种方法。

（1）双击桌面上的UG NX 12.0的快捷方式图标，即可启动UG NX 12.0中文版。

（2）单击桌面左下方的"开始"按钮，在弹出的菜单中选择"所有程序"→"UG NX 12.0"→"NX 12.0"，启动UG NX 12.0中文版。

（3）将UG NX 12.0的快捷方式图标拖到桌面下方的快捷启动栏中，只需单击快捷启动栏中UG NX 12.0的快捷方式图标，即可启动UG NX 12.0中文版。

（4）直接在启动UG NX 12.0的安装目录的UGII子目录下双击ugraf.exe图标，就可启动UG NX 12.0中文版。

UG NX 12.0中文版的启动画面如图1-1所示。

图1-1　UG NX 12.0中文版的启动画面

## 1.2 界面

本节介绍UG的主要工作界面及各部分功能，了解各部分的位置和功能之后才可以有效进行工作设计。UG NX 12.0主工作区如图1-2所示，其中包括标题、菜单、选项卡、工作区、坐标系、快捷菜单、资源工具条、提示行和状态行等部分。

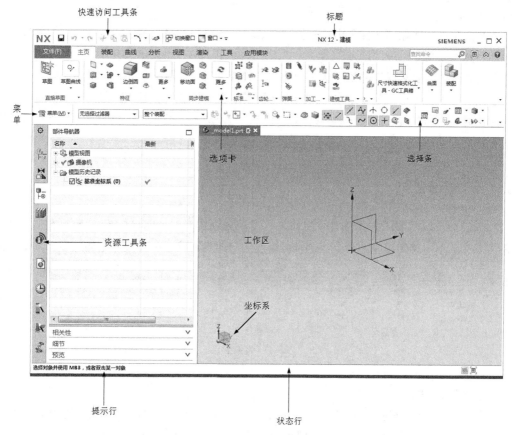

图1-2　UG NX 12.0主工作区

## 1.2.1　标题

标题用来显示软件版本，以及当前的模块和文件名等信息。

## 1.2.2　菜单

菜单包含了本软件的主要功能，系统的所有命令或者设置选项都归属到不同的菜单下，它们分别是："文件"菜单、"编辑"菜单、"视图"菜单、"插入"菜单、"格式"菜单、"工具"菜单、"装配"菜单、"信息"菜单、"分析"菜单、"首选项"菜单、"应用模块"菜单、"窗口"菜单、"GC工具箱"和"帮助"菜单。

当单击菜单时，在下拉菜单中就会显示所有与该功能有关的命令选项。图1-3为工具下拉菜单的命令选

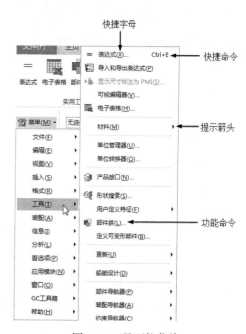

图1-3　工具下拉菜单

项，有以下特点。

（1）快捷字母：例如"文件"中的F是系统默认快捷字母命令键，按下Alt+F即可调用该命令选项，比如要调用"文件"→"打开"命令，按下Alt+F后再按O即可调出该命令。

（2）功能命令：是实现软件各个功能所要执行的各个命令，单击它会调出相应功能。

（3）提示箭头：是指菜单命令中右方的三角箭头，表示该命令含有子菜单。

（4）快捷键：命令右方的按钮组合键即是该命令的快捷键，在工作过程中直接按下组合键即可自动执行该命令。

## 1.2.3 选项卡

选项卡的命令以图形的方式在各个组和库中表示命令功能，如图1-4所示，所有选项卡的图形命令都可以在菜单中找到相应的命令，这样可以使用户避免在菜单中查找命令的繁琐，方便操作。

图1-4　选项卡

常用选项卡有6种。

1．"主页"选项卡

"主页"选项卡根据选择的模块显示的内容也不一样。如图1-5所示为建模环境中的"主页"选项卡，它提供了建立参数化特征实体模型的大部分工具，主要用于建立规则和不太复杂的实体特征，以及用于修改特征形状、位置及其显示状态等。

图1-5　"主页"选项卡

2．"曲线"选项卡

"曲线"选项卡提供了绘制各种形状曲线和修改曲线形状与参数的各种工具，如图1-6所示。

图1-6　"曲线"选项卡

3．"分析"选项卡

"分析"选项卡提供了用于模型几何分析和分析模型形状、曲线等的工具，如图1-7所示。

图1-7 "分析"选项卡

#### 4. "视图"选项卡

"视图"选项卡用于对图形窗口的物体进行显示操作,如图1-8所示。

图1-8 "视图"选项卡

#### 5. "应用模块"选项卡

"应用模块"选项卡用于各个模块之间的相互切换,如图1-9所示。

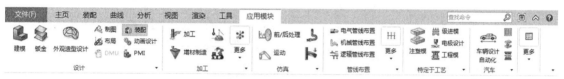

图1-9 "应用模块"选项卡

#### 6. "曲面"选项卡

"曲面"选项卡提供了构建各种曲面和用于修改曲面形状及参数的各种工具,如图1-10所示。

图1-10 "曲面"选项卡

## 1.2.4 工作区

工作区是绘图的主区域。

## 1.2.5 坐标系

UG中的坐标系分为工作坐标系(WCS)和绝对坐标系(ACS),其中工作坐标系是用户在建模时直接应用的坐标系。

## 1.2.6 快捷菜单

快捷菜单栏在工作区中右击鼠标即可打开，其中含有一些常用命令及视图控制命令，以便绘图工作。

## 1.2.7 资源工具条

资源工具条（如图1-11）中包括装配导航器、部件导航器、Web浏览器、历史记录、重用库等。

单击"重用库"图标打开"重用库"选项卡，当单击□（如图1-12）按钮时可以切换页面到最大化。

图1-11 资源工具条      图1-12 最大化窗口

单击"Web浏览器"图标，用它来显示UG NX 12.0的在线帮助、CAST、e-vis、iMan或其他任何网站和网页，也可用"菜单"→"首选项"→"用户界面"来配置浏览主页，如图1-13所示。

单击"历史记录"图标，可访问打开过的零件列表，也可以预览零件及其他相关信息，见图1-14。

图1-13 配置浏览器主页      图1-14 历史信息

## 1.2.8　提示行

提示行用来提示用户如何操作。执行每个命令时，系统都会在提示栏中显示用户必须执行的下一步操作。对于用户不熟悉的命令，利用提示栏帮助，一般都可以顺利完成操作。

## 1.2.9　状态行

状态行主要用于显示系统或图元的状态，例如显示是否选中图元等信息。

# 1.3　选项卡的定制

UG中提供的选项卡可以为用户工作提供方便，但是进入应用模块之后，UG只会显示默认的工具栏图标，然而用户可以根据自己的习惯定制风格独特的选项卡，本节将介绍选项卡的设置。

执行"菜单"→"工具"→"定制"命令（如图1-15所示）在选项卡空白处的任意位置右击鼠标，从弹出的菜单（如图1-16所示）中选择"定制"项就可以打开"自定义"对话框，如图1-17所示，对话框中有4个功能选项卡：命令、选项卡/条、快捷方式、图标/工具提示。单击相应的选项卡后，对话框会显示对应的选项卡内容，即可进行选项卡的定制，完成后执行对话框下方的"关闭"命令即可退出对话框。

图1-15　"定制"命令

图1-16　弹出的菜单

## 1.3.1　选项卡/条

"选项卡/条"选项卡（如图1-17所示）用于设置显示或隐藏某些选项卡、新建选项卡、装载定义好的选项卡文件（以.tbr为后缀名），也可以利用"重置"命令来恢复软件默认的选项卡设置。

图1-17　"选项卡/条"选项卡

## 1.3.2　命令

"命令"选项卡用于显示或隐藏选项卡中的某些图标命令，如图1-18所示，具体操作为在"类别"栏下找到需添加命令的选项卡，然后在"项"栏下找到待添加的命令，将该命令拖至工作窗口的相应选项卡中即可。对于选项卡上不需要的命令图标直接拖出，然后释放鼠标即可。命令图标用同样方法也可以拖动到菜单栏的下拉菜单中。

图1-18　"命令"选项卡

ℹ️ **提示**

除了命令可以拖动到选项卡，当"类别"栏中选为"Menu Bar"时，"项"栏中的菜单也可以拖动到选项卡中创建自定义菜单。

### 1.3.3　图标/工具提示

"图标/工具提示"选项卡（如图1-19所示）用于设置在功能区和菜单上是否显示工具提示、在对话框选项上是否显示工具提示，以及功能区、菜单和对话框等图标大小的设置。

图1-19　"图标/工具提示"选项卡

### 1.3.4　快捷方式

"快捷方式"选项卡（如图1-20所示）用于定制快捷工具条和快捷圆盘工具条等。

图1-20　"快捷方式"选项卡

# 1.4 系统的基本设置

## 1.4.1 环境设置

在系统中，软件的工作路径是由系统注册表和环境变量来设置的。UG NX 12.0安装以后会自动建立一些系统环境变量，如UGII_BASE_DIR、UGII_LANG和UG_ROOT_DIR等。如果用户要添加环境变量，可以在"计算机"图标上单击右键，在弹出的菜单中选择"属性"命令，在打开的对话框中单击"高级系统设置"选项，打开如图1-21所示的"系统属性"对话框，在"高级"选项卡中单击"环境变量（N）..."按钮，打开如图1-22所示的"环境变量"对话框。

图1-21 "系统属性"对话框

图1-22 "环境变量"对话框

如果要对UG NX 12.0进行中英文界面的切换，在如图1-22所示对话框中的"环境变量"列表框中选中"UGII_LANG"，然后单击下面的"编辑"按钮，打开如图1-23所示的"编辑系统变量"对话框，在"变量值"文本框中输入"simple_chinese"（中文）或"english"（英文）就可实现中英文界面的切换。

图1-23 "编辑系统变量"对话框

## 1.4.2 默认参数设置

在UG NX 12.0环境中，操作参数一般都可以修改。大多数的操作参数，如图形中尺寸的单位、尺寸的标注方式、字体的大小以及对象的颜色等，都有默认值。参数的默认值都保存在默认参数设置文件中，当启动UG NX 12.0时，会自动调用默认参数设置文件中的默认参数。UG NX 12.0提供了修改默认参数的方式，用户可以根据自己的习惯预先设置默认参数的默认值，可显著提高设计效率。

执行"菜单"→"文件"→"实用工具"→"用户默认设置"命令，打开如图1-24所示的"用户默认设置"对话框。在该对话框中可以设置参数的默认值、查找所需默认设置的作用域和版本、把默认参数以电子表格的格式输出、升级旧版本的默认设置等。

图1-24　"用户默认设置"对话框

下面介绍如图1-24所示的对话框中主要选项的用法。

（1）查找默认设置：在如图1-24所示的对话框中单击 按钮，打开如图1-25所示的"查找默认设置"对话框，在该对话框的"输入与默认设置关联的字符"的文本框中输入要查找的默认设置，单击 按钮，则默认设置在"找到的默认设置"列表框中列出其作用域、版本、类型等。

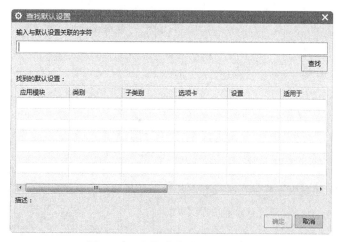

图1-25　"查找默认设置"对话框

（2）管理当前设置：在如图1-24所示的对话框中单击 ⬛ 按钮，打开如图1-26所示的"管理当前设置"对话框。在该对话框中可以实现对默认设置的新建、删除、导入、导出和以电子表格的格式输出默认设置。

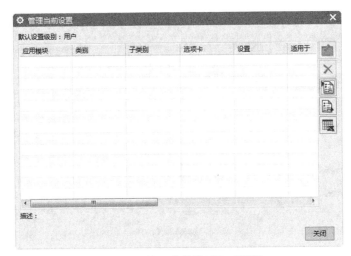

图1-26 "管理当前设置"对话框

# 第 2 章

## 基本操作

### 本章导读

本章主要介绍 UG 应用中的一些基本操作及经常使用的工具，使用户更为熟悉 UG 的建模环境，对于建模中常用的工具或者命令要很好地掌握还是要多练多用才行，而且对于 UG 所提供的建模工具的整体了解也是必不可少的，只有全局了解了才知道对同一模型可以有多种的建模和修改的思路，对更为复杂或特殊的模型的建立也游刃有余。

UG "建模"应用程序提供了一个实体建模系统，可以进行快速的概念设计。工程师可通过定义设计中的不同部件间的数学关系，将需求和设计限制结合在一起。基于特征的实体建模和编辑能力使得设计者可以通过直接编辑实体特征的尺寸，或通过使用其他几何编辑和构造技巧来修改和更新实体。

### 内容要点

- 功能模块
- 文件操作
- 对象操作
- 坐标系操作
- 视图与布局
- 图层操作

## ②.1 功能模块

UG软件覆盖了CAD、CAM和CAE的所有领域，UG的"应用模块"选项卡如图2-1所示，这些应用模块都是集成环境的一部分，它们相对独立又相互联系，下面对一些常用的UG模块进行介绍。

图2-1 "应用模块"选项卡

### 2.1.1 集成环境入口

集成环境入口（Gateway）是所有其他模块的基础平台模块，打开UG时它会自动启动，是用户打开UG后系统自动进入的第一个模块，它用于打开已存在的部件文件、建立新的部件文件、保存部件文件、改变显示部件、分析部件、调用在线帮助文档、输出图纸、执行外部程序等。当处于其他模块中时，可以通过"应用模块"→"更多"→"基本环境"命令返回集成环境入口。

### 2.1.2 建模

单击"应用模块"选项卡中的"建模"	按钮进入该模块，该模块环境用于产品零件的三维实体特征建模，也是其他应用模块的工作基础。

### 2.1.3 外观造型设计

单击"应用模块"选项卡中的"外观造型设计"	按钮进入该模块中，该模块主要为工业设计师和汽车造型师提供概念设计阶段的创造和设计环境。

### 2.1.4 制图

单击"应用模块"选项卡中的"制图"	按钮进入该模块，在该模块中可以实现建立平面工程图所需的所有功能。它可以从已建立的三维模型自动生成平面工程图，也可以利用曲线功能绘制平面工程图。

### 2.1.5 加工

单击"应用模块"选项卡中的"加工"	按钮进入数控加工模块，该模块用于数控加工模拟及自动编程，可以进行一般的二轴、二轴半铣削，也可以进行三轴到五轴的加工；可以完成数控加工的全过程，支持线切割等加工操作；还可以依据加工机床控制器的不同来定制后处理程序，从而使生成的指令文件可直接应用于用户的特定数控机床，而不需要修改指令。

## 2.1.6　结构分析

结构分析模块是一个集成化的有限元建模和算解工具，能够对零件进行前后处理，用于工程学仿真和性能评估。

## 2.1.7　运动分析

运动分析模块是一个集成的、关联的运动分析模块，提供了机械运动系统的虚拟样机；能够对机械系统的大位移复杂运动进行建模、模拟和评估；还提供了对静态、动力学、运动学模拟的支持；同时提供结果分析，包括图、动画、mpeg影片、电子表格等输出。

## 2.1.8　钣金

钣金模块提供了基于参数、特征方式的钣金零件建模功能，并提供对模型的编辑和零件的制造过程，还可以提供对钣金模型展开和重叠的模拟操作。

## 2.1.9　管路

管路模块中提供了对产品实体装配模型中各种管路和路线的规划设计，包括水管、气管、油管、电气线路、各种液体和气体的流道和滚道以及连接各种管线和线路的标准连接件等，最后可以生成安装材料单。

## 2.1.10　注塑模向导

注塑模向导模块中主要采用过程向导技术来优化模具设计流程，基于经验专家的工作流程、自动化的模具设计和标准模具库，指导注塑模具的完成。

## 2.1.11　块UI样式编辑器

块UI样式编辑器模块用于用户的二次开发，构造UG风格对话框UIStyler的用户设计界面，其中各工具的使用都可以在UG提供的帮助文件中找到。

## 2.2 文件操作

本节将介绍文件的操作，包括新建文件、打开和关闭文件、保存文件、导入导出文件操作设置等，这些操作可以通过如图2-2所示的"文件"菜单中的各种命令来完成。

### 2.2.1 新建文件

本节将介绍如何新建一个UG的prt文件，执行"文件"→"新建"命令，或单击"主页"选项卡"标准"面组中的▢（新建）按钮，或是按Ctrl+N组合键，就可以打开如图2-3所示的"新建"对话框。

在对话框中"模型"列表选择适当的模型，然后在"新文件名"中的"文件夹"确定新建文件的保存路径，在"名称"中输入文件名，设置完成后点击"确定"即可。

图2-2 "文件"菜单命令

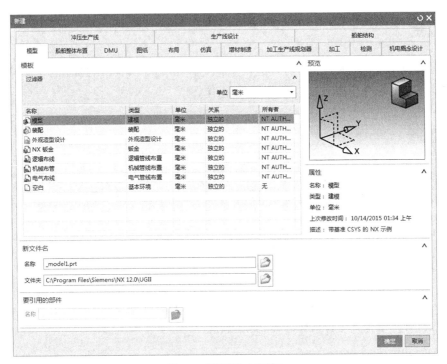

图2-3 "新建"对话框

（！）提示

　　UG 并不支持中文路径以及中文文件名，所以需要代以英文字母！否则文件将会被认为文件名无效。另外，文件在移动或复制时也要注意路径中不要有中文字符，否则系统会认作为无效文件。这一点，直到在 UG NX 12.0 中依旧没有改变。

## 2.2.2　打开关闭文件

执行"文件"→"打开"命令，或者单击"主页"选项卡上的 按钮，或者按下Ctrl+O组合键，系统就会弹出如图2-4所示的对话框，对话框中会列出当前目录下的所有有效文件以供选择，这里所指的有效文件是根据用户在"文件类型"中的设置来决定的。"仅加载结构"选项是指若选中此复选框，则当打开一个装配零件的时候，不用调用其中的组件。

图2-4　"打开"对话框

另外，可以单击"文件"菜单下的"最近打开的部件"命令来选择性地打开最近打开过的文件。关闭文件可以通过执行"文件"→"关闭"下的子菜单命令来完成，如图2-5所示。

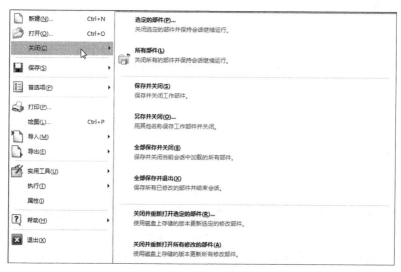

图2-5　"关闭"子菜单

以下对"关闭"→"选定的部件（P）..."子菜单命令做介绍。

选择该命令后会弹出如图2-6所示的对话框，用户选取要关闭的文件，其后单击"确定"即可。对话框的其他选项解释如下。

（1）"顶级装配部件"：该选项用于在文件列表中只列出顶层装配文件，而不列出装配中包含的组件。

（2）"会话中的所有部件"：该选项用于在文件列表中列出当前进程中所有载入的文件。

（3）"仅部件"：仅关闭所选择的文件。

（4）"部件和组件"：该选项功能在于如果所选择的文件是装配文件，则会一同关闭所有属于该装配文件的组件文件。

（5）"关闭所有打开的部件"：选择该选项可以关闭所有文件，但系统会出现警示对话框，如图2-7所示，提示用户已有部分文件作修改，给出选项让用户进一步确定。

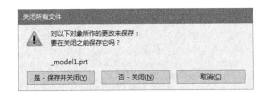

图2-6　"关闭部件"对话框　　　　图2-7　"关闭所有文件"对话框

其他的命令与之相似，只是关闭之前再保存一下，此处不再详述。

## 2.2.3　导入导出文件

1．导入文件

执行"文件"→"导入"命令后，系统会弹出如图2-8所示的子菜单。子菜单提供了UG与其他应用程序文件格式的接口，其中常用的有"部件""CGM""AutoCAD DXF/DWG"等格式文件。以下对部分格式文件做介绍。

（1）"部件"：UG系统提供将已存在的零件文件导入到目前打开的零件文件或新文件中，此外还可以导入CAM对象，如图2-9所示，功能如下。

1）"比例"：该选项中文本框用于设置导入零件的大小比例。如果导入的零件含有自由曲面，系统将限制比例值为1。

2）"创建命名的组"：选择该选项后，系统会将导入的零件中的所有对象建立群组，该群组的名称即是该零件文件的原始名称，并且该零件文件的属性将转换为导入的所有对象的属性。

3）"导入视图和摄像机"：选中该复选框后，导入的零件中若包含用户自定义布局和查看方式，则系统会将其相关参数和对象一同导入。

图2-8　"导入"子菜单

图2-9　"导入部件"对话框

4）"导入CAM对象"：选中该复选框后，若零件中含有CAM对象则将一同导入。

5）"工作"：选中该选项后，导入零件的所有对象将属于当前的工作图层。

6）"原始的"：选中该选项后，导入的所有对象还是属于原来的图层。

7）"WCS"：选择该选项，在导入对象时以工作坐标系为定位基准。

8）"指定"：选中该选项后，系统将在导入对象后显示坐标子菜单，并采用用户自定义的定位基准，定义之后，系统将以该坐标系作为导入对象的定位基准。

（2）"Parasolid"：单击该命令后系统会弹出对话框导入 "*.x_t" 格式文件，允许用户导入含有适当文字格式文件的实体（Parasolid），该文字格式文件含有说明该实体的数据。导入的实体密度保持不变，表面属性（颜色、反射参数等）除透明度外，保持不变。

（3）"CGM"：单击该命令可导入CGM（Computer Graphic Metafile）文件，即标准的ANSI格式的电脑图形中继文件。

（4）"IGES"：单击该命令可以导入IGES（Initial Graphics Exchange Specification）格式文件。IGES是可在一般CAD/CAM应用软件间转换的常用格式，可供CAD/CAM相关应用程序转换点、线、曲面等对象。

（5）"Autocad DFX/DWG"：单击该命令可以导入DFX/DWG格式文件，可以将其他CAD/CAM相关应用程序导出的DFX/DWG文件导入到UG中，操作与导入IGES格式文件相同。

2. 导出文件

执行"文件"→"导出"命令，可以将UG文件导出为除自身外的多种文件格式，包括图片、数据文件和其他各种应用程序文件格式。

## 2.2.4　文件操作参数设置

1. 载入选项

执行"文件"→"选项"→"装配加载选项"命令，系统会弹出如图2-10所示的对话框。以下对其主要参数进行说明。

（1）"加载"：该选项用于设置加载的方式，其下有3个选项。

1）"按照保存的"：该选项用于指定载入的零件目录与保存零件的目录相同。

2）"从文件夹"：指定加载零件的文件夹与主要组件相同。

3）"从搜索文件夹"：利用此对话框下的"显示会话文件夹"选项进行搜寻。

（2）"加载"：该选项用于设置零件的载入方式，该选项有5个下拉选项。

（3）"选项"：选中完全加载时，系统会将所有组件一并载入；选中部分加载时，系统仅允许用户打开部分组件文件。

（4）"失败时取消加载"：该复选框用于控制当系统载入发生错误时，是否中止载入文件。

（5）"允许替换"：选中该复选框，当组件文件载入零件时，即使该零件不属于该组件文件，系统也允许用户打开该零件。

2. 保存选项

执行"文件"→"选项"→"保存选项"命令将调出如图2-11所示的对话框，在该对话框中可以进行相关参数设置。下面就对话框中部分参数进行介绍。

（1）"保存时压缩部件"：选中该复选框后，保存时系统会自动压缩零件文件。文件压缩需要花费较长时间，所以一般用于大型组件文件或是复杂文件。

（2）"生成重量数据"：用于更新并保存元件的重量及质量特性，并将其信息与元件一同保存。

（3）"保存图样数据"：该选项组用于设置保存零件文件时，是否保存图样数据。

图2-10　"装配加载选项"对话框

图2-11　"保存选项"对话框

1）"否"：表示不保存。

2）"仅图样数据"：表示仅保存图样数据而不保存着色数据。

3）"图样和着色数据"：表示全部保存。

# 2.3 对象操作

UG建模过程中的点、线、面、图层、实体等被称为对象，三维实体的创建、编辑操作实质上可以看作是对对象的操作。本小节将介绍对象的操作过程。

## 2.3.1 观察对象

对象的观察一般有以下几种途径可以实现。

1．快捷菜单

在工作区通过右击鼠标可以弹出如图2-12所示的菜单栏，部分菜单命令功能说明如下。

（1）"适合窗口"：用于拟合视图，即调整视图中心和比例，使整合部件拟合在视图的边界内，也可以通过快捷键Ctrl+F实现。

（2）"缩放"：用于实时缩放视图，该命令可以通过同时按下鼠标中键（对于3键鼠标而言）不放来拖动鼠标实现；还可以将鼠标置于图形界面中，滚动鼠标滚轮就可以对视图进行缩放；或者在按下鼠标滚轮的同时按下"Ctrl"键，然后上下移动鼠标也可以对视图进行缩放。

图2-12　快捷菜单

（3）"旋转"：用于旋转视图，该命令可以通过按下鼠标中键（对于3键鼠标而言）不放，再拖动鼠标实现。

（4）"平移"：用于移动视图，该命令可以通过同时按下鼠标右键和中键（对于3键鼠标而言）不放来拖动鼠标实现；或者在按下鼠标滚轮的同时按下"Shift"键，然后向各个方向移动鼠标也可以对视图进行移动。

（5）"刷新"：用于更新窗口显示，其中包括更新WCS显示、更新由线段逼近的曲线和边缘显示、更新草图和相对定位尺寸/自由度指示符、更将基准平面和平面显示。

（6）"渲染样式"：用于更换视图的显示模式，给出的命令中包含线框、着色、局部着色、面分析、艺术外观等8种对象的显示模式。

（7）"定向视图"：用于改变对象观察点的位置。子菜单中包括用户自定义视角共有9个视图命令。

（8）"设置旋转参考"：该命令可以令鼠标在工作区选择合适旋转点，再通过旋转命令观察对象。

2．"视图"选项卡

"视图"选项卡如图2-13所示，上面每个按钮的功能与对应的快捷菜单相同。

图2-13 "视图"选项卡

**3."视图"下拉菜单**

执行"视图"下拉菜单命令，系统会弹出如图2-14所示的子菜单，其功能可以从不同角度观察对象模型。

## 2.3.2 选择对象

在UG的建模过程中，对象可以通过多种方式来选择，以方便快速选择目标体，执行"菜单"→"编辑"→"选择"命令后，系统会弹出如图2-15所示的子菜单。

以下对部分子菜单功能做介绍。

（1）"最高选择优先级——特征"：它的选择范围较为特定，仅允许特征被选择，像一般的线、面是不允许选择的。

（2）"最高选择优先级——组件"：该命令多用于装配环境下对各组件的选择。

（3）"全选"：系统释放所有已经选择的对象。

当绘图工作区有大量可视化对象供选择时，系统会调出如图2-16所示的"快速拾取"对话框来依次遍历

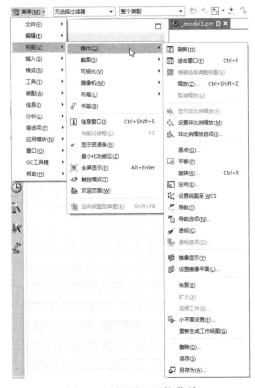

图2-14 "视图"下拉菜单

可选择对象，数字表示重叠对象的顺序，各框中的数字与工作区中的对象一一对应，当数字框中的数字高亮显示时，对应的对象也会在工作区中高亮显示。以下给出两种常用选择方法的介绍。

图2-15 "选择"子菜单

图2-16 "快速拾取"对话框

1）通过键盘：通过单击键盘上的"→"等按钮移动高亮显示区来选择对象，当确定之后通过单击Enter键或鼠标左键确认。

2）移动鼠标：在快速拾取对话框中移动鼠标，高亮显示数字也会随之改变，确定对象后单击左键确认即可。

如果要放弃选择，单击对话框中的关闭按钮或按下Esc键即可。

## 2.3.3　改变对象的显示方式

本小节将介绍对象的实体图形显示方式，首先进入建模模块中，执行"菜单"→"编辑"→"对象显示"命令或是按下组合键Ctrl+J，弹出如图2-17所示的"类选择"对话框，选择要改变的对象后，弹出如图2-18所示的"编辑对象显示"对话框，可编辑所选择对象的"图层""颜色""线型""透明度""着色显示"等参数，完成后单击"确定"即可完成编辑并退出对话框，按下"应用"则不用退出对话框，接着进行其他操作。

图2-17　"类选择"对话框

图2-18　"编辑对象显示"对话框

"类选择"对话框的相关参数和命令功能说明如下。

（1）"对象"：有"选择对象""全选"和"反选"3种方式。

1）"选择对象"：用于选取对象。

2）"全选"：用于选取所有的对象。

3）"反选"：用于选取在图形工作区中未被用户选中的对象。

（2）"其他选择方法"：有"按名称选择""选择链""向上一级"3种方式。

1）"按名称选择"：用于输入预选取对象的名称，可使用通配符"?"或"*"。

2）"选择链"：用于选择首尾相接的多个对象，选择方法是首先单击对象链中的第一个对象，然后再单击最后一个对象，使所选对象呈高亮度显示，最后单击确定按钮，结束选择对象的操作。

3）"向上一级"：用于选取上一级的对象。当选取了含有群组的对象时，该按钮才被激活，单击该按钮，系统自动选取群组中当前对象的上一级对象。

（3）"过滤器"：用于限制要选择对象的范围，有"类型过滤器""图层过滤器""属性过滤器""重置过滤器"和"颜色过滤器"5种方式。

1）"类型过滤器"：在"类选择"对话框中，单击"类型过滤器"按钮，弹出"按类型选择"对话框，如图2-19所示，在该对话框中，可设置在对象选择中需要包括或排除的对象类型。当选取"曲线""面""尺寸""符号"等对象类型时，单击"细节过滤"按钮，还可以做进一步限制，如图2-20所示。

图2-19　"按类型选择"对话框

图2-20　"面"对话框

2）"图层过滤器"：在"类选择"对话框中，单击"图层过滤器"按钮，弹出如图2-21所示的"按图层选择"对话框，在该对话框中可以设置在选择对象时需包括或排除的对象的所在层。

3）"颜色过滤器"：在"类选择"对话框中，单击"颜色过滤器"按钮，弹出如图2-22所示的"颜色"对话框，在该对话框中通过指定的颜色来限制选择对象的范围。

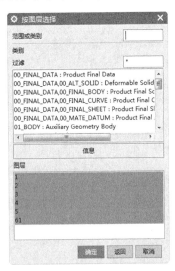

图2-21　"按图层选择"对话框

图2-22　"颜色"对话框

4）"属性过滤器"：在"类选择"对话框中，单击"属性过滤器"按钮，弹出如图2-23所示的"按属性选择"对话框，在该对话框中，可按对象线型、线宽或其他自定义属性过滤。

5）"重置过滤器"：单击"重置过滤器"按钮，可恢复成默认的过滤方式。

在"编辑对象显示"对话框（如图2-18所示），其相关命令说明如下。

① "图层"：用于指定选择对象放置的层。系统规定的层范围为1~256层。

② "颜色"：用于改变所选对象的颜色，可以调出如图2-24所示的"颜色"对话框。

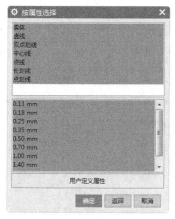

图2-23　"按属性选择"对话框

图2-24　"颜色"对话框

③ "线型"：用于修改所选对象的线型（不包括文本）。

④ "宽度"：用于修改所选对象的线宽。

⑤ "应用于选定体的所有面"：该复选框中有5个选项，勾选该复选框后则以下5个选项操作应用于所选实体的所有面。栅格数$U$、$V$用于修改所选实体或片体以线框显示时的$U$、$V$方向的网格数。透明度是用于控制选择对象被着色后光线的穿透度。

⑥ "继承"：点击该选项弹出对话框，选择需要从哪个对象上继承设置，并应用到之后的所选对象上。

⑦ "重新高亮显示对象"：重新高亮显示所选对象。

## 2.3.4　隐藏对象

当工作区域内图形太多，以至于不便于操作时，需要将暂时不需要的对象隐藏，如模型中的草图、基准面、曲线、尺寸、坐标、平面等，"菜单"→"编辑"→"显示和隐藏"菜单下的子菜单提供了显示、隐藏和取消隐藏功能命令，如图2-25所示。

其部分功能说明如下。

（1）"显示和隐藏"：单击该命令，弹出如图2-26所示的"显示和隐藏"对话框，可以选择要显示或隐藏的对象。

图2-25　"显示和隐藏"子菜单

（2）"隐藏"：该命令可以通过按下组合键Ctrl+B实现，提供了"类选择"对话框，通过类型选择需要隐藏的对象或是直接选取。

（3）"反转显示和隐藏"：该命令用于反转当前所有对象的显示或隐藏状态，即显示的全部对象将会隐藏，而隐藏的将会全部显示。

（4）"显示"：该命令将所选的隐藏对象重新显示出来，单击该命令后将会弹出类型选择对话框，此时工作区中将显示所有已经隐藏的对象，用户可以在其中选择需要重新显示的对象即可。

图2-26 "显示和隐藏"对话框

（5）"显示所有此类型对象"：该命令将重新显示某类型的所有隐藏对象，并提供了5种过滤方式，如图2-27所示的"类型""图层""其他""重置"和"颜色"5个选项来确定对象类别。

图2-27 "选择方法"对话框

（6）"全部显示"：该命令可以通过按下组合键Shift+Ctrl+U实现，将重新显示所有在可选层上的隐藏对象。

## 2.3.5 对象成组

"格式"→"组"菜单下的子菜单，如图2-28所示，可以将属性相同的对象建立群组，并且可以利用类选择器选择群组，使得对象的管理更为方便，部分命令说明如下。

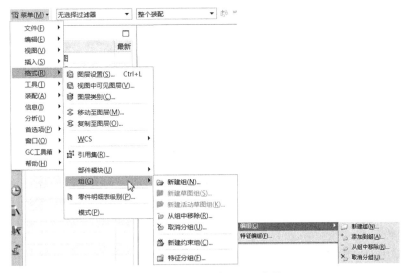

图2-28 "组"菜单下的子菜单

（1）"新建组"：该命令用于建立不命名的群组。系统会调出类型选择器来选取同类型对象建立群组。

（2）"新建草图组"：将对象收集为草图组，并在单个草图中将它们作为一个单元进行处理。

（3）"新建活动草图组"：在创建新草图对象并作为一个单元处理时，将它们主动收集到一个新组中。

## 2.3.6　对象变换

执行"菜单"→"编辑"→"变换"命令或是按下Ctrl+T组合键后，弹出如图2-29所示的"变换"对话框，选择对象后单击"确定"按钮弹出如图2-30所示的"变换"选择框，可被变换的对象包括直线、曲线、面、实体等。该对话框在操作变换对象时经常用到。在执行"变换"命令的最后操作时，都会弹出如图2-31所示的对话框。

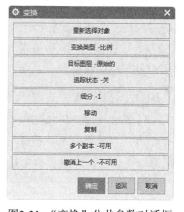

图2-29　"变换"对话框　　　图2-30　"变换"选择框　　　图2-31　"变换"公共参数对话框

以下先对如图2-31所示的对象"变换"公共参数对话框中部分功能做介绍，该对话框用于选择新的变换对象、改变变换方法、指定变换后对象的存放图层等。

（1）"重新选择对象"：该选项用于重新选择对象，通过类选择器对话框来选择新的变换对象，而保持原变换方法不变。

（2）"变换类型-比例"：该选项用于修改变换方法，即在不重新选择变换对象的情况下修改变换方法，当前选择的变换方法以简写的形式显示在"-"符号后面。

（3）"目标图层-原始的"：该选项用于指定目标图层，即在变换完成后，指定新建立的对象所在的图层。单击该选项后，会有以下3种选项。

1）"工作的"：变换后的对象放在当前的工作图层中。

2）"原先的"：变换后的对象保持在源对象所在的图层中。

3）"指定"：变换后的对象被移动到指定的图层中。

（4）"跟踪状态-关"：该选项是一个开关选项，用于设置跟踪变换过程。当其设置为"开"时，则在源对象与变换后的对象之间画连接线。该选项可以和"平移""旋转""比例""镜像"或"重定位"等变换方法一起使用，以建立一个封闭的形状。

需要注意的是，该选项对于源对象类型为实体、片体、或边界的对象变换操作时不可用。跟踪曲线独立于图层设置，总是建立在当前的工作图层中。

（5）"细分-1"：该选项用于等分变换距离，即把变换距离或角度分割成几个相等的部分，实际变换距离或角度是其等分值，指定的值称为"等分因子"。

该选项可用于"平移""比例""旋转"等变换操作。例如"平移"变换，实际变换后的距离是指原指定距离除以"等分因子"的商。

（6）"移动"：该选项用于移动对象，即变换后，将源对象从其原来的位置移动到由变换参数所指定的新位置。如果所选取的对象和其他对象间有父子依存关系（依赖于其他父对象而建立），则只有选取了全部的父对象一起变换后，才能用"移动"命令选项。

（7）"复制"：该选项用于复制对象，即变换后，将源对象从其原来的位置复制到由变换参数所指定的新位置。对于依赖其他父对象而建立的对象，复制后的新对象中数据关联信息将会丢失（它不再依赖于任何对象而独立存在）。

（8）"多个副本-可用"：该选项用于复制多个对象。按指定的变换参数和拷贝个数在新位置复制源对象的多个拷贝。相当于一次执行了多个"复制"命令操作。

（9）"撤销上一个-不可用"：该选项用于撤销最近变换，即撤销最近一次的变换操作，但源对象依旧处于选中状态。

> **提示**
>
> 对象的几何变换只能用于变化几何对象，不能用于变换视图、布局、图纸等。另外，变化过程中可以多次使用"移动"或"复制"命令，但每使用一次都建立一个新对象，所建立的新对象都是以上一个操作的结果作为源对象，并以同样的变换参数变换后得到的。

以下再对图2-30"变换"对话框中部分功能做介绍。

（10）"比例"：该选项用于将选取的对象按照指定参考点成比例的缩放尺寸。选取的对象在参考点处不移动。选中该选项后，在系统弹出的点构造器选择一个参考点后，系统会弹出如图2-32所示的对话框，提供了两种选择。

图2-32 "比例"选项对话框

1）"比例"：该文本框用于设置均匀缩放（如图2-33所示）。

2）"非均匀比例"：选中该选项后，在弹出的对话框中设置"XC""YC""ZC"方向上的缩放比例（如图2-34所示）。

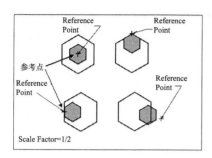

图2-33　不同参考点处的均匀比例缩放示意图

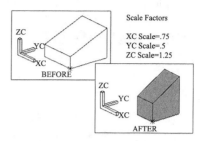

图2-34　非均匀比例缩放示意图

**提示**

片体进行非均匀比例缩放前，应先缩放其定义曲线。

（11）"通过一直线镜像"：该选项用于将选取的对象按照指定的参考直线作镜像，即在参考线的相反侧建立源对象的一个镜像，如图2-35所示。

选中该选项后，系统会弹出如图2-36所示的对话框，提供了3种选择。

1）"两点"：用于指定两点，两点的连线即为参考线。

2）"现有的直线"：选择一条已有的直线（实体边缘线）作为参考线。

3）"点和矢量"：该选项用点构造器指定一点，其后在矢量构造器中指定一个矢量，通过指定点的矢量即作为参考直线。

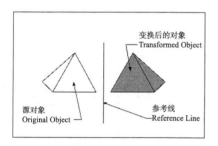

图2-35　"通过一直线镜像"示意图

图2-36　"通过一直线镜像"选项对话框

（12）"矩形阵列"：该选项用于将选取的对象，从指定的阵列原点开始，沿坐标系XC和YC方向（指定的方位）建立一个等间距的矩形阵列。系统先将源对象从指定的参考点移动或复制到目标点（阵列原点）然后沿XC、YC方向建立阵列，如图2-37所示。

选中该选项后，系统会弹出如图2-38所示的对话框，以下就该对话框部分选项做介绍。

1）"DXC"：该选项表示XC方向间距。

2）"DYC"：该选项表示YC方向间距。

3）"阵列角度"：指定阵列角度。

4）"列（X）"：指定阵列列数。

5）"行（Y）"：指定阵列行数。

（13）"圆形阵列"：该选项用于将选取的对象，

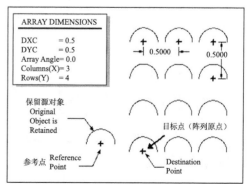

图2-37　"矩形阵列"示意图

从指定的阵列原点开始，绕目标点（阵列中心）建立一个等角间距的圆形阵列，如图2-39所示。

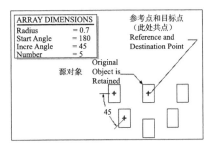

图2-38 "矩形阵列"对话框　　　　　　图2-39 "圆形阵列"示意图

选中该选项后，系统会弹出如图2-40所示的对话框，以下就该对话框部分选项做介绍。

1）"半径"：用于设置圆形阵列的半径值，该值也等于目标对象上的参考点到目标点之间的距离。

2）"起始角"：定位圆形阵列的起始角（与XC正向平行起始角为零）。

（14）"通过一平面镜像"：该选项用于将选取的对象按照指定参考平面作镜像，即在参考平面的相反侧建立源对象的一个镜像。选中该选项后，系统会弹出如图2-41所示的对话框，用于选择或创建一参考平面，之后选取源对象完成镜像操作。

（15）"点拟合"：该选项用于将选取的对象，从指定的参考点集缩放、重定位或修剪到目标点集上。选中该选项后，系统会弹出如图2-42所示对话框，其有两个选项介绍如下。

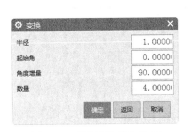

图2-40 "圆形阵列"选项　　　图2-41 "平面"对话框　　　图2-42 "点拟合"选项

1）"3-点拟合"：允许用户通过3个参考点和3个目标点来缩放和重定位对象（如图2-43所示）。

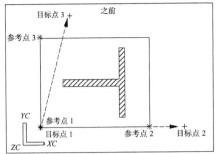

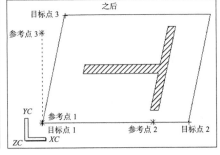

图2-43 "3点拟合"示意图

2）"4-点拟合"：允许用户通过4个参考点和4个目标点来缩放和重定位对象（如图2-44所示）。

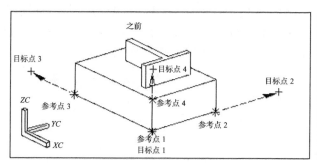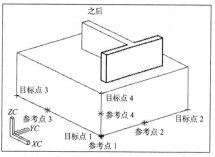

图2-44　"4点拟合"示意图

# 2.4　坐标系操作

UG系统中共包括3种坐标系统，分别是绝对坐标系ACS（Absolute Coordinate System）、工作坐标系WCS（Work Coordinate System）和机械坐标系MCS（Machine Coordinate System），它们都是符合右手法则的。

ACS：系统默认的坐标系，其原点位置永远不变，在用户新建文件时就产生了。

WCS：UG系统提供给用户的坐标系，用户可以根据需要任意移动它的位置，也可以设置属于自己的WCS坐标系。

MCS：该坐标系一般用于模具设计、加工、配线等向导操作中。

UG中关于坐标系统的操作功能子菜单如图2-45所示。

在一个UG文件中可以存在多个坐标系，但它们当中只可以有一个工作坐标系，UG中还可以利用WCS下拉菜单中的"保存"命令来保存坐标系，从而记录下每次操作时的坐标系位置，以后再利用"原点"命令将坐标系移动到相应的位置。

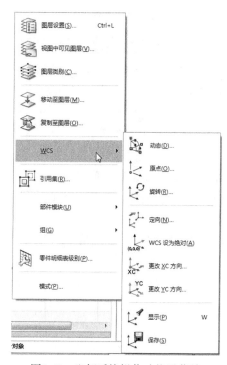

图2-45　坐标系统操作功能子菜单

## 2.4.1　坐标系的变换

执行"菜单"→"格式"→"WCS"命令后，弹出如图2-45所示的子菜单，用于对坐标系进行变换以产生新的坐标系。

（1）"原点"：该命令通过定义当前WCS的原点来移动坐标系的位置，但该命令仅仅移动坐标系的位置，而不会改变坐标轴的方向。

（2）"动态"：该命令通过步进的方式移动或旋转当前的WCS，用户可以在绘图工作区中移动坐标系到指定位置，也可以设置步进参数使坐标系逐步移动到指定的距离参数，如图2-46所示。

（3）"旋转"：执行该命令将会弹出如图2-47所示的对话框，通过当前的WCS绕某一坐标轴旋转一定角度，来定义一个新的WCS。用户通过对话框可以选择坐标系绕某一个轴旋转，同时指定从一个轴转向另一个轴，在"角度"文本框中输入需要旋转的角度，角度可以为负值。

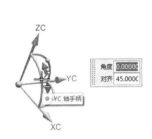

图2-46 "动态移动"示意图

图2-47 "旋转WCS绕..."对话框

> **提示**
>
> 可以直接双击坐标系使坐标系激活，处于动态移动状态，用鼠标拖动原点处的方块，可以使坐标系沿X、Y、Z方向任意移动，也可以绕任意坐标轴旋转。

（4）"改变坐标轴方向"：选择"菜单"→"格式"→"WCS"→"更改XC方向"选项或选择"菜单"→"格式"→"WCS"→"更改YC方向"选项，系统弹出"点"对话框，在该对话框中选择点，系统以原坐标系的原点和该点在XC-YC平面上的投影点的连线方向作为新坐标系的XC方向或YC方向，而原坐标系的ZC轴方向不变。

## 2.4.2 坐标系的定义

执行"菜单"→"格式"→"WCS"→"定向"命令后，该命令用于定义一个新的坐标系，如图2-48所示，以下对其相关功能做介绍。

（1）$\diagup$ "自动判断"：该方式通过选择的对象或输入X、Y、Z坐标轴方向的偏置值来定义一个坐标系。

（2）$\diagdown$ "原点、X点、Y点"：该方式利用点创建功能先后指定3个点来定义一个坐标系。这3点分别是原点、X轴上的点和Y轴上的点，第一点为原点，第一点指向第二点的方向为X轴的正向，第一点指向第三点的方向为Y轴正向，再由X轴到Y轴按右手定则来确定Z轴正向。

图2-48 "坐标系"对话框

（3）$\diagdown$ "X轴、Y轴"：该方式利用矢量创建的功能选择或定义两个矢量来创建坐标系。

（4）$\diagdown$ "X轴、Y轴、原点"：该方式先利用点创建功能指定一个点为原点，而后利用矢量创建功能创建两个矢量坐标，从而定义坐标系。

（5）⌐ "Z轴、X点"：该方式先利用矢量创建功能选择或定义一个矢量，再利用点创建功能指定一个点，来定义一个坐标系。其中，X 轴正向为沿点到定义矢量的垂线指向定义点的方向，Y 轴则由Z 轴、X 轴依据右手定则导出。

（6）⌐ "对象的坐标系"：该方式由选择的平面曲线、平面或实体的坐标系来定义一个新的坐标系，XOY 平面为选择对象所在的平面。

（7）⌐ "点、垂直于曲线"：该方式利用所选曲线的切线和一个指定点的方法创建一个坐标系。曲线的切线方向即为Z 轴矢量，X 轴方向为沿点到切线的垂线指向点的方向，Y 轴正向由自Z 轴至X 轴按右手定则来确定，切点即为原点。

（8）⌐ "平面和矢量"：该方式通过先后选择一个平面和一个矢量来定义一个坐标系。其中X 轴为平面的法矢，Y 轴为指定矢量在平面上的投影，原点为指定矢量与平面的交点。

（9）⌐ "三平面"：该方式通过先后选择3个平面来定义一个坐标系。3个平面的交点为原点，第一个平面的法向为X 轴，Y 轴、Z 轴以此类推。

（10）⌐ "偏置坐标系"：该方式通过输入X、Y、Z 坐标轴方向相对于选择坐标系的偏距来定义一个新的坐标系。

（11）⌐ "绝对坐标系"：该方式在绝对坐标系的（0，0，0）点处定义一个新的坐标系。

（12）⌐ "当前视图的坐标系"：该方式用当前视图定义一个新的坐标系。XOY 平面为当前视图所在平面。

> **提示**
>
> 用户如果不太熟悉上述操作，可以直接选择"自动判断"模式，系统会依据当前情况作出创建坐标系的判断。

### 2.4.3　坐标系的保存、显示和隐藏

执行"菜单"→"格式"→"WCS"→"显示"命令后，系统会显示或隐藏之前的工作坐标系。

执行"菜单"→"格式"→"WCS"→"保存"命令后，系统会保存当前设置的工作坐标系，以便在以后的工作中调用。

## 2.5　视图与布局

### 2.5.1　视图

执行"菜单"→"视图"命令可得到如图2-49所示的"视图"子菜单，在UG建模模块中，沿着某个方向去观察模型，得到一幅平行投影的平面图像成为视图。不同的视图用于显示在不同方位

和观察方向上的图像。

图2-49　"视图"子菜单

视图的观察方向只和绝对坐标系有关，与工作坐标系无关。每一个视图都有一个名称，称为视图名，在工作区的左下角显示该名称。UG系统默认定义的视图称为标准视图。

对视图变换的操作可以通过单击"菜单"→"视图"→"操作"命令调出操作子菜单（如图2-50左所示）或是通过在绘图工作区中单击鼠标右键弹出的快捷菜单中快速操作（如图2-50右所示）。

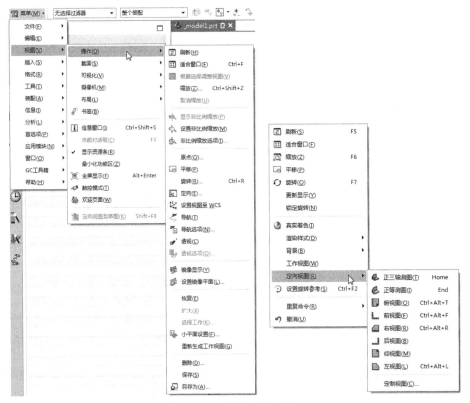

图2-50　"视图"操作菜单

## 2.5.2　布局

在绘图工作区中，将多个视图按一定排列规则显示出来就成为一个布局，每一个布局也有一个名称。UG预先定义了6种布局，称为标准布局，各种布局如图2-51所示。

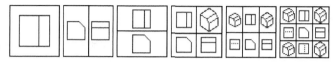

图2-51　系统标准布局

在同一布局中，只有一个视图是工作视图，其他视图都是非工作视图。各种操作都默认为针对工作视图，用户可以随便改变工作视图。工作视图在其视图中都会显示"WORK"字样。

布局的主要作用是在绘图工作区同时显示多个视角的视图，便于用户更好地观察和操作模型。用户可以定义系统默认的布局，也可以生成自定义的布局。

执行"菜单"→"视图"→"布局"命令后，系统会弹出如图2-52所示的子菜单，用于控制布局的状态和各种视图角度的显示。

图2-52　"布局"子菜单

相关功能操作介绍如下。

（1）"新建"：系统会弹出如图2-53所示的对话框，用户可以在其中设置视图布局的形式和各视图的视角。

建议用户在自定义自己的布局时，输入自己的布局名称。默认情况下，UG会按照先后顺序给每个布局命名为LAY1、LAY2…。

（2）"打开"：系统会弹出如图2-54所示的对话框，在当前文件的布局名称列表中选择要打开的某个布局，系统会按该布局的方式来显示图形。当勾选了"适合所有视图"复选框之后，系统会自动调整布局中的所有视图加以拟合。

（3）"适合所有视图"：该功能用于调整当前布局中所有视图的中心和比例，使实体模型最大程度地拟合在每个视图边界内。

图2-53 "新建布局"对话框

图2-54 "打开布局"对话框

（4）"更新显示"：当对实体进行修改后，使用了该命令就会对所有视图的模型进行实时更新显示。

（5）"重新生成"：该功能用于重新生成布局中的每一个视图。

（6）"替换视图"：该功能会弹出如图2-55所示的"视图替换为…"对话框，该对话框用于替换布局中的某个视图。

（7）"保存"：系统则用当前的视图布局名称保存修改后的布局。

（8）"另存为"：弹出如图2-56所示的"另存布局"对话框，在列表框中选择要更换名称，并保存的布局，在"名称"文本框中输入一个新的布局名称，单击"确定"按钮则系统会用新的名称保存修改过的布局。

（9）"删除"：当存在用户删除的布局时，弹出如图2-57所示的"删除布局"对话框，该对话框用于从列表框中选择要删除的视图布局后，单击"确定"按钮后系统就会删除该视图布局。

图2-55 "视图替换为…"对话框

图2-56 "另存布局"对话框

图2-57 "删除布局"对话框

## 2.6 图层操作

所谓的图层，就是在空间中使用不同的层次来放置几何体。UG中的图层功能类似于设计工程师在透明覆盖层上建立模型，一个图层类似于一个透明的覆盖层。图层的最主要功能是在复杂建模的时候可以控制对象的显示、编辑、状态。

　　一个UG文件中最多可以有256个图层，每层上可以含任意数量的对象，因此一个图层可以含有部件上的所有对象，一个对象上的部件也可以分布在很多图层上，但需要注意的是，只有一个图层是当前工作图层，所有的操作只能在工作图层上进行，其他图层可以通过可见性、可选择性等设置进行辅助工作。执行"菜单"→"格式"菜单命令（如图2-58所示），可以调用有关图层的所有命令功能。

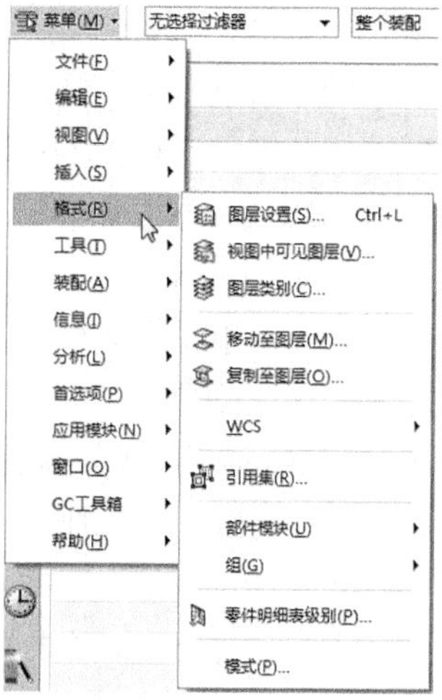

图2-58　"格式"菜单命令

## 2.6.1　图层的分类

　　对相应图层进行分类管理，可以很方便地通过图层种类来实现对其中各层的操作，提高操作效率。例如可以设置model、draft、sketch等图层种类，model包括1~10层，draft包括11~20层，sketch包括21~30层等。用户可以根据自身需要来制定图层的类别。

　　执行"菜单"→"格式"→"图层类别"命令后，系统会弹出如图2-59所示的"图层类别"对话框，可以对图层进行分类设置。

　　以下就其中部分选项功能做介绍。

　　（1）"过滤"：该文本框用于输入已存在的图层种类的名称来进行筛选，当输入"*"时则会显示所有的图层种类。用户可以直接在列表框中选取需要编辑的图层种类。

　　（2）"图层类别表框"：该文本框用于输入图层种类的名称来新建图层，或是对已存在的图层种类进行编辑。

　　（3）"创建/编辑"：该选项用于创建和编辑图层，若"类别"中输入的名字已存在则进行编辑，若不存在则进行创建。

　　（4）"删除/重命名"：该选项用于对选中的图层种类进行删除或重命名操作。

　　（5）"描述"：该选项功能用于输入某类图层相应的描述文

图2-59　"图层类别"对话框

字，即用于解释该图层种类含义的文字，当输入的描述文字超出规定长度时，系统会自动进行长度匹配。

> **提示**
>
> 　　强烈建议企业级用户建立自己的图层标准。

## 2.6.2　图层的设置

　　用户可以在任何一个或一群图层中设置该图层是否显示和是否变换工作图层等。执行"菜单"→"格式"→"图层设置"命令后，系统会弹出如图2-60所示的"图层设置"对话框，利用该对话框可以对组件中所有图层或任意一个图层进行工作层、可选取性、可见性等设置，并且可以查询图层的信息，同时也可以对图层所属种类进行编辑。

以下对相关功能的用法做介绍。

（1）"工作层"：用于输入需要设置为当前工作层的图层号。当输入图层号后，系统会自动将其设置为工作图层。

（2）"按范围/类别选择图层"：用于输入范围或图层种类的名称进行筛选图层，在文本框中输入种类名称并确定后，系统会自动将所有属于该种类的图层选取，并改变其状态。

（3）"类别过滤器"：在文本框中输入"*"，表示接受所有图层种类。

（4）"名称"：图层信息对话框能够显示此零件文件所有图层和所属种类的相关信息，如图层编号、状态、图层种类、对象数目等。可以利用Ctrl+Shift组合键进行多项选择。此外，在列表框中双击需要更改状态的图层，系统会自动切换其显示状态。

图2-60 "图层设置"对话框

（5）"仅可见"：该选项用于将指定的图层设置为仅可见状态。当图层处于仅可见状态时，该图层的所有对象仅可见但不能被选取和编辑。

（6）"显示"：该选项用于控制图层状态列表框中图层的显示情况。该下拉列表中含有"所有图层""含有对象的图层""所有可选图层"和"所有可见图层"4个选项。

（7）"显示前全部适合"：该选项用于在更新显示前吻合所有的视图，使对象充满显示区域，或在工作区域利用Ctrl+F键实现该功能。

## 2.6.3 图层的其他操作

**1. 图层的可见性设置**

执行"菜单"→"格式"→"视图中可见图层"命令后，系统会弹出如图2-61所示的对话框。

在如图2-61（左）所示弹出的对话框中选择要操作的视图，之后在弹出的对话框中（见图2-61右）的列表框中选择可见性图层，然后设置可见/不可见选项。

**2. 图层中对象的移动**

执行"菜单"→"格式"→"移动至图层"命令后，系统会弹出如图2-62所示的对话框。

在此操作过程中用户需先选择要移动的对象，然后进入对话框在"目标层或类别"中输入层组名称或图层号，或在"图层"列表中直接选中目标层，系统就会将所选对象放置在目标层中。

图2-61　"视图中的可见图层"选择对话框

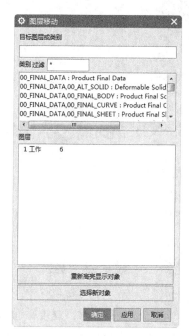

图2-62　"图层移动"对话框

3．图层中对象的复制

执行"菜单"→"格式"→"复制至图层"命令后，系统会弹出如图2-63所示的对话框，操作过程基本相同，在此不再详述了。

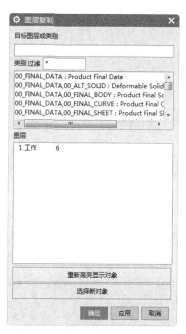

图2-63　"图层复制"对话框

# 第 3 章

## 建模基础

👉 **本章导读**

在建模过程中，不同的设计者会有不同的绘图习惯，比如图层的颜色、线框设置、基准平面的建立等。在 UG 12.0 中，设计者可以修改相关的系统参数来改变工作环境，还可以通过各种方式来建立基准平面、基准点、基准轴等。

✋ **内容要点**

🐌 UG参数设置

🐌 基准建模

🐌 布尔运算

# 3.1 UG参数设置

UG参数设置主要用于设置UG系统默认的一些控制参数。所有的参数设置命令均在主菜单"首选项"下面，当进入相应的命令时每个命令还会具体的设置。其中也可以通过修改UG安装目录下UGII文件夹中的ugii_env.dat和ugii_metric.def或相关模块的def文件来修改UG的默认设置。

## 3.1.1　对象首选项

执行"菜单"→"首选项"→"对象"命令后，系统弹出如图3-1所示的对话框，该功能主要用于设置产生新对象的属性，例如"线型""宽度""颜色"等，通过编辑用户可以进行个性化的设置，以下就相关选项进行说明。

（1）"工作层"：用于设置新对象的存储图层。在文本框中输入图层号后系统会自动将新建对象储存在该图层中。

（2）"类型""颜色""线型""宽度"：在其下拉列表中设置了系统默认的多种选项，例如有7种线型选项和3种线宽选项等。

（3）"面分析"：该选项用于确定是否在面上显示该面的分析效果。

（4）"透明度"：该选项用来使对象更改透明状态，用户可以通过滑块来改变透明度。

（5）"继承"：该选项命令即图标按钮，用于继承某个对象的属性设置并以此来设置新创建对象的预设置。单击此按钮，选择要继承的对象，这样以后新建的对象就会和刚选取的对象具有同样的属性。

图3-1　"对象首选项"对话框

（6）"信息"：该选项命令即图标按钮，用于显示对象属性设置的信息对话框。

## 3.1.2　用户界面首选项

执行"菜单"→"首选项"→"用户界面"命令后，系统会弹出如图3-2所示的对话框。此对话框中包含了"布局""主题""资源条""触控""角色""选项"和"工具"7个选项，以下就对话框（图3-2）部分选项介绍其用法。

**1. 布局**

"布局"选项用于设置用户界面、功能区选项、提示行/状态行位置等，如图3-3所示。

图3-2　"用户界面首选项"对话框

2．主题

"主题"该选项用于设置NX的主题界面，包括浅色（推荐）、浅色、经典、经典，使用系统字体、系统5种主题，如图3-4所示。

图3-3 "布局"选项卡　　　　　　　　　图3-4 "主题"选项卡

3．资源条

UG工作区左侧"资源条"选项卡，如图3-5所示，其中可以设置资源条主页、停靠位置、自动飞出与否等。

4．触控

"触控"选项卡，如图3-6所示，可以针对触摸屏操作进行优化，还可以调节数字触摸板和圆盘触摸板的显示。

图3-5 "资源条"选项卡　　　　　　　　图3-6 "接触"选项卡

5．角色

"角色"选项卡，如图3-7所示，可以新建和加载角色，也可以重置当前应用模块的布局。

6．选项

"选项"选项卡，如图3-8所示，可以设置对话框内容显示的多少，也可以设置对话框中的文本框中数据的小数点后位数以及用户的反馈信息。

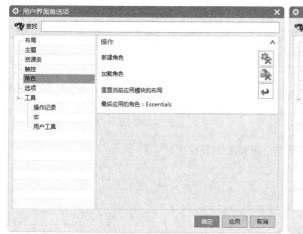

图3-7  "角色"选项卡          图3-8  "选项"选项卡

7．工具

（1）宏是一个储存一系列描述用户键盘和鼠标在UG交互过程中操作语句的文件（扩展名为".macro"），任意一串交互输入操作都可以记录到宏文件中，然后可以通过简单的播放功能来重放记录的操作，如图3-9中所示。宏不仅对于执行重复的、复杂的或较长时间的任务十分有用，还可以使用户工作环境个性化。

对于宏记录的内容，用户可以以记事本的方式打开保存了的宏文件，还可以察看系统记录的全过程。

1）录制所有的变换：该复选框用于设置在记录宏时，是否记录所有的动作。选中该复选框后，系统会记录所有的操作，所以文件会

图3-9  "宏"选项卡

较大；当不选中该复选框时，则系统仅记录动作结果，因此宏文件较小。

2）回放时显示对话框：该复选框用于设置在回放时是否显示"设置"对话框。

3）无限期暂停：该复选框用于设置记录宏时，如果用户执行了暂停命令，则在播放宏时，系统会在指定的暂停时刻停止播放宏并显示对话框，单击OK按钮后方可继续播放。

4）暂停时间：该文本框用于设置暂停时间，单位为s。

（2）操作记录

在该选项中可以设置操作文件不同的格式，如图3-10所示。

（3）用户工具

该选项用于装载用户自定义的工具文件，显示或隐藏用户定义的工具。如图3-11所示，其列表框中已装载了用户定义的工具文件。单击"载入"即可装载用户自定义工具栏文件（扩展名为".utd"），用户自定义工具文件可以以对话框形式显示，也可以是工具图标形式。

图3-10　"操作记录"选项卡　　　　　　　图3-11　"用户工具"选项卡

## 3.1.3　资源板

执行"菜单"→"首选项"→"资源板"命令后，系统会弹出如图3-12所示的对话框，该功能是自UG NX 2.0始添加的，主要用于控制整个窗口最右边资源条的显示。模板资源用于处理大量重复性工作，可以最大程度减少重复性工作。以下就其选项功能做介绍。

（1）"新建资源板"：用户可以设置一个自己的加工、制图、环境设置的模板，用于完成之后的重复性工作。

图3-12　"资源板"对话框

（2）"打开资源板"：用于打开一些系统已完成的模板文件。系统会提示选择"*.pax"格式的模板文件。

（3）"打开目录作为资源板"：用户可以选择一个文件夹作为模板。

（4）"打开目录作为模板资源板"：选择一条文件路径作为模板。

（5）"打开目录作为角色资源板"：用于打开一些角色作为模板。

## 3.1.4　选择首选项

执行"菜单"→"首选项"→"选择"命令后，系统会弹出如图3-13所示的对话框，在该对话框中可以设置光标选择对象后系统所显现的默认"颜色""选择球大小"和"确认选择"等选项,以下介绍相关用法。

（1）"鼠标手势"：该选项用于设置选择方式,包括矩形和圆方式。

（2）"选择规则"：该选项用于设置选择规则,包括内侧、外侧、交叉、内侧/交叉、外侧/交叉5种选项。

（3）"着色视图"：该选项用于设置系统着色时对象的显示方式,包括高亮显示面和高亮显示边两种选项。

（4）"面分析视图"：该选项用于设置面分析时的视图显示方式,包括高亮显示面和高亮显示边两种选项。

（5）"选择半径"：该选项用于设置球的大小,包含小、中、大3种选项。

（6）"延迟时快速拾取"：该选项用于控制预选对象是否高亮显示。选择该复选框之后,可以设置预显示的参数。预选框下的延迟时间滑块用于当预选对象时,控制对象高亮显示的时间。

（7）"公差"：该文本框用于设置连接曲线时,彼此相邻的曲线端点间允许的最大间隙。连接公差值设置越小,连接选取就越精确,值越大就越不精确。

（8）"方法"：该选项包括简单、WCS、WCS左侧和WCS右侧4种选项。

1）"简单"：该方式用于选择彼此首尾相连的曲线串。

2）"WCS"：该方式用于在当前*XC-YC*坐标平面上选择彼此首尾相连的曲线串。

3）"WCS左侧"：该方式用于在当前*XC-YC*坐标平面上,从连接开始点至结束点沿左侧路线选择彼此首尾相连的曲线串。

4）"WCS右侧"：该方式用于在当前*XC-YC*坐标平面上,从连接开始点至结束点沿右侧路线选择彼此首尾相连的曲线串。

简单方法由系统自动识别,它最为常用。当需要连接的对象含有两条连接路径时,一般选用后两种方式选项,用于指定是沿左连接还是沿右连接。

## 3.1.5　装配首选项

执行"菜单"→"首选项"→"装配"命令后,系统会弹出如图3-14所示的对话框。该对话框用于设置装配的相关参数。

以下介绍部分选项功能用法。

（1）"显示为整个部件"：更改工作部件时,此选项会临时将新

图3-13　"选择首选项"对话框

图3-14　"装配首选项"对话框

工作部件的引用集改为整个部件引用集。即使系统操作引起工作部件发生变化，引用集并不发生变化。

（2）"自动更改时警告"：当工作部件被自动更改时显示通知。

（3）"选择组件成员"：用于设置是否首先选择组件。勾选该复选框，则在选择属于某个子装配的组件时，首先选择的是子装配中的组件，而不是子装配。

（4）"描述性部件名样式"：该选项用于设置部件名称的显示类型。其中包括文件名、描述、指定的属性3种方式。

## 3.1.6　草图首选项

该选项用于改变草图的默认值并且控制某些草图对象的显示。执行"菜单"→"首选项"→"草图"命令后，系统弹出如图3-15所示的"草图首选项"对话框。该对话框包括"草图设置""会话设置"和"颜色"3个选项卡。

图3-15　"草图首选项"对话框

对话框中的选项功能介绍如下。

1."草图设置"选项卡

在"草图首选项"对话框中选择"草图设置"选项卡，如图3-16所示，显示相应的参数设置内容。

（1）尺寸标签：用于设置尺寸的文本内容，其下拉列表框中包含"表达式""名称"和"值"3

个选项。

1）表达式：选择该选项，将用尺寸表达式作为尺寸文本内容。

2）名称：选择该选项，将用尺寸表达式的名称作为尺寸文本内容。

3）值：选择该选项，将用尺寸表达式的值作为尺寸文本内容。

（2）屏幕上固定文本高度：用于设置固定尺寸文本的高度。

（3）创建自动判断约束：对创建的所有新草图启动自动判断约束。

（4）连续自动标注尺寸：启用曲线构造过程中的自动标注尺寸功能。

2．"会话设置"选项卡

在"草图首选项"对话框中选择"会话设置"选项卡，显示相应的参数设置内容，如图3-17所示。

（1）对齐角：用于设置捕捉角度，用来控制不采取捕捉方式绘制直线时是否自动为水平或垂直直线。如果所画直线与草图工作平面XC轴或YC轴的夹角小于等于该参数值，则所画直线会自动为水平或垂直直线。

（2）更改视图方向：用于控制草图退出激活状态时，工作视图是否回到原来的方向。

（3）保持图层状态：用于控制工作层状态。勾选该复选框，当草图被激活后，它所在的工作层自动称为当前工作层。当草图退出激活状态时，草图工作层会回到激活前的工作层。

（4）显示自由度箭头：用于控制自由箭头的显示状态。勾选该复选框，则草图中未约束的自由度会用箭头显示出来。

（5）动态草图显示：用于控制约束是否动态显示。

图3-16  "草图首选项"对话框

图3-17  "会话设置"选项卡

3．"部件设置"选项卡

在"草图首选项"对话框中选择"部件设置"选项卡，显示相应的参数设置内容，如图3-18所示。该选项卡用于设置草图对象的颜色。

## 3.1.7　制图首选项

执行"菜单"→"首选项"→"制图"命令后，系统会弹出如图3-19所示的"制图首选项"对话框。该对话框包括了11个选项卡，用户选取相应的选项卡，对话框中就会出现相应的选项。下面介绍几种常用参数的设置方法。

1. 尺寸

设置尺寸相关的参数的时候，根据标注尺寸的需要，用户可以利用对话框中上部的尺寸和直线/箭头工具条进行设置。在尺寸设置中主要有以下几个设置选项。

（1）尺寸线：根据标注的尺寸的需要，勾选箭头之间是否有线，或者修剪尺寸线。

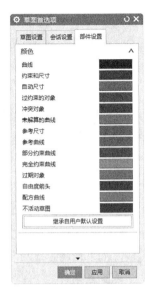

图3-18　"部件设置"选项卡

（2）方向和位置：在方位下拉列表中可以选择5种文本的放置位置，如图3-20所示。

（3）公差：可以设置最高6位的精度和11种类型的公差，图3-21显示了可以设置的11种公差的形式。

（4）倒斜角：系统提供了4种类型的倒斜角样式，可以设置分割线样式和间隔，也可以设置指引线的格式。

图3-19　"制图首选项"对话框

图3-20　文本的放置位置

2. 公共

（1）"直线/箭头"选项卡如图3-22所示。

1）箭头：用于设置剖视图中截面线箭头的参数，包括改变箭头的大小和箭头的长度以及箭头的角度。

图3-21　11种公差形式

图3-22　"直线/箭头"选项卡

2）箭头线：用于设置截面延长线的参数。用户可以修改剖面延长线长度以及图形框之间的距离。

（2）文字：设置文字相关的参数时，先选择文字对齐位置和文字对正方式，再选择要设置的文本颜色和宽度，最后在"高度""NX字体间隙因子""文本宽高比"和"行间距因子"等文本框中输入设置参数，这时用户可在预览窗口中看到文字的显示效果。

（3）符号：符号参数选项可以设置符号的颜色、线型和线宽等参数。

3．注释

该选项用于设置各种标注的颜色、线型和线宽。

剖面线/区域填充：用于设置各种填充线/剖面线的样式和类型，还可以设置角度和线型。在此选项卡中设置了区域内应该填充的图形以及比例和角度等，如图3-23所示。

4．表

该选项用于设置二维工程图表格的格式、文字标注等参数。

图3-23　"剖面线/区域填充"选项卡

（1）零件明细表：用于指定生成明细表时默认的符号、标号顺序、排列顺序和更新控制等。

（2）单元格：用来设置表格中每个单元格的格式、内容和边界线等参数。

## 3.1.8　建模首选项

该选项用于设定建模参数和特性，如距离、角度公差、密度、密度单位和曲面网格。一旦定义了一组参数，所有随后生成的对象都符合这些特殊设置。要设定这些参数，打开"建模预设置"对话框，执行"菜单"→"首选项"→"建模"命令后，系统会弹出如图3-24所示的对话框。所有选项功能介绍如下。

1．常规

在"建模首选项"对话框中选中"常规"选项卡，显示相应的参数设置内容。

（1）"体类型"：用于控制在利用曲线创建三维特征时，是生成实体还是片体。

图3-24　"建模首选项"对话框

（2）"密度"：用于设置实体的密度，该密度值只对以后创建的实体起作用。其下方的密度单位下拉列表用于设置密度的默认单位。

（3）"对于新面"：用于设置新面的显示属性是继承体还是部件默认。

（4）"对于布尔面"：用于设置在布尔运算中生成的面的显示属性是继承于目标体还是工具体。

（5）"网格线"：用于设置实体或片体表面在 $U$ 和 $V$ 方向上栅格线的数目。如果其下方 $U$ 向计数和 $V$ 向计数的参数值大于0，则当创建表面时，表面上就会显示网格曲线。网格曲线只是一个显示特征，其显示数目并不影响实际表面的精度。

2．自由曲面

在"建模首选项"对话框中选中"自由曲面"选项卡，显示相应的参数设置内容，如图3-25所示。

（1）"曲线拟合方法"：用于选择生成曲线时的拟合方式，包括"三次""五次"和"高阶"三种拟合方式，以下共有3种选择。

图3-25　"自由曲面"选项卡

1）"三次"：使用阶次为3的样条。如果需要将样条数据转移到另外一个只支持阶次为3的样条的系统上，就必须使用这个选项。

2）"五次"：使用阶次为5的样条。用五次拟合方式生成的曲线，其段的数量比那些用三次拟合方式生成的曲线的段的数量少，而且更容易通过移动极点来进行编辑，曲率分布更光顺，并且可以更好地还原真实曲线的曲率特性。

3）"高阶"：使用更为高次的样条曲线拟合，曲线光顺性更高，但一般不常用。

> **提示**
>
> 曲线拟合方式只有通过使用以下功能生成的曲线才可以进行引用：投影点/曲线、组合曲线投影、偏置曲线、合并曲线、相交曲线、截面曲线、抽取边缘曲线、抽取等斜度线和曲面上的曲线。

（2）"构造结果"：这个选项可以在使用"通过曲线""通过曲线网格""扫掠"和"直纹"选项时控制自由形式特征的生成。其下有两种选项。

1）"平面"：该选项用于几何体生成平面时，会生成一个有界平面。

2）"B曲面"：该选项用于告知系统总是生成B曲面。使用有界平面代替B曲面可提高后续应用的性能和可靠性。然而，如果曲面的等参数曲线或流线对应用非常重要，则B曲面选项可以控制这些数据。

（3）"高级重建选项"：用于设置展开曲线时曲线拟合方法的默认最高次数和最大段数。

（4）"动画"：控制某个曲面编辑操作中的曲面动画功能。

（5）"样条上的默认操作"：指定在双击样条时要使用的默认编辑器。

3．分析

在"建模首选项"对话框中选择"分析"选项卡，显示相应的参数设置内容，如图3-26所示。

（1）"极点和多段线显示"：指定B曲线极点和B曲面多线段的颜色及字型。

（2）"已编辑极点和多段线显示"：在编辑B曲线极点和B曲面多线段时，指定它们的颜色及字型。

图3-26　"分析"选项卡

（3）"面显示"：指定网格线以及C0、C1和C2结点线的颜色和线型。可以选择继承面所属体的颜色或线型，也可以为网格线和结点线指定一种颜色或线型。

4．编辑

在"建模首选项"对话框中选择"编辑"选项卡，显示相应的参数设置内容，如图3-27所示。

（1）"双击操作（特征）"：用于设置双击特征操作的功能，包含"可回滚编辑"和"编辑参数"两种选项。

（2）"双击操作（草图）"：用于设置双击草图操作的功能，包含"可回滚编辑"和"编辑"两种选项。

图3-27　"编辑"选项卡

（3）"编辑草图操作"：用于设置编辑草图时是直接在建模应用模块中编辑草图还是进入草图任务环境中编辑草图。

（4）"删除时通知"：当尝试删除一个特征相关性的特征时，将会显示警告消息。

（5）"允许编辑内部草图的尺寸"：用于控制在打开编辑特征的对话框时，是否可以查看和编辑内部草图尺寸。

5. 更新

在"建模首选项"对话框中选择"更新"选项卡，显示相应的参数设置内容，如图3-28所示。

（1）"动态更新模式"：用于设置编辑时的更新状态，包含"无""增量"和"连续"3种更新方式。

（2）"缺少参考时警告"：将缺少参考时警告作为提示工具显示在部件导航器主面板中，并显示在信息窗口的更新警告和失败报告中。当特征所依赖的对象被抑制或因建模而被抑制时，特征建模中就会缺少参考。

（3）"出错时设为当前特征"：当执行"出现错误时停止部件更新"和"部件导航中将问题特征设为当前特征，以便更正错误"操作时，可以编辑、添加或移除特征，然后手动恢复更新。

图3-28 "更新"选项卡

## 3.1.9 可视化首选项

可视化首选项用于设置图形窗口的显示属性。

执行"菜单"→"首选项"→"可视化"命令后，系统会弹出如图3-29所示的"可视化首选项"对话框，该对话框有10个选项卡。

1. 颜色/字体

在如图3-29所示的对话框中，选中"颜色/字体"选项卡，显示相应的参数设置内容。该对话框用于修改视图区背景颜色和当前颜色设置。

2. 小平面化

在如图3-30所示的对话框中，选中"小平面化"选项卡，显示相应的参数设置内容。该对话框用于设置利用小平面进行着色时的参数。

（1）"着色视图"：主要针对着色、静态线框和局部着色渲染样式的视图。

（2）"高级可视化视图"：主要针对艺术外观、真实着色和面分析渲染样式的视图。

1）"分辨率"：控制小平面几何体的显示分辨率。

图3-29 "可视化首选项"对话框

2）"更新"：用于设置在更新操作过程中哪些对象需要更新显示。

3）"小平面比例"：调整系统缩放分辨率公差，设置指定的小平面化公差。

4）"沿边对齐小平面"：通过共享小平面的顶点，沿着公共边对齐体的小平面。

3. 可视

在如图3-31所示的对话框中，选中"可视"选项卡，显示相应的参数设置内容，如图3-31所示。该对话框用于设置实体在视图中的显示特性，其部件设置中各参数的改变只影响所选择的视图，但"透明度""直线反锯齿""突出边缘"等会影响所有视图。

图3-30　"小平面化"选项卡

图3-31　"可视"选项卡

（1）常规显示设置

1）"渲染样式"：用于为所选的视图设置着色模式。

2）"着色边颜色"：用于为所选的视图设置着色边的颜色。

3）"隐藏边样式"：用于为所选的视图设置隐藏边的显示方式。

4）"光亮度"：用于设置着色表面上的光亮强度。

5）"透明度"：用于设置处在着色或部分着色模式中的着色对象是否透明显示。

6）"线条反锯齿"：用于设置是否对直线、曲线和边的显示进行处理使线显示更光滑、更真实。

7）"着重边"：用于设置着色对象是否突出边缘显示。

（2）边显示设置

用于设置着色对象的边显示参数。当渲染模式为"静态线框""面分析"和"局部着色"时，该选项卡中的参数被激活，如图3-32所示。

1）"隐藏边"：用于为所选的视图设置消隐边的显示方式。

2）"轮廓线"：用于设置是否显示圆锥、圆柱体、球体和圆环轮廓。

图3-32 "可视"选项卡中的"边显示设置"选项卡

3）"光顺边"：用于设置是否显示光滑面之间的边。该选项还包括用于设置光顺边的颜色、字体和线宽。

4）"更新隐藏边缘"：用于设置系统在实体编辑过程中是否随时更新隐藏边缘。

4. 视图/屏幕

在如图3-29所示的对话框中，选中"视图/屏幕"选项卡，显示相应的参数设置内容，如图3-33所示。该对话框用于设置视图拟合比例和校准屏幕的分辨率。

（1）"适合百分比"：用于设置在进行拟合操作后，模型在视图中的显示范围。

（2）"校准"：用于设置校准显示器屏幕的物理尺寸。在如图3-33所示的对话框中，单击"校准"按钮，弹出如图3-34所示的对话框，该对话框用于设置准确的屏幕分辨率。

5. 特殊效果

在如图3-35所示的对话框中，选中"特殊效果"选项卡，显示相应的参数设置内容，该对话框用于设置使用特殊效果来显示对象。勾选"雾"复选框，单击"雾设置"按钮，弹出如图3-36所示的"雾"对话框，该对话框用于设置使着色状态下较近的对象与较远的对象不一样的显示。

在如图3-36所示对话框中可以设置"雾"的类型为"线性""浅色"和"深色"3种类型，"雾"的颜色可以勾选"用背景色"复选框来使用系统背景色，也可以选择定义颜色方式为RGB、HSV和HLS 3种方式，再利用其右侧的滑尺来定义雾的颜色。

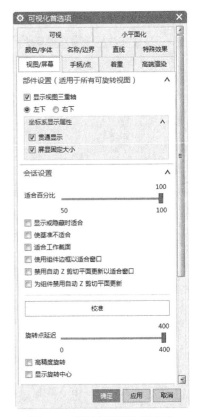

图3-33 "视图/屏幕"选项卡

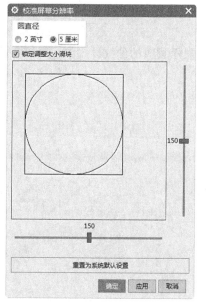

图3-34　"校准屏幕分辨率"选项对话框

图3-35　"特殊效果"选项卡

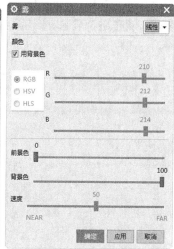

图3-36　"雾"对话框

6. 直线

在如图3-37所示的对话框中，选中"直线"选项卡，显示相应的参数设置内容。该对话框用于设置在显示对象时，对象的非实线线型各组成部分的尺寸、曲线的显示公差以及是否按线型宽度显示对象等参数。

（1）"软件线型"：如果采用软件的方法，能够准确产生成比例的非实线线型。这种方法常常用在绘图时，该方法还能定义点划线的长度、空格大小以及符号大小。

（2）"虚线段长度"：用于设置虚线每段的长度。

（3）"空格大小"：用于设置虚线两段之间的长度。

（4）"符号大小"：用于设置用在线型中的符号显示的尺寸。

（5）"曲线公差"：用于设置曲线与近似它的直线段之间的公差，决定当前所选择的显示模式的细节表现度。大的公差产生较少的直线段，得到更快的视图显示速度，然而曲线公差越大，曲线显示的越粗糙。

（6）"显示线宽"：曲线有细、一般和宽3种宽度。勾选"显示宽度"复选框，曲线以各自所设定的线宽显示出来，关闭此项，所有曲线都以细线宽显示出来。

（7）"深度排序线框"：用于设置图形显示卡在线框视图中是否按深度分类显示对象。

图3-37　"直线"选项卡

（8）"线框对照"：用于必要时调整线框颜色，以确保与视图背景形成对比。

7. 名称/边界

在如图3-38所示的对话框中，选中"名称/边界"选项卡，显示相应的参数设置内容。该对话框用于设置是否显示对象名、视图名或视图边框。

图3-38 "名称/边界"选项卡

（1）"关"：选中该单选按钮，则不显示对象、属性、图样及组名等对象名称。

（2）"定义视图"：选中该单选按钮，则在定义对象、属性、图样以及组名的视图中显示其名称。

（3）"工作视图"：选中该单选按钮，则在当前视图中显示对象、属性、图样以及组名等对象名称。

（4）"显示模型视图名"：勾选此复选框，在图形窗口中显示模型视图的名称。

（5）"显示模型视图边界"：勾选此复选框，显示模型视图的边界，显示模型视图的边界对图纸边界或图纸成员视图的边界都没有影响。

## 3.1.10  可视化性能首选项

可视化性能预设置用于控制影响图形的显示性能。

执行"菜单"→"首选项"→"可视化性能"命令后，系统会弹出如图3-39所示的"可视化性能首选项"对话框，该对话框有2个选项卡。

（1）"一般图形"：用于设置"视频动画速度""禁用透明度""忽略背面"等图形的显示性能。

（2）"大模型"：用于设置大模型的显示特性，目的是提升大模型的动态显示能力，动态显示包括视图旋转、平移、放大等，如图3-40所示。

图3-39　"可视化性能首选项"对话框

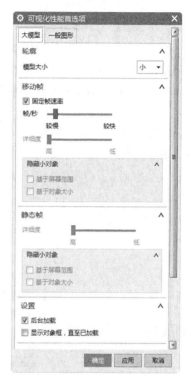

图3-40　"大模型"选项卡

# 3.2 基准建模

在UG NX 12.0的建模中，经常需要建立基准点、基准平面、基准轴和基准坐标系。UG NX 12.0提供了基准建模工具，通过在菜单区选择"菜单"→"插入"→"基准/点"菜单来实现，如图3-41所示。

## 3.2.1　点

执行"菜单"→"插入"→"基准/点"→"点"命令或单击"主页"选项卡"特征"面组中的 十（点）按钮，系统会弹出如图3-42所示的"点"对话框。

下面介绍基准点的创建方法。

图3-41　"基准/点"菜单

（1）🎤 "自动判断的点"：根据鼠标所指的位置指定各种点之中离光标最近的点。

（2）⊹ "光标位置"：直接在鼠标左键单击的位置上创建点。

（3）╋ "现有点"：根据已经存在的点，在该点位置上再创建一个点。

（4）╱ "端点"：根据鼠标选择位置，在靠近鼠标选择位置的端点处创建点。如果选择的特征为完整的圆，那么端点为零象限点。

（5）🐾 "控制点"：在曲线的控制点上创建一个点或规定新点的位置。控制点与曲线的类型有关，可以是直线的中点或端点、二次曲线的端点或是样条曲线的定义点或是控制点等。

（6）✦ "交点"：在两段曲线的交点上、曲线和平面或曲面的交点上创建一个点或规定新点的位置。

（7）△ "圆弧/椭圆上的角度"：在与X轴正向成一定角度（沿逆时针方向）的圆弧/椭圆弧上创建一个点或规定新点的位置，在如图3-43所示的对话框中输入曲线上的角度。

（8）⊙ "象限点"：即圆弧的四分点，在圆弧或椭圆弧的四分点处创建一个点或规定新点的位置。

（9）╱ "曲线/边上的点"：在如图3-44所示的对话框选择曲线，设置点在曲线上的位置，即可创建点。

图3-42 "点"对话框　　图3-43 设置点在圆弧/椭圆上的角度　　图3-44 设置点在曲线上的位置

（10）🐚 "面上的点"：在如图3-45所示的对话框中设置"U向参数"和"V向参数"的值，即可在面上创建点。

（11）╱ "两点之间"：在如图3-46所示的对话框中设置"点的位置"的值，即可在两点之间创建点。

（12）"输出坐标"：在XC、YC、ZC文本框中设置点的坐标值，之后单击"确定"按钮即可。

当在"参考"下拉列表中选择"WCS"时，在文本框中输入的坐标值是相对于工作坐系的；当选择的是"绝对坐标系-工作部件"或"绝对坐标系-显示部件"时，文本框中的*XC*、*YC*、*ZC*就会变为"*X*、*Y*、*Z*"标识，如图3-47所示，此时输入的坐标系为绝对坐标系。

图3-45　设置*U*向参数和*V*向参数

图3-46　设置点的位置

图3-47　"点"对话框

## 3.2.2　基准平面

执行"菜单"→"插入"→"基准/点"→"基准平面"命令或单击"主页"选项卡"特征"面组中的 ▱（基准平面）按钮，系统会弹出如图3-48所示的"基准平面"对话框。

下面介绍基准平面的创建方法。

（1） ▱ "自动判断"：系统根据所选对象创建基准平面。

（2） ▱ "点和方向"：通过选择一个参考点和一个参考矢量来创建基准平面。

（3） ▱ "曲线上"：通过已存在的曲线，创建在该曲线某点处与该曲线垂直的基准平面。

（4） ▱ "按某一距离"：通过已存在的参考平面或基准面进行偏置得到新的基准平面。

（5） ▱ "成一角度"：通过与一个平面或基准面成指定角度来创建基本平面。

（6） ▱ "二等分"：在两个相互平行的平面或基准平面的对称中心处创建基准平面。

（7） ▱ "曲线和点"：通过选择曲线和点来创建基准平面。

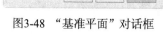

图3-48　"基准平面"对话框

（8）□ "两直线"：通过选择两条直线来创建基准平面，若两条直线在同一平面内，则以这两条直线所在平面为基准平面；若两条直线不在同一平面内，那么基准平面通过一条直线且和另一条直线平行。

（9）□ "相切"：通过和一曲面相切且通过该曲面上点、线或平面来创建基准平面。

（10）□ "通过对象"：以对象平面为基准平面。

### 3.2.3　基准轴

执行"菜单"→"插入"→"基准/点"→"基准轴"命令或单击"主页"选项卡"特征"面组中的 ▮（基准轴）按钮，系统会弹出如图3-49所示的"基准轴"对话框。下面介绍该对话框中主要参数的用法。

（1）▷ "自动判断"：根据所选的对象确定要使用的最佳基准轴类型。

（2）▣ "交点"：通过选择两相交对象的交点来创建基准轴。

（3）▣ "曲线/面轴"：通过选择曲线和曲面上的轴创建基准轴。

（4）▷ "曲线上矢量"：通过选择曲线和该曲线上的矢量创建基准轴。

图3-49　"基准轴"对话框

（5）XC "XC"轴：在工作坐标系的XC轴上创建基准轴。

（6）YC "YC"轴：在工作坐标系的XC轴上创建基准轴。

（7）ZC "ZC"轴：在工作坐标系的XC轴上创建基准轴。

（8）↘ "点和方向"：通过选择一个点和方向矢量创建基准轴。

（9）↗ "两点"：通过选择两个点来创建基准轴。

### 3.2.4　基准坐标系

执行"菜单"→"插入"→"基准/点"→"基准坐标系"命令或单击"主页"选项卡"特征"面组中的 ▣（基准坐标系）按钮，弹出如图3-50所示的"基准坐标系"对话框，该对话框用于创建基准坐标系，和坐标系不同的是，基准坐标系一次建立3个基准面XY、YZ和ZX面和3条基准轴X、Y和Z轴。

（1）▷ "自动判断"：通过选择的对象或输入沿X、Y和Z坐标轴方向的偏置值来定义一个坐标系。

图3-50　"基准坐标系"对话框

（2）▣ "原点，X点，Y点"：该方法利用点创建功能先后指定3个点来定义一个坐标系。这3点应分别是原点、X轴上的点和Y轴上的点。定义的第一点为原点，第一点指向第二点的方向为X轴的正向，第一点指向第三点的方向为Y轴方向，再从X轴到Y轴按右手定则来确定Z轴正向。

（3）▣ "三平面"：该方法通过先后选择3个平面来定义一个坐标系。3个平面的交点为坐标系的原点，第一个面的法向为 X 轴，第一个面与第二个面的交线方向为 Z 轴。

（4）🖾 "X 轴，Y 轴，原点"：该方法先利用点创建功能指定一个点作为坐标系原点，在利用矢量创建功能先后选择或定义两个矢量，这样就创建了基准坐标系。坐标系 X 轴的正向平行于第一矢量的方向，XOY 平面平行于第一矢量及第二矢量所在的平面，Z 轴正向由从第一矢量在 XOY 平面上的投影矢量至第二矢量在 XOY 平面上的投影矢量按右手定则确定。

（5）🖾 "绝对坐标系"：该方法在绝对坐标系的（0，0，0）点处定义一个新的坐标系。

（6）🖾 "当前视图的坐标系"：该方法用于在当前视图定义一个新的坐标系。XOY 平面为当前视图的所在平面。

（7）🖾 "偏置坐标系"：该方法通过输入沿 X、Y 和 Z 坐标轴方向相对于选择坐标系的偏距来定义一个新的坐标系。

# 3.3 布尔运算

零件模型通常由单个实体组成，但在 UG NX 12.0 建模过程中，实体通常是由多个实体或特征组合而成，于是要求把多个实体或特征组合成一个实体，这个操作称为布尔运算（或布尔操作）。

布尔运算在实际建模过程中用得比较多，但一般情况下是系统自动完成或自动提示用户选择合适的布尔运算。布尔运算也可独立操作。

## 3.3.1  合并

执行"菜单"→"插入"→"组合"→"合并"命令或单击"主页"选项卡"特征"面组中的 🖾（合并）按钮，系统会弹出如图 3-51 所示的"合并"对话框。该对话框用于将两个或多个实体的体积组合在一起构成单个实体，其公共部分完全合并到一起，如图 3-52 所示。

图 3-51 "合并"对话框

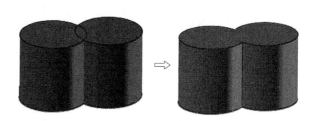

图 3-52 "合并"示意图

选择步骤如下：

（1）"目标"：进行布尔"合并"时第一个选择的体对象。运算的结果将加在目标体上，并修改目标体。同一次布尔运算中，目标体只能有一个。布尔运算的结果体类型与目标体的类型一致。

（2）"工具"：进行布尔运算时第二个以后选择的体对象。这些对象将加在目标体上，并构成目标体的一部分。同一次布尔运算中，工具体可有多个。

需要注意的是：可以将实体和实体进行合并运算，也可以将片体和片体进行合并运算（具有近似公共边缘线），但不能将片体和实体、实体和片体进行求和运算。

### 3.3.2　减去

执行"菜单"→"插入"→"组合"→"减去"命令或单击"主页"选项卡"特征"面组中的 （减去）按钮，系统会弹出如图3-53所示的"求差"对话框。该对话框用于从目标体中减去一个或多个工具体的体积，即将目标体与工具体公共的部分去掉，如图3-54所示。

图3-53　"求差"对话框

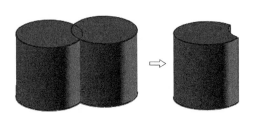

图3-54　"求差"示意图

需要注意的是：

（1）若目标体和工具体不相交或不相接，在运算结果保持为目标体不变。

（2）实体与实体、片体与实体、实体与片体之间都可进行求差运算，但片体与片体之间不能进行求差运算。实体与片体的差，其结果为非参数化实体。

（3）布尔"求差"运算时，若目标体进行差运算后的结果为两个或多个实体，则目标体将丢失数据。也不能将一个片体变成两个或多个片体。

（4）差运算的结果不允许产生0厚度，即不允许目标实体和工具体的表面刚好相切。

### 3.3.3　相交

执行"菜单"→"插入"→"组合"→"相交"命令或单击"主页"选项卡"特征"面组中的 （相交）按钮，系统会弹出如图3-55所示的"相交"对话框。该对话框用于将两个或多个实体合并成单个实体，运算结果取其公共部分体积构成单个实体，如图3-56所示。

图3-55　"相交"对话框

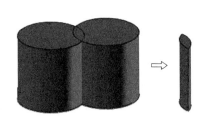

图3-56　"相交"示意图

# 第 **4** 章

# 曲线功能

☜━ **本章导读**

　　本章主要介绍曲线的建立、操作以及编辑的方法。UG 中重新改进了曲线的各种操作风格，以前版本中一些复杂难用的操作方式被抛弃了，在本章中会详述。

☝ **内容要点**

　　🐚 基本曲线

　　🐚 复杂曲线

　　🐚 曲线操作

　　🐚 曲线编辑

# 4.1 曲线

在所有的三维建模中，曲线是构建模型的基础。只有曲线质量构造得良好才能保证以后的面或实体的质量好。曲线功能主要包括曲线的生成、编辑和操作方法。

## 4.1.1 点及点集

UG的许多命令都需要利用点构造器来定义点的位置，执行"菜单"→"插入"→"基准/点"→"点"命令或单击"曲线"选项卡"曲线"面组中的十（点）按钮，系统会弹出"点"对话框。

其中各选项的相关用法在先前章节基准点中已提到过，此处不再详述。

执行"菜单"→"插入"→"基准/点"→"点集"命令或单击"曲线"选项卡"曲线"面组中的（点集）按钮，弹出如图4-1所示的"点集"对话框。其中设置了4种点集的类型，现将其常用选项功能介绍如下。

（1）"曲线点"：该选项主要用于在曲线上创建点集。该类型对话框如图4-2所示，曲线点的产生方法共有7种。其各选项详述如下。

1）"等弧长"：该方式是在点集的开始点和结束点之间按点之间等弧长来创建指定数目的点集。首先选取要创建点集的曲线，再确定点集的数目，最后输入起始点和结束点在曲线上的百分比位置，以等弧长方式创建点集，如图4-3所示。

图4-1 "点集"对话框　　　图4-2 曲线点产生方法子菜单　　　图4-3 "等弧长"方式示意图

2）"等参数"：以等参数方式创建点集时，系统会以曲线的曲率大小来分布点集的位置，曲率越大，产生的点距离也就越大，反之越小，如图4-4所示。

3）"几何级数"：在几何级数这种方式下创建点集，在设置完其他参数后还要设置一个"比率"值，用来确定点集中彼此相邻的后两点之间的距离与前两点间距的倍数，如图4-5所示。

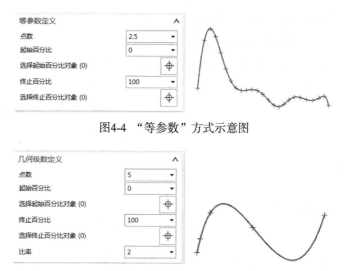

图4-4　"等参数"方式示意图

图4-5　"几何级数"方式示意图

4）"弦公差"：在弦长误差这种方式下创建点集，对话框中只有一个"弦公差"文本框。用户需要给出弦长误差的大小，在创建点集时系统会以该弦长误差值来分布点集的位置，弦长误差越小，产生的点数就越多，反之越少，如图4-6所示。

图4-6　"弦公差"方式示意图

5）"增量弧长"：在递增弧长这种方式下创建点集，对话框中只有一个"弧长"文本框。用户需要根据给出弧长的大小，在创建点集时系统会以该弧长大小的值来分布点集的位置，而点数的多少则取决于曲线总长及两点间的弧长，按照顺时针方向生成个点，如图4-7所示。

6）"投影点"：用于通过指定点来确定点集。

7）"曲线百分比"：用于通过曲线上的百分比位置来确定一个点。

（2）"样条点"：根据样条曲线来定义点集，如图4-8所示，样条点类型共有以下3种。

图4-8　样条点类型

图4-7　"增量弧长"方式示意图

1）"定义点"：该方法是通过绘制样条曲线的定义点来创建点集。选中该选项后系统会提示用户选择样条曲线，依据该样条曲线的定义点来创建点集，如图4-9所示。

2）"结点"：该方法是利用样条曲线的节点来创建点集的。选中该选项后系统会提示用户选择样条曲线，依据该样条曲线的节点来创建点集，如图4-10所示。

3）"极点"：该方法是利用样条曲线的极点来创建点集的。选中该选项后系统会提示用户选择样条曲线，依据该样条曲线的极点来创建点集，如图4-11所示。

（3）"面的点"：该方法主要用于产生曲面上的点集。选中该选项弹出如图4-12所示的对话框。面的点可按照3种方式创建。

图4-9　"定义点"方式示意图

图4-10　利用"结点"创建点集

图4-11　利用"极点"创建点集

图4-12　"面的点"对话框

## 4.1.2　直线

执行"菜单"→"插入"→"曲线"→"直线"命令或单击"曲线"选项卡"曲线"面组中的 ✎（直线）按钮，弹出如图4-13所示的"直线"对话框。以下就"直线"对话框中部分选项功能做介绍。

（1）起点/结束选项

1）"自动判断"：根据选择的对象来确定要使用的起点和终点。

2）"点"：通过一个或多个点来创建直线。

3）"相切"：用于创建与弯曲对象相切的直线。

（2）平面选项

1）"自动平面"：根据指定的起点和终点来自动判断临时平面。

2）"锁定平面"：选择此选项，如果更改起点或终点，自动平面不可移动。锁定的平面以基准平面对象的颜色显示。

3）"选择平面"：通过指定平面的下拉列表或"平面"对话框

图4-13　"直线"对话框

来创建平面。

（3）起始/终止限制

1）"值"：用于为直线的起始或终止限制指定数值。

2）"在点上"：通过"捕捉点"选项为直线的起始或终止限制指定点。

3）"直至选定"：用于在所选对象的限制处开始或结束直线。

## 4.1.3　圆和圆弧

执行"菜单"→"插入"→"曲线"→"圆弧/圆"命令或单击"曲线"选项卡"曲线"面组中的（圆弧/圆）按钮，弹出如图 4-14 所示的"圆弧/圆"对话框。该选项用于创建关联的圆弧和圆曲线。以下就"圆弧/圆"对话框中部分选项功能做介绍。

（1）类型

1）"三点画圆弧"：通过指定的三个点或指定两个点和半径来创建圆弧。

2）"从中心开始的圆弧/圆"：通过圆弧中心及第二点或半径来创建圆弧。

（2）起点/端点/中点选项

1）"自动判断"：根据选择的对象来确定要使用的起点/端点/中点。

2）"点"：用于指定圆弧的起点/端点/中点。

3）"相切"：用于选择曲线对象，以从其派生与所选对象相切的起点/端点/中点。

（3）平面选项

1）"自动平面"：根据圆弧或圆的起点和终点来自动判断临时平面。

2）"锁定平面"：选择此选项，如果更改起点或终点，自动平面不可移动。可以双击解锁或锁定自动平面。

3）"选择平面"：用于选择现有平面或新建平面。

（4）限制

1）"起始/终止限制"

①"值"：用于为圆弧的起始或终止限制指定数值。

②"在点上"：通过"捕捉点"选项为圆弧的起始或终止限制指定点。

③"直至选定"：用于在所选对象的限制处开始或结束圆弧。

2）"整圆"：用于将圆弧指定为完整的圆。

3）"补弧"：用于创建圆弧的补弧。

图4-14　"圆弧/圆"对话框

### 4.1.4  抛物线

执行"菜单"→"插入"→"曲线"→"抛物线"命令或单击"曲线"选项卡"曲线"面组中的 ⬰（抛物线）按钮，在视图区定义抛物线的顶点后弹出如图4-15所示的"抛物线"参数对话框，在该对话框中输入用户所需的数值，单击"确定"按钮，抛物线示意图如图4-16所示。

图4-15 "抛物线"对话框

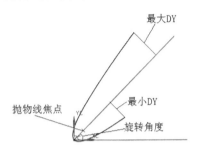

图4-16 "抛物线"示意图

### 4.1.5  双曲线

执行"菜单"→"插入"→"曲线"→"基本曲线"命令或单击"曲线"选项卡"曲线"面组中的 ⋈（双曲线）按钮，在视图区定义双曲线中心点，弹出如图4-17所示的"双曲线"对话框，在该对话框中输入用户所需的数值，单击"确定"按钮，双曲线示意图如图4-18所示。

图4-17 "双曲线"对话框

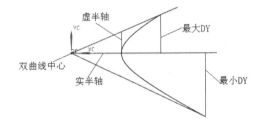

图4-18 "双曲线"示意图

### 4.1.6  艺术样条

执行"菜单"→"插入"→"曲线"→"艺术样条"命令或单击"曲线"选项卡"曲线"面组中的 ⤳（艺术样条）按钮，即可弹出如图4-19所示的对话框。

UG中生成的所有样条都是非均匀有理B样条。系统提供了2种生成方式生成B样条，以下就"艺术样条"对话框中部分选项功能做介绍。

（1）"类型"：系统提供了"通过点"和"根据极点"两种方法来创建艺术样条曲线。

1）"根据极点"：该选项中所给定的数据点称为曲线的极点或控制点。样条曲线靠近它的各个极点，但通常不通过任何极点（端点除外）。使用极点可以对曲线的总体形状和特征进行更好的控制。该选项还有助于避免曲线中多余的波动（曲率反向），如图4-19所示。

2）"通过点"：该选项生成的样条将通过一组数据点，如图4-20所示。

图4-19　"艺术样条"对话框　　　　图4-20　"通过点"对话框

（2）"点/极点位置"：定义样条点或极点位置。

（3）"参数化"：该选项可调节曲线类型和次数以改变样条。

1）"单段"：样条可以生成为"单段"，每段限制为25个点。"单段"样条为Bezier曲线。

2）"封闭"：通常样条是非闭合的，它们开始于一点，而结束于另一点。通过选择"封闭"选项可以生成开始和结束于同一点的封闭样条。该选项仅可用于多段样条。当生成封闭样条时，不必将第一个点指定为最后一个点，样条会自动封闭。

3）"次数"：这是一个代表定义曲线的多项式次数的数学概念。次数通常比样条线段中的点数小1。因此，样条的点数不得少于次数。UG样条的次数必须介于1和24之间。但是建议用户在生成样条时使用三次曲线（次数为3）。

（4）"制图平面"：该选项可以选择和创建艺术样条所在平面，绘制指定平面的艺术样条。

（5）"移动"：在指定的方向上或沿指定的平面移动样条点和极点。

1）"WCS"：在工作坐标系的指定$X$、$Y$或$Z$方向上或沿WCS的一个主平面移动点或极点。

2）"视图"：相对于视图平面移动极点或点。

3）"矢量"：用于定义所选极点或多段线的移动方向。

4）"平面"：选择一个基准平面、基准坐标系或使用指定平面来定义一个平面，以在其中移动选定的极点或多段线。

5）"法向"：沿曲线的法向移动点或极点。

（6）延伸

1）"对称"：勾选此复选框，在所选样条的指定开始和结束位置上展开对称延伸。

2）"起点/终点"：在所选样条的起点或终点处创建延伸。

①无：不创建延伸。

② 按值：用于指定延伸的值。

③ 按点：用于定义延伸的延展位置。

（7）设置

1）"自动判断的类型"：其下有4种选项。

① 等参数：将约束限制为曲面的$U$和$V$向。

② 截面：允许约束同任何方向对齐。

③ 法向：根据曲线或曲面的正常法向自动判断约束。

④ 垂直于曲线或边：从点附着对象的父级自动判断G1、G2或G3约束。

2）"固定相切方位"：勾选此复选框，与邻近点相对的约束点的移动就不会影响方位，并且方向保留为静态。

> **提示**
>
> 应尽可能使用较低阶次的曲线（3、4、5），默认阶次为3。单段曲线的阶次取决于其指定点的数量。

若要生成"通过点"的样条，有以下常规过程。

（1）设置"通过点"对话框中的参数，然后在$YC$-$ZC$平面内选择3个数据点，绘制艺术样条曲线，如图4-21所示。

（2）在"制图平面"选项中选择"常规"→"平面"对话框，在"平面"对话框中选择$XC$-$ZC$面，偏置距离为原点到第3个数据点的$Y$向距离，如图4-22所示。

（3）平面创建完成后再选择3个数据点，绘制艺术样条曲线，绘制结果如图4-23所示。

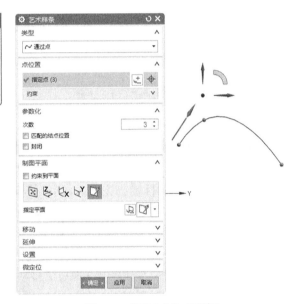

图4-21　"通过点"对话框

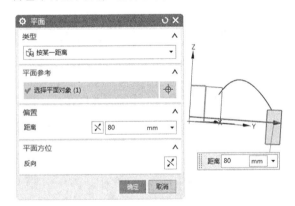

图4-22　"平面"对话框

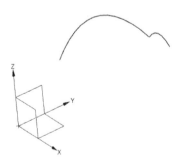

图4-23　绘制结果

## 4.1.7 规律曲线

执行"菜单"→"插入"→"曲线"→"规律曲线"命令或单击"曲线"选项卡"曲线"面组中的 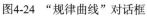（规律曲线）按钮，即可弹出如图4-24所示的对话框。

以下对上述对话框中各选项功能做说明。

（1） 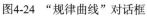 "恒定"：该选项能够给整个规律曲线定义一个常数值。系统提示用户只输入一个规律值（即该常数），如图4-25所示。

（2） "线性"：该选项能够定义从起始点到终止点的线性变化率，如图4-26所示。

图4-24 "规律曲线"对话框

图4-25 "恒定"对话框

图4-26 "线性"对话框

（3） "三次"：该选项能够定义从起始点到终止点的三次变化率。

（4） "沿脊线的线性"：该选项能够使用两个或多个沿着脊线的点定义线性规律功能。选择一条脊线曲线后，可以沿该曲线指出多个点。系统会提示用户在每个点处输入一个值。

（5） "沿脊线的三次"：该选项能够使用两个或多个沿着脊线的点定义三次规律功能。选择一条脊线曲线后，可以沿该脊线指出多个点。系统会提示用户在每个点处输入一个值。

（6） "根据方程"：该选项可以用表达式和参数表达式变量来定义规律。必须事先定义所有变量，变量定义可以使用"菜单"→"工具"→"表达式"来定义，并且公式必须使用参数表达式变量"$t$"。

点的每个坐标被表达为一个单独参数的一个功能$t$。系统在从0到1的格式化范围中使用默认的参数表达式变量$t$（$0 \leqslant t \leqslant 1$）。在表达式编辑器中，可以初始化$t$为任何值，因为系统使$t$从0到1变化。为了简单起见，初始化$t$为0。

（7） "根据规律曲线"：选择一条已存在的光滑曲线定义规律函数。在选择了这条曲线后，系统还需用户选择一条直线作为基线为规律函数定义一个矢量方向，如果用户未指定基线，则系统会默认选择绝对坐标系的$X$轴作为规律曲线的矢量方向。

## 4.1.8 螺旋线

执行"菜单"→"插入"→"曲线"→"螺旋"命令或单击"曲线"选项卡"曲线"面组中的 （螺旋）按钮，系统会弹出如图4-27所示的对话框。

该对话框能够通过定义圈数、螺距、半径方式（规律或恒定）、旋转方向和适当的方向生成螺旋线。其结果是一个样条，如图4-28所示。

以下就螺旋线功能对话框中各功能做介绍。

（1）"类型"：包括沿矢量和沿脊线两种。

（2）"方位"：用于设置螺旋线指定方向的偏转角度。

（3）"大小"：能够指定螺旋线半径或直径的定义方式。可通过"使用规律曲线"选项来定义值的大小。

（4）"规律类型"：能够使用规律函数来控制螺旋线的半径变化。

（5）"螺距"：相邻的圈之间沿螺旋轴方向的距离为螺距，能够使用规律函数来控制螺距的变化。"螺距"必须大于或等于0。

（6）"长度"：该选项用于控制螺旋线的长度，可用圈数或起始/终止限制两种方法。圈数必须大于0，也可以接受小于1的值（比如0.5可生成半圈螺旋线）。

（7）"设置"：该选项用于控制旋转的方向。

1）"右手"：螺旋线起始于基点向右卷曲（逆时针方向）。

2）"左手"：螺旋线起始于基点向左卷曲（顺时针方向）。

"旋转方向"示意图如图4-29所示。

图4-27 "螺旋"对话框

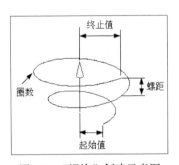

图4-28 "螺旋"创建示意图

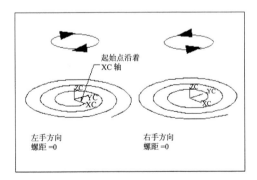

图4-29 "旋转方向"示意图

> **提示**
>
> "距离公差"建模预设置能控制样条与精确的理论螺旋线之间的偏差。当公差减小时，用来描述样条的控制顶点数将会增加。

## 4.2　曲线操作

　　一般情况下，曲线创建完成后并不能满足用户需求，还需要进一步的处理工作，本小节中将进一步介绍曲线的操作功能，如简化、偏置、桥接、连接、截面和沿面偏置等。

### 4.2.1　偏置

　　执行"菜单"→"插入"→"派生曲线"→"偏置"命令或单击"曲线"选项卡"派生曲线"面组中的（偏置）按钮，系统会弹出如图4-30所示的对话框。

　　该选项能够通过用原先对象偏置的方法，生成直线、圆弧、二次曲线、样条和边，可以选择是否使偏置曲线与其输入数据相关联。偏置曲线是通过垂直于选中基曲线上的点来构造的。

　　曲线可以在选中几何体所确定的平面内偏置，也可以使用拔模角和拔模高度选项偏置到一个平行的平面上。只有当多条曲线共面且为连续的线串（端端相连）时，才能对其进行偏置。结果曲线的对象类型与它们的输入曲线相同（除了二次曲线外，它的偏置为样条）。

　　以下对"偏置曲线"对话框中各部分选项功能做介绍。

　　（1）偏置类型

　　1）"距离"：此方式在选取曲线的平面上偏置曲线，并在其下方的"距离"和"副本数"中设置偏置距离和产生的数量。

　　2）"拔模"：此方式在平行于选取曲线平面，并与其相距指定距离的平面上偏置曲线。一个平面符号标记出偏置曲线所在的平面，并在其下方的"高度"和"角度"中设置其数值。该方式的基本思想是将曲线按照指定的"角度"偏置到与曲线所在平面相距"高度"的平面上。其中，拔模角度是偏置方向与原曲线所在平面的法向的夹角。

　　如图4-31所示是用"拔模"偏置方式生成偏置曲线的一个示例，"高度"为0.2500，"角度"为30°。

　　3）"规律控制"：此方式在规律定义的距离上偏置曲线，该规律是用规律子功能选项对话框指定的。

图4-30　"偏置曲线"对话框

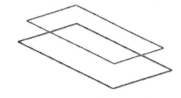

图4-31　"拔模"偏置方式示意图

　　4）"3D轴向"：此方式在指向源曲线平面的矢量方向以恒定距离对曲线进行偏置，并在其下方的"偏置距离"和"轴矢量"中进行设置。

　　（2）"距离"：该选项用于设置箭头矢量指示的方向与选中曲线之间的偏置距离。负的距离值将在反方向上偏置曲线。

（3）"副本数"：该选项能够构造多组偏置曲线，如图4-32所示。每组都从前一组偏置一个指定（使用"偏置方式"选项）的距离。

（4）"反向"：该选项用于反转箭头矢量标记的偏置方向。

（5）"修剪"：该选项将偏置曲线修剪或延伸到它们的交点处。

1）"无"：既不修剪偏置曲线，也不将偏置曲线倒成圆角。

图4-32　"副本数"示意图

2）"相切延伸"：将偏置曲线延伸到它们的交点处。

3）"圆角"：构造与每条偏置曲线的终点相切的圆弧。圆弧的半径等于偏置距离。图4-33显示了一个用该"圆角"生成的偏置。如果生成重复的偏置（即只选择"应用"而不更改任何输入），则圆弧的半径每次都会增加一个偏置距离。

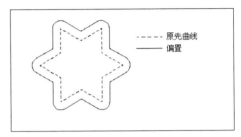

（6）"距离公差"：当输入曲线为样条或二次曲线时，可确定偏置曲线的精度。

图4-33　"圆角"偏置方式示意图

（7）"关联"：如果该选项切换为"打开"，则偏置曲线会与输入曲线和定义数据相关联。

（8）"输入曲线"：该选项能够指定对原先曲线的处理情况。其中有4个选项。

1）"保留"：在生成偏置曲线时，保留输入曲线。

2）"隐藏"：在生成偏置曲线时，隐藏输入曲线。

3）"删除"：在生成偏置曲线时，删除输入曲线。如果"关联输出"切换为"打开"，则该选项会变灰。

4）"替换"：该操作类似于移动操作，输入曲线被移至偏置曲线的位置。如果"关联输出"切换为"打开"，则该选项会变灰。

**提示**

"应用"按钮和"确定"按钮的效果差异：应用可以在不退出对话框的前提下，按照前次设置的数值进行多次操作；确定仅执行一次操作并关闭对话框。

## 4.2.2　在面上偏置

执行"菜单"→"插入"→"派生曲线"→"在面上偏置"命令或单击"曲线"选项卡"派生曲线"面组中的 （在面上偏置曲线），系统会弹出如图4-34所示的对话框。

该选项用于在一个表面上由一条存在曲线按指定的距离生成一条沿面的偏置曲线。以下对其选各项功能做介绍。

（1）偏置法

1）"弦"：沿曲线弦长偏置。

2）"弧长"：沿曲线弧长偏置。

3）"测地线"：沿曲面最小距离偏置。

4）"相切"：沿曲面的切线方向偏置。

5）"投影距离"：沿投影距离偏置。

（2）"公差"：该选项用于设置偏置曲线公差，其默认值是在建模预设置对话框中设置的。公差值决定了偏置曲线与被偏置曲线的相似程度，一般选用默认值即可。

在面上偏置曲线的步骤：

1）选择包含基曲线或在基曲线附近的面。

2）选择基曲线。原先的曲线称为基曲线。基曲线应在面上或面的附近。当选择基曲线时，会临时显示一个方向矢量，指示偏置的正向。

3）定义新曲线的距离参数。距离值能够指定生成的偏置曲线与基曲线之间的距离，允许使用负值。

4）单击"确定"生成偏置曲线。如果参数值有效，系统将会首先偏置点，然后通过这些点构造曲线的方法，生成偏置曲线。每个点在偏置以后，将用系统颜色加以显示。

如图4-35所示为在面上偏置曲线示意图。

图4-34　"在面上偏置曲线"对话框

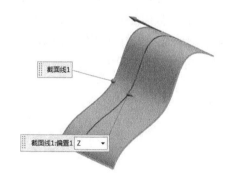

图4-35　"在面上偏置曲线"示意图

> ⓘ **提示**
>
> 　　如果找不到曲线上某一点处相应的法向面，则会显示一条错误信息：不能将基曲线投影到面上。如果不能确定用来计算偏置距离的横截面曲线，则会显示一条错误信息：找不到横截面曲线。"建模"的距离公差参数设置可确定偏置曲线与真实理论偏置曲线之间近似的精确程度。如果在距离公差内不能生成曲线，则会显示一条错误信息：不能满足指定的公差。

### 4.2.3 桥接

执行"菜单"→"插入"→"派生曲线"→"桥接"命令或单击"曲线"选项卡"派生曲线"面组中的 （桥接曲线）按钮，系统会弹出如图4-36所示的对话框。

该选项可以用来桥接两条不同位置的曲线，边也可以作为曲线来选择，这是用户在曲线连接中最常用的方法。以下对"桥接"对话框各选项功能做介绍。

（1）"起始对象"：用于确定桥接曲线操作的第一个对象。

（2）"终止对象"：用于确定桥接曲线操作的第二个对象。

参考曲线形状操作示意图，如图4-37所示。

（3）连接

1）连续性

①"相切"：表示桥接曲线与第一条曲线、第二条曲线在连接点处相切连续，且为三阶样条曲线。

②"曲率"：表示桥接曲线与第一条曲线、第二条曲线在连接点处曲率连续，且为五阶或七阶样条曲线，与"相切"连续性方式比较如图4-38所示。

2）"位置"：移动滑尺上的滑块，确定点在曲线的百分比位置。

3）"流"：表示桥接曲线与第一条曲线、第二条曲线在连接点处沿流线变化，且为五阶或七阶样条曲线。

（4）"约束面"：用于限制桥接曲线所在面。

（5）"半径约束"：用于限制桥接曲线的半径类型和大小。

图4-36 "桥接曲线"对话框

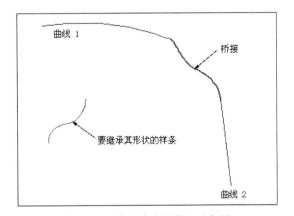

图4-37 "参考曲线形状"示意图

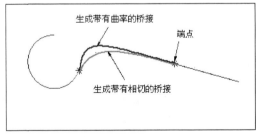

图4-38 两种"连续方式"比较示意图

（6）形状控制

1）"相切幅值"：通过改变桥接曲线与第一条曲线和第二条曲线连接点的切矢量值来控制桥接

曲线的形状。切矢量值的改变是通过"开始"和"结束"滑尺，或直接在"开始"和"结束"文本框中输入切矢量来实现的。

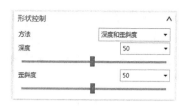

2）"深度和歪斜度"：当选择该控制方式时，"桥接曲线"对话框的变化如图4-39所示。

① "深度"：是指桥接曲线峰值点的深度，即影响桥接曲线形状的曲率百分比，其值可拖动下面的滑尺或直接在"深度"文本框中输入百分比实现。

图4-39　"深度和歪斜度"选项

② "歪斜度"：控制最大曲率位置，其值表示沿桥接方向从起点到终点的距离百分比。

③ "模板曲线"：用于选择现有样条来控制桥接曲线的整体形状。请注意，模板曲线仅支持G0和G1连续性。

## 4.2.4　简化

执行"菜单"→"插入"→"派生曲线"→"简化"命令或单击"曲线"选项卡"派生曲线"面组中的  （简化曲线）按钮，即可弹出如图4-40所示的对话框。该选项以一条最合适的逼近曲线来简化一组选择曲线（最多可选择512条曲线），它将这组曲线简化为圆弧或直线的组合，即将高次方曲线降成二次或一次方曲线。

图4-40　"简化曲线"对话框

在简化选中曲线之前，可以指定原有曲线在转换之后的状态。可以对原有曲线选择下列选项之一。

（1）"保持"：在生成直线和圆弧之后保留原有曲线。在选中曲线的上面生成曲线。

（2）"删除"：简化之后删除选中曲线。删除选中曲线之后，不能再恢复。如果选择"撤销"，可以恢复原有曲线但不再被简化。

（3）"隐藏"：生成简化曲线之后，将选中的原有曲线从屏幕上移除，但并未被删除。

若要选择的多组曲线彼此首尾相连，则可以通过其中的"成链"选项，通过第一条和最后一条曲线来选择彼此连接的一组曲线，之后系统对其进行简化操作。

> **提示**
>
> 简化样条使用距离公差将其近似为圆弧和直线。如果样条很长，近似于直线，而默认距离公差很小，则将使用半径超出最大部件尺寸的大圆弧来逼近样条，通过增加距离公差可避免该问题。

## 4.2.5　复合曲线

执行"菜单"→"插入"→"派生曲线"→"复合曲线"命令或单击"曲线"选项卡"派生曲线"面组中的 （复合曲线）按钮，系统会弹出如图4-41所示的对话框。该选项功能可从工作部件中抽取曲线和边。抽取的曲线和边会在添加倒斜角和圆角等详细特征后保留。

以下就其中的各选项功能做介绍。

1．曲线

（1）"选择曲线"：用于选择要复制的曲线。

（2）"指定原始曲线"：用于从该曲线环中指定原始曲线。

2．设置

（1）"关联"：创建关联复合曲线特征。

（2）"隐藏原先的"：创建复合特征时，隐藏原始曲线。如果原始几何体是整个对象，则不能隐藏实体边。

（3）"允许自相交"：用于选择自相交曲线作为输入曲线。

图4-41 "复合曲线"对话框

（4）"高级曲线拟合"：用于指定方法、次数和段数。

1）"方法"：控制输出曲线的参数设置。可用选项有3种。

① "次数和段数"显式控制输出曲线的参数设置。

② "次数和公差"使用指定的次数及所需数量的非均匀段达到指定的公差值。

③ "保留参数化"使用此选项可继承输入曲线的次数、段数、极点结构和结点结构，然后将其应用于输出曲线。

④ "自动拟合"可以指定最低次数、最高次数、最大段数和公差值，以控制输出曲线的参数设置。此选项替换了之前版本中可用的高级选项。

2）"次数"：当方法为次数和段数或次数和公差时可用，用于指定曲线的次数。

3）"段数"：当方法为次数和段数时可用。用于指定曲线的段数。

4）"最低次数"：当方法为自动拟合时可用，用于指定曲线的最低次数。

5）"最高次数"：当方法为自动拟合时可用，用于指定曲线的最高次数。

6）"最大段数"：当方法为自动拟合时可用，用于指定曲线的最大段数。

（5）"连结曲线"：用于指定是否要将复合曲线的线段联结成单条曲线。

1）"否"：不联结复合曲线段。

2）"三次"：联结输出曲线以形成三次多项式样条曲线，使用此选项可最小化结点数。

3）"常规"：联结输出曲线以形成常规样条曲线。创建可精确表示输入曲线的样条。此选项可以创建次数高于三次或五次类型的曲线。

4）"五次"：联结输出曲线以形成五次多项式样条曲线。

（6）"使用父对象的显示属性"：将对复合对象的显示属性所做的更改反映给通过 WAVE 几何链接器与其链接的任何子对象。

## 4.2.6　投影

执行"菜单"→"插入"→"派生曲线"→"投影"命令或单击"曲线"选项卡"派生曲线"面组中的 ![投影曲线] （投影曲线）按钮，系统会弹出如图4-42所示的对话框。该选项能够将曲线和点投影到片体、面、平面和基准面上。点和曲线可以沿着指定矢量方向、与指定矢量成某一角度的方向、指向特定点的方向或沿着面法线的方向进行投影。所有投影曲线在孔或面边界处都要进行修剪。

以下对该对话框中各选项功能做介绍。

（1）"要投影的曲线或点"：该选项用于确定要投影的曲线和点。

（2）"指定平面"：该选项用于确定投影所在的表面或平面。

（3）"方向"：该选项用于指定如何定义将对象投影到片体、面和平面上时所使用的方向。

1）"沿面的法向"：该选项用于沿着面和平面的法向投影对象，如图4-43所示。

2）"朝向点"：该选项可向一个指定点投影对象。对于投影的点，可以在选中点与投影点之间的直线上获得交点，如图4-44所示。

3）"朝向直线"：该选项可沿垂直于一指定直线或基准轴的矢量投影对象。投影的点是自垂直于指定直线的选定点与延伸的直线的交点，如图4-45所示。

图4-42 "投影曲线"对话框

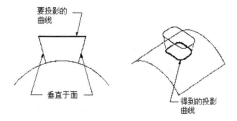

图4-43 "沿面的法向"示意图

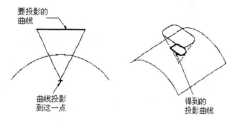

图4-44 "朝向点"示意图

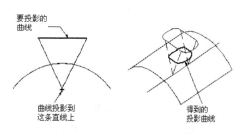

图4-45 "朝向直线"示意图

4）"沿矢量"：该选项可沿指定矢量（该矢量是通过矢量构造器定义的）投影选中对象。可以在该矢量指示的单个方向上投影曲线，或者在两个方向上（指示的方向和它的反方向）投影，如图4-46

所示。

5）"与矢量成角度"：该选项可将选中曲线按与指定矢量成指定角度的方向投影，该矢量是使用矢量构造器定义的。根据选择的角度值（向内的角度为负值），该投影可以相对于曲线的近似形心按向外或向内的角度生成。对于点的投影，该选项不可用。示意图如图4-47所示。

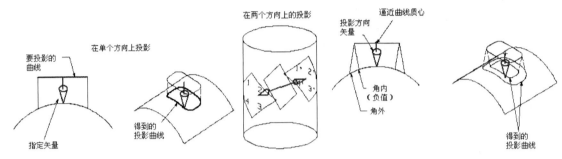

图4-46 "沿矢量"示意图　　　　图4-47 "与矢量成角度"示意图

（4）"关联"：表示原曲线保持不变，在投影面上生成与原曲线相关联的投影曲线，只要原曲线发生变化，投影曲线也随之发生变化。

（5）"高级曲线拟合"：用于指定方法、次数和段数。

（6）"公差"：该选项用于设置公差，其默认值是在建模预设置对话框中设置的。该公差值决定所投影的曲线与被投影曲线在投影面上的投影的相似程度。

## 4.2.7　组合投影

执行"菜单"→"插入"→"派生曲线"→"组合投影"命令或单击"曲线"选项卡"派生曲线"面组中的 （组合投影）按钮，系统会弹出如图4-48所示的对话框。

该选项可组合两个已有曲线的投影，生成一条新的曲线。需要注意的是，这两个曲线投影必须相交。该选项还可以指定新曲线是否与输入曲线关联，以及将对输入曲线作哪些处理。示意图如图4-49所示。

以下对上述对话框选项功能做介绍。

（1）"曲线1"：可以选择第一组曲线。可用"过滤器"选项帮助选择曲线。

（2）"曲线2"：可以选择第二组曲线。默认的投影矢量垂直于该线串。

（3）"投影方向1"：能够使用投影矢量选项定义第一组曲线串的投影矢量。

（4）"投影方向2"：能够使用投影矢量选项定义第二组曲线的投影矢量。

> **提示**
>
> 两条曲线的投影必须相交，否则，将显示下列错误信息：不能组合曲线投影，请检查投影方向。若要使用"垂直于曲线所在的平面"选项，则选中的曲线必须是平面型的并且必须能定义唯一的平面，否则会显示下列错误信息：曲线不是位于唯一的平面内。

图4-48　"组合投影"对话框

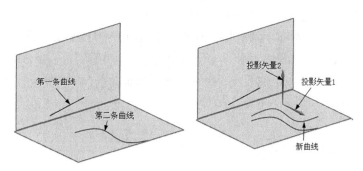

图4-49　"组合投影"示意图

## 4.2.8　缠绕/展开

执行"菜单"→"插入"→"派生曲线"→"缠绕/展开曲线"命令或单击"曲线"选项卡"派生曲线"面组中的  "缠绕/展开曲线"按钮，系统会弹出如图4-50所示的对话框。该选项可以将曲线从平面缠绕到圆锥或圆柱面上，或者将曲线从圆锥或圆柱面展开到平面上。输出曲线是3次B样条，并且与其输入曲线、定义面和定义平面相关。如图4-51所示的是将一样条曲线缠绕到锥面上。

图4-50　"缠绕/展开曲线"对话框

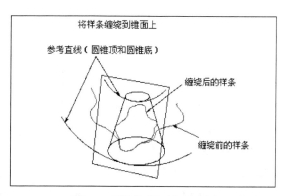

图4-51　"缠绕/展开"示意图

对话框选项功能如下。

（1）类型

1）"缠绕"：指定要缠绕曲线。

2）"展开"：指定要展开曲线。

（2）"曲线"：选择要缠绕或展开的曲线。仅可以选择曲线、边或面。

（3）"面"：选择一个圆锥面、圆柱面或直纹可展面，在已缠绕曲线和点的该面上展开曲线，或从已展开曲线和点的面上缠绕曲线。可选择多个面。

（4）"平面"：可选择一个与缠绕面相切的基准平面或平面。仅选择基准面或仅选择面。

（5）"切割线角度"：该选项用于指定"切线"（一条假想直线，位于缠绕面和缠绕平面相遇的公共位置处。它是一条与圆锥或圆柱轴线共面的直线。）绕圆锥或圆柱轴线旋转的角度（0º～360º），可以输入数字或表达式。

## 4.2.9 相交

执行"菜单"→"插入"→"派生曲线"→"相交"命令或单击"曲线"选项卡"派生曲线"面组中的  （相交曲线）按钮，系统会弹出如图4-52所示的对话框。该选项功能用于在两组对象之间生成相交曲线。相交曲线是关联的，会根据其定义对象的更改而更新。图4-53所示为相交曲线的一个示例，其中相交曲线是由片体与包含腔体的长方体相交而得到的，对话框各选项功能如下。

（1）"第一组"：激活该选项时可选择第一组对象。

（2）"第二组"：激活该选项时可选择第二组对象。

（3）"保持选定"：选中该复选框之后，在右侧的选项栏中选择"第一组"或"第二组"，在点击"应用"后，自动选择已选择的"第一组"或"第二组"对象。

图4-52 "相交曲线"操作对话框

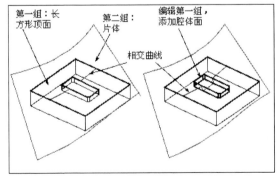

图4-53 "相交曲线"示意图

（4）"高级曲线拟合"：用于设置曲线拟合的方式。包括次数和段数、次数和公差和自动拟合3

种拟合方式。

（5）"距离公差"：该选项用于设置距离公差，其默认值是在建模预设置对话框中设置的。

（6）"关联"：能够指定相交曲线是否关联。当对源对象进行更改时，关联的相交曲线会自动更新。该选项默认设置为"打开"。

生成相交曲线的一般步骤为：

1）选择用于相交的第一组对象。

2）选择用于相交的第二组对象。可使用同样的"过滤器"选项。按用户需求修改"距离公差"。

3）单击"确定"或"应用"按钮。

## 4.2.10　截面

执行"菜单"→"插入"→"派生曲线"→"截面"命令或单击"曲线"选项卡"派生曲线"面组中的  （截面曲线）按钮，系统会弹出如图4-54所示的对话框。该选项在指定平面与体、面、平面或曲线之间生成相交几何体。平面与曲线之间相交生成一个或多个点。几何体输出可以是相关的。如图4-55所示为生成截面曲线的一个示例。以下对对话框部分选项功能做介绍。

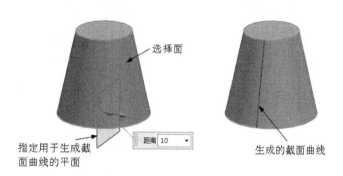

图4-54　"截面曲线"对话框　　　　图4-55　"截面曲线"示意图

"类型"下拉选项中各选项介绍如下。

（1）"选定的平面"：该选项用于指定单独平面或基准平面来作为截面。

1）"要剖切的对象"：该选项用来选择将被截取的对象。需要时，可以使用"过滤器"选项辅助选择所需对象。可以将"过滤器"选项设置为任意、体、面、曲线、平面或基准平面。

2）"剖切平面"：该选择步骤用来选择已有平面或基准平面，或者使用平面子功能定义临时平面。需要注意的是，如果打开"关联输出"，则平面子功能不可用，此时必须选择已有平面。

（2）"平行平面"：该选项用于设置一组等间距的平行平面作为截面。当激活该选项后，再选择指定截面操作（图4-55中黑色箭头所示）时，对话框在可变窗口区会变换为如图4-56所示。

1）"步进"指定每个临时平行平面之间的相互距离。

2）"起点"和"终点"是从基本平面测量的，正距离为显示的矢量方向。系统将生成适合指定限制的平面数。这些输入的距离值不必恰好是步长距离的偶数倍。

（3）"径向平面"：该选项从一条普通轴开始以扇形展开生成按等角度间隔的平面，以用于选中体、面和曲线的截取。当激活该选项后，再指定不同选择步骤时，对话框在可变窗口区会变更为如图4-57所示。

1）"径向轴"：该选项用来定义径向平面绕其旋转的轴矢量。若要指定轴矢量，可使用"矢量"对话框或矢量构造器工具。

2）"参考平面上的点"：该选项通过使用点方式或点构造器工具，指定径向参考平面上的点。径向参考平面是包含该轴线和点的唯一平面。

3）"起点"：表示相对于基础平面的角度，径向面由此角度开始。按右手法则确定正方向。限制角不必是步长角度的偶数倍。

4）"终点"：表示相对于基础平面的角度，径向面在此角度处结束。

5）"步进"：表示径向平面之间所需的夹角。

（4）"垂直于曲线的平面"：该选项用于设定一个或一组与所选定曲线垂直的平面作为截面。激活该选项后，可变窗口区会变更，如图4-58所示。

图4-56 "平行平面"类型

图4-57 "径向平面"类型

图4-58 "垂直于曲线的平面"类型

## 4.2.11 镜像

执行"菜单"→"插入"→"派生曲线"→"镜像"命令或单击"曲线"选项卡"派生曲线"

面组中的 （镜像曲线）按钮，系统会弹出如图4-59所示的"镜像曲线"对话框。其示意图如图4-60所示。

（1）"曲线"：该选项组用于确定需要镜像的曲线。

（2）"镜像平面"：可以直接选择现有平面或创建新的平面。

（3）"关联"：表示原曲线保持不变，在投影面上生成与原曲线相关联的投影曲线，即只要原曲线发生变化，投影曲线也随之发生变化。

图4-59　"镜像曲线"对话框

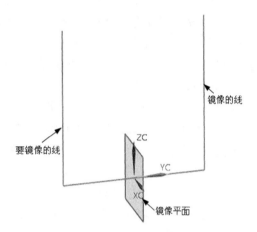

图4-60　"镜像曲线"示意图

# 4.3　曲线编辑

当曲线创建之后，经常还需要对曲线进行修改和编辑，需要调整曲线的很多细节，本节主要介绍曲线编辑的操作。其操作包括：编辑曲线参数、修剪曲线、分割曲线、缩放曲线、曲线长度、光顺样条等操作，其命令功能集中在"菜单"→"编辑"→"曲线"的子菜单及相应的工具栏下，如图4-61所示。

## 4.3.1　编辑曲线参数

执行"菜单"→"编辑"→"曲线"→"参数"命令或单击"曲线"选项卡"更多"库"编辑曲线"库中的 （编辑曲线参数）按钮，系统会弹出如图4-62所示的对话框。

该选项可编辑大多数类型的曲线。在编辑对话框中设置了相关项后，当选择了不同的对象类型，系统会给出相应的提示对话框。

（1）"编辑直线"：当选择直线对象后会弹出如图4-63所示的

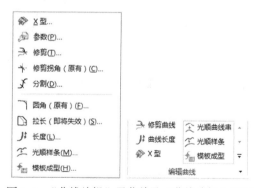

图4-61　"曲线编辑"子菜单及"曲线编辑"面组

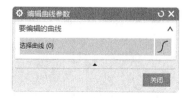

图4-62　"编辑曲线参数"对话框

对话框。该对话框设置直线的端点或它的参数（长度和角度）。

如要改变直线的端点操作如下：

1）选择要修改的直线端点。现在可以从固定的端点像拉橡皮筋一样改变该直线了；

2）用在对话框上的任意的"点方式"选项指定新的位置。

如要改变直线的参数：

1）选择该直线，避免选到它的控制点上；

2）在数值栏中输入长度或角度的新值，然后按Enter键。

（2）"编辑圆弧或圆"：当选择圆弧或圆对象后会弹出如图4-64所示的对话框。

通过在数值栏中输入新值或拖动滑尺改变圆弧或圆的参数，还可以把圆弧变成它的补弧。不管激活的编辑模式是什么，都可以将圆弧或圆移动到新的位置，操作步骤如下所示。

1）选择圆弧或圆的中心。

2）光标移动到新的位置并按下左键，或在数值栏中输入新的坐标点的位置。

用此方法可以把圆弧或圆移动到其他的控制点，比如线段的端点或其他圆的圆心。

要生成圆弧的补弧，则必须在"参数"模式下进行。选择一条或多条圆弧并在"编辑曲线参数"对话框中选择"补弧"按钮。

（3）"编辑椭圆"：当选择椭圆对象后会弹出如图4-65所示的对话框。该选项用于编辑一个或多个已有的椭圆。该选项和生成椭圆的操作几乎相同。用户最多可以选择128个椭圆。当选择多个椭圆时，最后选中的椭圆的值成为默认值。这就允许通过继承编辑椭圆，步骤如下。

图4-63　编辑"直线"对话框　　图4-64　编辑"圆弧/圆"对话框　　图4-65　"编辑椭圆"对话框

1）选择要编辑的椭圆。

2）选择含有需要值的椭圆。

3）单击"应用"按钮。

所有选择的椭圆都变成相同的。

长半轴和短半轴的值都为输入值的绝对值。例如，如果输入–5作为长半轴的值，则被解释为+5。起始角、终止角或旋转角的正负值都可被接受。新的旋转角用于椭圆的初始位置。新的角度值不加到当前旋转角的值上。

**提示**

当改变椭圆的任何参数值时，所有相关联的制图对象都会自动更新。选择"应用"后，选择列表变空并且数值重设为零。"撤销"操作会把椭圆重设回它们的初始状态。

（4）"编辑样条"：当选择样条曲线对象后会弹出如图4-66所示的对话框，各选项功能说明如下。

1）"通过点"：该选项用于重新定义通过点，并提供预览。

2）"根据极点"：该选项用于编辑样条的极点，并提供实时的图形反馈。选中该选项后系统会弹出如图4-67所示的对话框。

图4-66 "编辑样条"对话框

图4-67 "根据极点"方式参数设置

### 4.3.2　修剪曲线

执行"菜单"→"编辑"→"曲线"→"修剪"命令或单击"曲线"选项卡"编辑曲线"面组中的 ➔ （修剪曲线）按钮，系统会弹出如图4-68所示的对话框。该选项可以根据边界实体和选中进行修剪的曲线的分段来调整曲线的端点。可以修剪或延伸直线、圆弧、二次曲线或样条。以下就"修剪曲线"对话框中部分选项功能做介绍。

（1）"要修剪的曲线"：此选项用于选择要修剪的一条或多条曲线（此步骤是必需的）。

（2）"边界对象"：此选项让用户从工作区窗口中选择一串对象作为边界，沿着它修剪曲线。

（3）"曲线延伸"：如果正修剪一个要延伸到它的边界对象的样条，则可以选择延伸的形状。这些选项如下。

1）"自然"：从样条的端点沿它的自然路径延伸它。

2）"线性"：把样条从它的任一端点延伸到边界对象，样条的延伸部分是直线的。

3）"圆形"：把样条从它的端点延伸到边界对象，样条的延伸部分是圆弧形的。

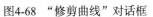

图4-68　"修剪曲线"对话框

4）"无"：对任何类型的曲线都不执行延伸。

（4）"关联"：该选项让用户指定输出的和已被修剪的曲线是相关联的。关联的修剪导致生成一个TRIM_CURVE特征，它是原始曲线复制的、关联的、被修剪的副本。

原始曲线的线型改为虚线，这样它们对照被修剪的、关联的副本更明显。如果输入参数改变，则关联的曲线会自动更新。

（5）"输入曲线"：该选项让用户指定输入曲线被修剪的部分处于何种状态。

1）"隐藏"：意味着输入曲线被渲染成不可见。

2）"保留"：意味着输入曲线不受修剪曲线操作的影响，被"保持"在它们的初始状态。

3）"删除"：意味着通过修剪曲线操作把输入曲线从模型中删除。

4）"替换"：意味着输入曲线被已修剪的曲线替换或交换。当使用"替换"时，原始曲线的子特征成为已修剪曲线的子特征。

修剪曲线示意图如图4-69所示。

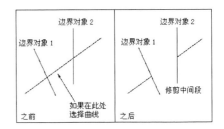

图4-69　"修剪曲线"示意图

### 4.3.3　分割曲线

执行"菜单"→"编辑"→"曲线"→"分割"命令或单击"曲线"选项卡"更多"选项"编

辑曲线"库中的 ∫（分割曲线）按钮，系统会弹出如图4-70所示的对话框。

图4-70 "分割曲线"对话框

该选项把曲线分割成一组同样的段（直线到直线，圆弧到圆弧）。每个生成的段是单独的实体并赋予和原先的曲线相同的线型。新的对象和原先的曲线放在同一层上。分割曲线有5种不同的方式。

（1）"等分段"：该选项可设定曲线长度或使用特定的曲线参数把曲线分成相等的段。

1）"等参数"：该选项是根据曲线参数特征把曲线等分。曲线的参数随各种不同的曲线类型而变化。

2）"等弧长"：该选项根据选中的曲线被分割成等长度的单独曲线，各段的长度是通过把实际的曲线长度分成要求的段数计算出来的。

（2）"按边界对象"：该选项使用边界实体把曲线分成几段，边界实体可以是点、曲线、平面和面等。选中该选项后，会弹出如图4-71所示对话框。

如图4-72所示为根据边界对象分段示意图。

图4-71 "按边界对象"对话框

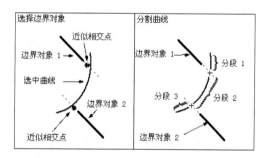

图4-72 "按边界对象"示意图

（3）"弧长段数"：该选项是按照各段定义的弧长分割曲线（如图4-73所示）。选中该选项后，会弹出如图4-74所示的对话框，要求输入分段弧长值，其后会显示分段数目和剩余部分弧长值（见图4-75）。

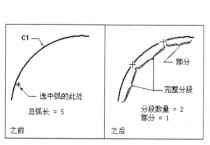

图4-73 "弧长段数"分割示意图

图4-74 "弧长段数"对话框

图4-75 "在结点处"对话框

　　具体操作时，在靠近要开始分段的端点处选择该曲线。从选择的端点开始，系统沿着曲线测量输入的长度，生成一段。从分段处的端点开始，系统再次测量长度并生成下一段。此过程不断重复直到到达曲线的另一个端点。生成的完整分段数目会在对话框中（见图4-74）显示出来，此数目取决于曲线的总长和输入的各段的长度。曲线剩余部分的长度显示出来，作为部分段。

　　（4）"在结点处"：该选项使用选中的结点分割曲线，其中结点是指样条段的端点。选中该选项后会弹出如图4-75所示对话框，其各选项功能如下。

　　1）"按结点号"：通过输入特定的结点号码分割样条。

　　2）"选择结点"：通过用图形光标在结点附近指定一个位置来选择分割结点。当选择样条时会显示结点。

　　3）"所有结点"：自动选择样条上的所有结点来分割曲线。

　　如图4-76所示给出一个"在结点处"示意图。

　　（5）"在拐角上"：该选项在角上分割样条，其中角是指样条折弯处（某样条段的终止方向不同于下一段的起始方向）的结点，如图4-77所示。

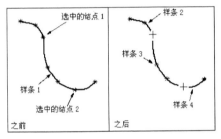

图4-76　"在结点处"示意图

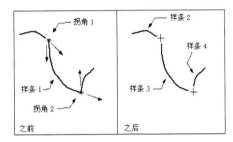

图4-77　"在拐角上"示意图

　　要在角上分割曲线，首先要选择该样条。所有的角上都显示有星号。用和"在结点处"相同的方式选择角点。如果在选择的曲线上未找到角，则会显示如下错误信息：不能分割——没有角。

 提示

> 使用该选项后，样条的定义点会被删除，并且该操作不适用于草图曲线。

## 4.3.4　曲线长度

　　执行"菜单"→"编辑"→"曲线"→"长度"命令或单击"曲线"选项卡"编辑曲线"面组中的（曲线长度）按钮，系统会弹出如图4-78所示的对话框，该对话框选项可以通过给定的圆弧增量或总弧长来修剪曲线，部分选项功能如下。

　　（1）"选择曲线"：选择要修剪或延伸的曲线。

　　（2）"长度"：设置曲线修剪或延伸的长度。

　　1）"总数"：此方式为利用曲线的总弧长来修剪它。总弧长是指沿着曲线的精确路径，从曲线的起点到终点的距离。

　　2）"增量"：此方式为利用给定的弧长增量来修剪曲线。弧长

图4-78　"曲线长度"对话框

增量是指从初始曲线上修剪的长度。

（3）"方法"：该选项用于确定所选样条延伸的形状。选项如下。

1）"自然"：从样条的端点沿它的自然路径延伸它。

2）"线性"：从任意一个端点延伸样条，它的延伸部分是线性的。

3）"圆形"：从样条的端点延伸它，它的延伸部分是圆弧的。

（4）"限制"：该选项用于输入一个值作为修剪掉或延伸的圆弧的长度。

1）"开始"：从起始端修剪或延伸的圆弧的长度。

2）"结束"：从终端修剪或延伸的圆弧的长度。

用户既可以输入正值也可以输入负值作为弧长。输入正值时延伸曲线，输入负值则截断曲线。

## 4.3.5　光顺样条

执行"菜单"→"编辑"→"曲线"→"光顺样条"命令或单击"曲线"选项卡"编辑曲线"面组中的 ⟨（光顺样条）按钮，即弹出如图4-79所示的对话框，该对话框选项用来光顺曲线的斜率，使得B样条曲线更加光顺，"G1、G2、G3"连续示意图如图4-80所示，部分选项功能如下。

图4-79　"光顺样条"对话框

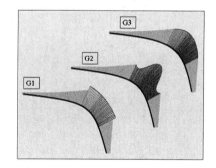

图4-80　"G1、G2、G3"连续示意图

（1）光顺类型

1）⌒ "曲率"：通过最小化曲率值的大小来光顺曲线。

2）⌒ "曲率变化"：通过最小化整条曲线的曲率变化来光顺曲线。

（2）"要光顺的曲线"：选择要光顺的曲线。

（3）"约束"：用于在光顺样条的时候，对于线条起点和终点的约束。

# 4.4 实例——鞋子曲线

扫码看视频

**1. 新建文件**

执行"菜单"→"文件"→"新建"命令或单击"主页"选项卡"标准"面组中的 □（新建）按钮，弹出"新建"对话框。在"名称"文本框中输入 xiezi，单位选择"毫米"，单击"确定"按钮，进入建模环境。

**2. 创建点**

执行"菜单"→"插入"→"基准/点"→"点"命令或单击"主页"选项卡"特征"面组中的 ＋（点）按钮，弹出如图4-81所示的"点"对话框，分别创建如表4-1中的各点。结果如图4-82所示。

表4-1　点坐标

| 点 | 坐标 | 点 | 坐标 |
|---|---|---|---|
| 点1 | 0，−250，0 | 点2 | 71，−250，0 |
| 点3 | 141，−230，0 | 点4 | 144，−114，0 |
| 点5 | 92，−61，0 | 点6 | 86，15，0 |
| 点7 | 102，78，0 | 点8 | 102，146，0 |
| 点9 | 72，208，0 | 点10 | 24，220，0 |
| 点11 | 0，220，0 | | |

图4-81　"点"对话框　　　　　　　　　　图4-82　创建点

**3. 创建艺术样条1**

（1）执行"菜单"→"插入"→"曲线"→"艺术样条"命令或单击"曲线"选项卡"曲线"面组中的 （艺术样条）按钮，弹出如图4-83所示的"艺术样条"对话框。

（2）在"类型"下拉列表中选择"通过点"选项，其他保持系统默认状态。

（3）单击对话框中的"点构造器"按钮，弹出如图4-84所示的"点"对话框。

（4）在"类型"下拉菜单中选择"现有点"，并在屏幕中依次选择点1至点11，连续单击"确定"按钮，生成如图4-85所示的艺术样条曲线1。

图4-83 "艺术样条"对话框

图4-84 "点"对话框

图4-85 生成艺术样条曲线1

### 4．创建点

执行"菜单"→"插入"→"基准/点"→"点"命令或单击"主页"选项卡"特征"面组中的╋（点）按钮，弹出"点"对话框，分别创建如表4-2中的各点。结果如图4-86所示。

表4-2 点坐标

| 点 | 坐标 | 点 | 坐标 |
|---|---|---|---|
| 点2 | −39，−250，0 | 点3 | −126，−215，0 |
| 点4 | −122，−106，0 | 点5 | −96，−31，0 |
| 点6 | −90，43，0 | 点7 | −103，113，0 |
| 点8 | −78，191，0 | 点9 | −37，220，0 |

### 5．创建艺术样条2

（1）执行"菜单"→"插入"→"曲线"→"艺术样条"命令或单击"曲线"选项卡"曲线"面组中的 （艺术样条）按钮，弹出"艺术样条"对话框。

（2）在"类型"下拉列表中选择"通过点"选项，其他保持系统默认状态。

（3）单击对话框中的"点构造器"按钮🔛，弹出"点"对话框。

（4）在"类型"下拉菜单中选择"现有点"，并在屏幕中依次选择点2至点9，连续单击"确定"按钮，生成如图4-87所示的艺术样条曲线2。

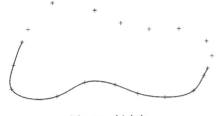

图4-86　创建点

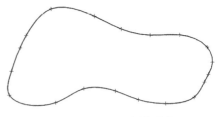

图4-87　生成艺术样条曲线2

6．创建点

（1）执行"菜单"→"插入"→"基准/点"→"点"命令或单击"主页"选项卡"特征"面组中的➕（点）按钮，弹出"点"对话框。

（2）在"类型"下拉列表中选择"曲线/边上的点"选项，在艺术样条曲线1适当的地方单击，创建点1。

（3）在"类型"下拉列表中选择"自动判断的点"选项，分别创建如表4-3中的各点。

（4）在"类型"下拉列表中选择"曲线/边上的点"选项，在艺术样条曲线2适当的地方单击，创建点17，如图4-88所示。

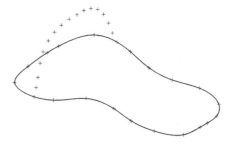

图4-88　创建点

表4-3　点坐标

| 点 | 坐标 | 点 | 坐标 |
|---|---|---|---|
| 点2 | 140，−160，14 | 点3 | 138，−160，41 |
| 点4 | 135，−160，74 | 点5 | 124，−160，98 |
| 点6 | 105，−160，122 | 点7 | 83，−160，130 |
| 点8 | 58，−160，136 | 点9 | 30，−160，138 |
| 点10 | 2，−160，138 | 点11 | −23，−160，136 |
| 点12 | −48，−160，128.5 | 点13 | −72，−160，114 |
| 点14 | −93，−160，91.6 | 点15 | −110，−160，60 |
| 点16 | −118，−160，24 | | |

7．创建艺术样条3

（1）执行"菜单"→"插入"→"曲线"→"艺术样条"命令或单击"曲线"选项卡"曲线"面组中的➹（艺术样条）按钮，弹出"艺术样条"对话框。

（2）在"类型"下拉列表中选择"通过点"选项，其他保持系统默认状态。

（3）单击对话框中的"点构造器"按钮🔛，弹出"点"对话框，在"类型"下拉列表中选择

"现有点"选项,并在屏幕中依次选择点1至点17,连续单击"确定"按钮生成如图4-89所示的艺术样条曲线3。

8．创建点

（1）执行"菜单"→"插入"→"基准/点"→"点"命令或单击"主页"选项卡"特征"面组中的＋（点）按钮,弹出"点"对话框。

（2）在"类型"下拉列表中选择"曲线/边上的点"选项,在艺术样条曲线1适当的地方单击,创建点1。

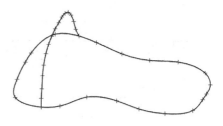

图4-89　艺术样条曲线3

（3）在"类型"下拉列表中选择"自动判断的点"选项,分别创建如表4-4中的各点。

（4）在"类型"下拉列表中选择"曲线/边上的点"选项,在艺术样条曲线2适当的地方单击,创建点15,如图4-90所示。

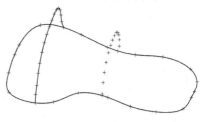

图4-90　创建点

表4-4　点坐标

| 点 | 坐标 | 点 | 坐标 |
| --- | --- | --- | --- |
| 点2 | -92, 0, 15 | 点3 | -87, 0, 40 |
| 点4 | -76, 0, 65 | 点5 | -60, 0, 86 |
| 点6 | -43, 0, 100 | 点7 | -22, 0, 107 |
| 点8 | -1, 0, 110 | 点9 | 18, 0, 109 |
| 点10 | 41, 0, 104 | 点11 | 64, 0, 92 |
| 点12 | 78.5, 0, 70 | 点13 | 85, 0, 43 |
| 点14 | 88.5, 0, 9 | | |

9．创建艺术样条4

（1）执行"菜单"→"插入"→"曲线"→"艺术样条"命令或单击"曲线"选项卡"曲线"面组中的（艺术样条）按钮,弹出"艺术样条"对话框。

（2）在"类型"下拉列表中选择"通过点"选项,其他保持系统默认状态。

（3）单击对话框中的"点构造器"按钮,弹出"点"对话框,在"类型"下拉菜单中选择"现有点"选项,并在屏幕中依次选择点1至点15,连续单击"确定"按钮生成如图4-91所示的艺术样条曲线4。

图4-91　艺术样条曲线4

10．创建点

执行"菜单"→"插入"→"基准/点"→"点"命令或单击"主页"选项卡"特征"面组中的＋（点）按钮,弹出"点"对话框,分别创建如表4-5各点,结果如图4-92所示。

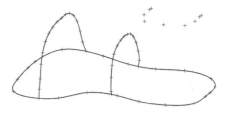

图4-92　创建点

表4-5　点坐标

| 点 | 坐标 | 点 | 坐标 |
| --- | --- | --- | --- |
| 点1 | 0，72.6，190 | 点2 | 9，72.6，190 |
| 点3 | 40，71，190 | 点4 | 75.5，86.7，190 |
| 点5 | 80，138，190 | 点6 | 69，188.8，190 |
| 点7 | 37.5，201.5，190 | 点8 | 9.6，203，190 |
| 点9 | 0，203，190 | | |

11．创建艺术样条5

（1）执行"菜单"→"插入"→"曲线"→"艺术样条"命令或单击"曲线"选项卡"曲线"面组中的 （艺术样条）按钮，弹出"艺术样条"对话框。

（2）在"类型"下拉列表中选择"通过点"选项，取消勾选"封闭"选项，其他保持系统默认状态。

（3）单击对话框中的"点构造器"按钮 ，弹出"点"对话框，在"类型"下拉列表中选择"现有点"选项，并在屏幕中依次选择点1至点9，连续单击"确定"按钮生成如图4-93所示的艺术样条曲线5。

图4-93　艺术样条曲线5

12．创建点

执行"菜单"→"插入"→"基准/点"→"点"命令或单击"主页"选项卡"特征"面组中的 ＋（点）按钮，弹出"点"对话框，分别创建如表4-6所示各点。生成如图4-94所示。

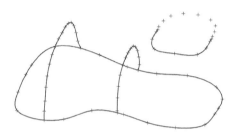

图4-94　创建点

表4-6　点坐标

| 点 | 坐标 | 点 | 坐标 |
| --- | --- | --- | --- |
| 点2 | −11.5，72.5，190 | 点3 | −36.5，75.8，190 |
| 点4 | −60，88，190 | 点5 | −76.8，112，190 |
| 点6 | −81.6，146，190 | 点7 | −71，180，190 |
| 点8 | −51.5，197，190 | 点9 | −29，202，190 |
| 点10 | −10，203，190 | | |

13．创建艺术样条6

（1）执行"菜单"→"插入"→"曲线"→"艺术样条"命令或单击"曲线"选项卡"曲线"面组中的 （艺术样条）按钮，弹出"艺术样条"对话框。

（2）在"类型"下拉列表中选择"通过点"选项，其他保持系统默认状态。

（3）单击对话框中的 按钮，弹出"点"对话框，在"类型"下拉列表中选择"现有点"选项，并在屏幕中依次选择点2至点10，连续单击"确定"按钮生成如图4-95所示的样条曲线6。

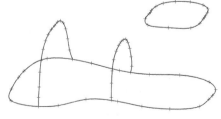

图4-95　艺术样条曲线6

**14．创建点**

（1）执行"菜单"→"插入"→"基准/点"→"点"命令或单击"主页"选项卡"特征"面组中的＋（点）按钮，弹出"点"对话框。

（2）在"类型"下拉列表中选择"端点"选项，拾取样条曲线1的端点，创建点1。

（3）在"类型"下拉列表中选择"自动判断的点"选项，分别创建如表4-7中的各点。

（4）在"类型"下拉列表中选择"端点"选项，拾取样条5的端点，创建点9，结果如图4-96所示。

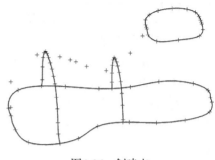

图4-96　创建点

表4-7　点坐标

| 点 | 坐标 | 点 | 坐标 |
|---|---|---|---|
| 点1 | 0，−250，21 | 点2 | 0，−248，85 |
| 点3 | 0，−186，146 | 点4 | 0，−133，136 |
| 点5 | 0，−109，126 | 点6 | 0，−96，120 |
| 点7 | 0，−71，106 | 点8 | 0，−25，91 |
| 点9 | 0，33，129 | 点10 | 0，63，169 |

**15．创建艺术样条7**

（1）执行"菜单"→"插入"→"曲线"→"艺术样条"命令或单击"曲线"选项卡"曲线"面组中的🗛（艺术样条）按钮，弹出"艺术样条"对话框。

（2）在"类型"下拉列表中选择"通过点"，其他保持系统默认状态。

（3）单击对话框中的"点构造器"按钮🗔，弹出"点"对话框，在"类型"下拉列表中选择"现有点"，并在屏幕中依次选择点1至点10，连续单击"确定"按钮，生成如图4-97所示的样条曲线7。

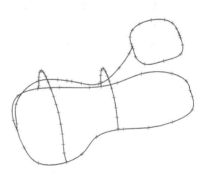

图4-97　艺术样条曲线7

**16．创建点**

（1）执行"菜单"→"插入"→"基准/点"→"点"命令或单击"主页"选项卡"特征"面组中的＋（点）按钮，弹出"点"对话框。

（2）在"类型"下拉列表中选择"曲线/边上的点"选项，在样条曲线1上拾取适当的点，创建点1。

（3）在"类型"下拉列表中选择"自动判断的点"选项，分别创建如表4-8中的各点。

（4）在"类型"下拉列表中选择"曲线/边上的点"选项，在艺术样条曲线5上拾取适当的点，创建点4，结果如图4-98所示。

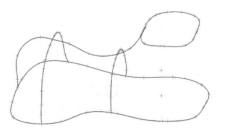

图4-98　创建点

表4-8　点坐标

| 点 | 坐标 | 点 | 坐标 |
|---|---|---|---|
| 点2 | 93，129，63 | 点3 | 85，131，127 |

17．创建艺术样条8

同上步骤依次选择点1至点4，创建如图4-99所示的艺术样条曲线8。

18．创建点

（1）执行"菜单"→"插入"→"基准/点"→"点"命令或单击"主页"选项卡"特征"面组中的 十（点）按钮，弹出"点"对话框。

（2）在"类型"下拉列表中选择"曲线/边上的点"，在艺术样条曲线1上拾取适当的点，创建点1。

（3）在"类型"下拉列表中选择"自动判断的点"，分别创建如表4-9中的各点。

（4）在"类型"下拉列表中选择"曲线/边上的点"选项，在艺术样条曲线5上拾取适当的点，创建点4，结果图4-100所示。

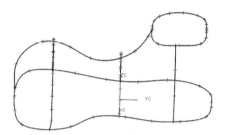

图4-99　艺术样条曲线8

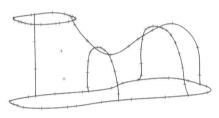

图4-100　创建点

表4-9　点坐标

| 点 | 坐标 | 点 | 坐标 |
|---|---|---|---|
| 点2 | −89，135，63 | 点3 | −84，136.5，126.6 |

19．创建艺术样条9

同上步骤依次选择点1至点4，创建如图4-101所示的艺术样条曲线9。

图4-101　艺术样条曲线9

20．创建直线

（1）执行"菜单"→"插入"→"曲线"→"直线"命令或单击"曲线"选项卡"曲线"面组中的 ╱（直线）按钮，弹出如图4-102所示的"直线"对话框。

（2）选择艺术样条曲线1的右端点为起点。

（3）选择艺术样条曲线5的右端点为终点，单击"确定"按钮，完成直线的创建，结果如图4-103所示。

图4-102　"直线"对话框

图4-103　直线的创建

21．隐藏点

（1）执行"菜单"→"编辑"→"显示和隐藏"→"隐藏"命令，弹出如图4-104所示"类选择"对话框。

（2）在对话框中单击"类型过滤器"按钮。

（3）弹出如图4-105所示的"按类型选择"对话框，选择"点"类型，单击"确定"按钮。

（4）返回到"类选择"对话框，单击"全选"按钮，屏幕中的点全部被选中，单击"确定"按钮，结果如图4-106所示。

图4-104　"类选择"对话框

图4-105　"按类型选择"对话框

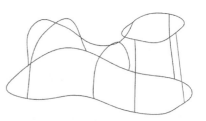

图4-106　隐藏点

**22．桥接曲线**

（1）执行"菜单"→"插入"→"派生曲线"→"桥接"命令或单击"曲线"选项卡"派生曲线"面组中的 （桥接曲线）按钮，弹出如图4-107所示的"桥接曲线"对话框。

（2）选择艺术样条曲线8为桥接的起点对象。

（3）选择艺术样条曲线1为桥接的终止对象，若桥接曲线不满足要求，可以拖动开始点和终点调节桥接曲线，如图4-108所示。单击"确定"按钮。

（4）同上步骤桥接艺术样条曲线9和艺术样条曲线2，结果如图4-109所示。

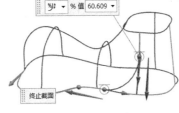

图4-107　"桥接曲线"对话框　　　　　图4-108　桥接样条曲线　　　　　图4-109　桥接样条曲线

**23．编辑曲线**

若样条曲线不满足要求，选择要编辑的样条，单击鼠标右键，在弹出的快捷菜单中选择"编辑曲线"项，激活样条，调节样条节点即可。

# 第 5 章

# 草图设计

## 本章导读

　　草图（Sketch）是 UG 建模中建立参数化模型的一个重要工具。通常情况下，用户的三维设计应该从草图设计开始，通过 UG 中提供的草图功能建立各种基本曲线，对曲线进行几何约束和尺寸约束，然后对二维草图进行拉伸、旋转或者扫掠就可以很方便地生成三维实体。此后模型的编辑修改，主要在相应的草图中完成后即可更新模型。

　　本章节主要介绍草图的基本知识、操作和编辑等。

## 内容要点

  ● 草图基础知识
  ● 草图建立
  ● 草图约束
  ● 草图操作

# 5.1 草图基础知识

草图是位于指定平面上的曲线和点所组成的一个特征，其默认特征名为SKETCH。草图由草图平面、草图坐标系、草图曲线和草图约束等组成，草图平面是草图曲线所在的平面，草图坐标系的XY平面即为草图平面，草图坐标系由用户在建立草图时确定。一个模型中可以包含多个草图，每一个草图都有一个名称，系统通过草图名称对草图及其对象进行引用。

在"建模"模块中执行"菜单"→"插入"→"在任务环境中绘制草图"命令，进入草图环境，如图5-1所示。

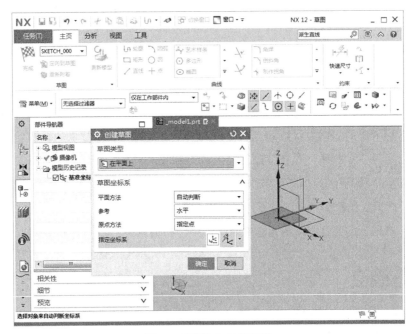

图5-1 "草图"工作环境

使用草图可以实现对曲线的参数化控制，可以很方便地进行模型修改，草图可以用于以下几个方面。

（1）需要对图形进行参数化时。

（2）用草图来建立通过标准成型特征无法实现的形状。

（3）将草图作为自由形状特征的控制线。

（4）如果形状可以用拉伸、旋转或沿导引线扫描的方法建立，可将草图作为模型的基础特征。

## 5.1.1 作为特征的草图

生成草图之后，它将被视为有多个操作的一个特征。可以对草图进行诸如以下操作。

（1）"删除草图"：需要注意的是本方法也会选中参考该草图的特征（即其子特征）一起删除。

（2）"抑制草图"：需要注意的是本方法也会选中参考该草图的特征（即其子特征）一起抑制。

（3）"重新附着草图"：用户可以将草图附着到不同的平面或基准平面，而不是它生成时的面上。

（4）"移动草图"：可以执行"菜单"→"编辑"→"特征"→"移动"命令，与移动特征相同的方式来移动草图。

## 5.1.2　草图的激活

虽然可以在一个部件中创建多个草图，但是每次只能激活一个草图。要使草图处于激活状态，可以在部件导航器中选中指定的草图名称，右击鼠标后，在弹出的菜单中选择编辑（▨）图标或者直接双击草图名称，也可在草图工具栏中（如图5-2所示）选择草图名称。在草图激活时生成的任一几何体都会被添加到该草图。若要使指定草图不激活，可以在该工具栏的下拉列表中与其他草图切换，或者单击▨图标，退出草图工作环境。

图5-2　"草图"工具栏

草图必须位于基准平面或平表面上。如果指定了的草图是在工作坐标系平面（*XC-YC*、*YC-ZC* 或*ZC-XC*）上，则将生成固定的基准平面和两个基准轴。

## 5.1.3　草图和层

UG中与层相关的草图操作为了确保不会在激活的草图中跨过多个层错误地构造几何体，草图和层的交互操作规则如下：

（1）如果选中了一个草图，并使其成为激活的草图，草图所在的层将自动成为工作层。

（2）如果取消草图的激活状态，草图层的状态将由"草图预设置"对话框的"保持图层状态"选项来决定；如果关闭了"保持图层状态"，则草图层将保持为工作层；如果打开了"保持图层状态"，则草图层将恢复到原先的状态（激活草图之前的状态），工作层状态则返回到激活草图之前的工作层。

（3）如果将曲线添加到激活的草图，它们将自动移动到草图的同一层。

（4）取消草图的激活状态后，所有不在草图层的几何体和尺寸都会被移动到草图层。

## 5.1.4　自由度箭头

在对草图中的曲线完全约束前，草图曲线线段的某些控制点处将显示"自由度箭头"，如图5-3所示。

自由度箭头表示如果要将该点完全定位在草图上，还需要更为详细的信息。如图5-3所示，如果在点的*Y* 方向上显示了一个自由度箭头，则需要在*Y* 方向上对点进行约束。当用户添加约束并对草图进行求值计算时，相应的自由度箭头将被删除。但是，自由度箭头的数目并不代表完全限制草图所需的约束数目，添加一个约束可以删除多个自由度箭头。

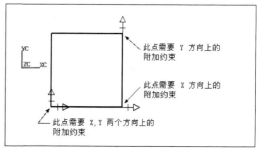

图5-3　"自由度箭头"示意图

## 5.1.5 草图中的颜色

"草图"中的颜色有特殊定义，这有助于识别草图中的元素。表5-1、表5-2显示了系统默认颜色的含义。

草图中的各项默认设置值可以通过"首选项"菜单来自定义，也可以通过"文件"→"实用工具"→"用户默认设置"→"草图"中的各项设置来制定，如图5-4所示。

表5-1　草图中常用的颜色

| 选项 | 功能 |
| --- | --- |
| 青色 | 默认情况下，作为草图组成部分的曲线被设置为青色 |
| 绿色 | 默认情况下，不是草图组成部分的曲线被设置为绿色。不会与其他尺寸约束发生矛盾的草图尺寸也被设置为绿色 |
| 黄色 | 草图几何体以及与其相关联的任一尺寸约束，如果是过约束的，将被设置为黄色 |
| 粉红色 | 如果系统发现各约束尺寸之间存在矛盾，则发生矛盾的尺寸将由绿色更改为粉红色，草图几何体将被更改为灰色。表明对于当前给定的约束，将无法解算草图 |
| 白色 | 使用转换为参考的/激活的命令后由激活转换为参考的尺寸，将由蓝色更改为白色 |
| 灰色 | 使用转换为参考的/激活的命令后由激活转换为参考的草图几何体，将更改为灰色、双点划线 |

表5-2　草图约束条件的颜色

| 约束条件 | 草图曲线 | 草图尺寸 |
| --- | --- | --- |
| 全约束和欠约束 | 青色 | 绿色 |
| 过约束 | 黄色 | 黄色 |
| 冲突约束 | 灰色 | 粉红色 |
| 参考对象 | 灰色 | 白色 |
| 激活 | 青色 | 绿色 |

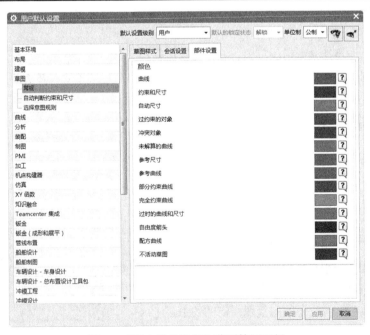

图5-4　"用户默认设置"草图管理面板

## 5.2 草图建立

执行"菜单"→"插入"→"在任务环境中绘制草图"命令后，系统进入草图工作环境，弹出"创建草图"对话框，如图5-5所示。

图5-5 "创建草图"对话框

### 5.2.1　草图创建的一般步骤

（1）进入草图创建环境后，"主页"选项卡"草图"选项板如图5-6所示，系统按照先后顺序给用户的草图取名为SKETCH_000、SKETCH_001、SKETCH_002…，名称显示在"草图名"的文本框中。

图5-6 "草图"选项板

（2）要创建草图，在"创建草图"对话框中指定草图的放置平面，有以下几种情况。

1）如果要将某一工作坐标系平面指定为草图平面，在"草图坐标系"选项"平面方法"下拉列表中选择"新平面"，在指定平面下拉列表中选择XC-YC、XC-ZC、YC-ZC或创建其他的基准平面，将草图方向和草图原点进行设置，然后单击"确定"按钮。

2）如果要为草图平面选择现有平面或已有的基准平面，在"草图坐标系"选项"平面方法"下拉列表中选择"自动判断"，然后选择所需的面或基准平面，单击"确定"按钮。

3）如果要将基准坐标系用于草图平面，在"草图坐标系"选项单击"坐标系"对话框图标，将会创建新的基准坐标系，并将其X-Y平面用于草图平面，在打开的"坐标系"对话框中生成基准坐标系。生成的新草图与新生成的基准坐标系的X-Y平面重合。

（3）当草图创建工作全部完成后，单击"完成"按钮，退出草图工作环境。

### 5.2.2　草图的视角

当用户完成草图平面的创建和修改后，系统会自动转换到草图平面视角。如果用户对该视角不满意，可以单击"定向到模型"按钮，使草图视角恢复到原来基本建模的视角。还可以单击"定向到草图"按钮，再次回到草图平面的视角。

### 5.2.3　草图的重新定位

当用户完成草图创建后（如图5-7所示），需要更改图所依附的平面，可以通过"重新附着"按钮，来重新定位草图的依附平面（如图5-8所示）。

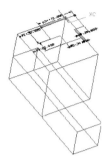

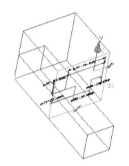

图5-7　原草图平面　　　　　　　　　　图5-8　"重新附着"后草图平面

## 5.2.4　草图的绘制

进入草图工作环境后，在"主页"选项卡上会出现如图5-9所示的图标，其相关命令也可以在"菜单"→"插入"→"曲线"子菜单中找到，如图5-10所示，以下就常用的绘图命令做介绍。

图5-9　草图环境下的"主页"选项卡

图5-10　"曲线"子菜单

### 1. 轮廓

绘制单一或者连续的直线和圆弧。

执行"菜单"→"插入"→"曲线"→"轮廓"命令或单击"主页"选项卡"曲线"面组中的┗┛（轮廓）按钮，弹出如图5-11所示的"轮廓"对话框。

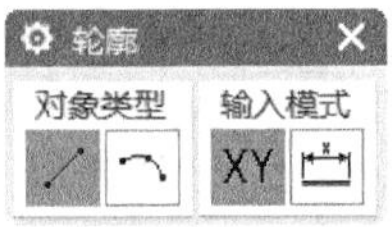

（1）直线

在对话框中单击直线┛图标，在视图区选择两点绘制直线。

图5-11　"轮廓"对话框

（2）圆弧

在对话框中单击"圆弧"⌒图标，在视图区选择一点，输入半径，然后再在视图区选择另一点，或者根据相应约束和扫描角度绘制圆弧。

（3）坐标模式

在对话框中单击"坐标模式"XY图标，在视图区显示如图5-12所示的"XC"和"YC"数值输入文本框，在文本框中输入所需数值，确定绘制点。

（4）参数模式

在对话框中单击"参数模式"凸图标，在视图区显示如图5-13所示的"长度""角度"或者"半径"数值输入文本框，在文本框中输入所需数值，拖动鼠标，在所要放置位置单击鼠标左键，绘制直线或者弧。参数模式和坐标模式的区别是在数值输入文本框中输入数值后，坐标模式是确定的，而参数模式是浮动的。

（a）选择直线绘制　（b）选择弧绘制

图5-12　"坐标模式"数值输入文本框　　　　图5-13　"参数模式"数值输入文本框

2．直线

执行"菜单"→"插入"→"曲线"→"直线"命令或单击"主页"选项板"曲线"面组中的 ∕（直线）按钮，弹出如图5-14所示的"直线"对话框，其各个参数含义和"配置文件"对话框中对应的参数含义相同。

3．圆弧

执行"菜单"→"插入"→"曲线"→"圆弧"命令或单击"主页"选项卡"曲线"面组中的 ⌒（圆弧）按钮，弹出如图5-15所示的"圆弧"对话框。

（1）三点定圆弧

在对话框中单击"三点定圆弧"⌒图标，通过"三点定圆弧"方式绘制弧。

（2）中心和端点定圆弧

在对话框中单击"中心和端点定圆弧"⌒图标，通过"中心和端点定圆弧"方式绘制弧。

4．圆

执行"菜单"→"插入"→"曲线"→"圆"命令，或单击"主页"选项卡"曲线"面组中的 ○（圆）按钮，弹出如图5-16所示的"圆"对话框。

（1）圆心和直径定圆

在对话框中单击"圆心和直径定圆"⊙图标，通过"圆心和直径定圆"方式绘制圆。

（2）三点定圆

在对话框中单击"三点定圆"○图标，选择"三点定圆"方式绘制圆。

图5-14　"直线"对话框　　　图5-15　"圆弧"对话框　　　图5-16　"圆"对话框

**5．派生直线**

选择一条或几条直线后，系统自动生成其平行线、中线或角平分线。

执行"菜单"→"插入"→"来自曲线集的曲线"→"派生直线"命令，或单击"主页"选项卡"曲线"面组中的 ◢（派生直线）按钮，选择"派生直线"方式绘制直线。"派生直线"方式绘制草图示意图如图5-17所示。

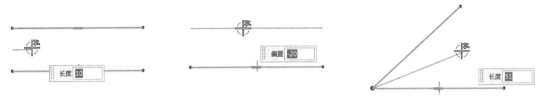

图5-17 "派生直线"方式绘制草图

**6．矩形**

执行"菜单"→"插入"→"曲线"→"矩形"命令，或单击"主页"选项卡"曲线"面组中的□（矩形）按钮，系统会弹出如图5-18所示的"矩形"对话框。

图5-18 "矩形"对话框

（1）按2点

单击"矩形"对话框中的"按2点" ↳ 图标，通过"按2点"方式绘制矩形。

（2）按3点

单击"矩形"对话框中的"按3点" ◹ 图标，通过"按3点"方式绘制矩形。

（3）从中心

单击"矩形"对话框中的"从中心" ◪ 图标，通过"从中心"方式绘制矩形。

**7．拟合样条**

用最小二乘拟合生成样条曲线。

执行"菜单"→"插入"→"曲线"→"拟合曲线"命令，或单击"主页"选项卡"曲线"面组上的 ◍ （拟合曲线）按钮，弹出如图5-19所示的"拟合曲线"对话框。

拟合曲线类型分为拟合样条、拟合直线、拟合圆和拟合椭圆四种类型。

其中拟合直线、拟合圆和拟合椭圆创建类型下的各个操作选项基本相同，如选择点的方式有自动判断、指定的点和成链的点三种，创建出来的曲线也可以通过"结果"来查看误差。与其他三种不同的是拟合样条，其可选的操作对象有自动判断、指定的点、成链的点、曲线、面和小片面体6种。

**8．艺术样条**

艺术样条用于在工作窗口定义样条曲线的各定义点来生成样条曲线。

执行"菜单"→"插入"→"曲线"→"艺术样条"命令，或单击"主页"选项卡"曲线"面组上的 ◠ （艺术样条）按钮，弹出如图5-20所示的"艺术样条"对话框。

**9．二次曲线**

执行"菜单"→"插入"→"曲线"→"二次曲线"命令，或单击"主页"选项卡"曲线"组"曲线"库下的 ◞ （二次曲线）按钮，弹出"二次曲线"对话框，如图5-21所示，定义三个点，输入用户所需的"Rho"值。单击"确定"按钮，创建二次曲线。

图5-19　"拟合曲线"对话框

图5-20　"艺术样条"对话框

图5-21　"二次曲线"对话框

# 5.3 草图约束

约束能够用于精确地控制草图中的对象。草图约束有两种类型为尺寸约束（也称之为草图尺寸）和几何约束。

尺寸约束建立起草图对象的大小（如直线的长度、圆弧的半径等），或是两个对象之间的关系（如两点之间的距离）。尺寸约束看上去更像是图纸上的尺寸，如图5-22所示为一带有尺寸约束的草图示例。

几何约束建立起草图对象的几何特性（如要求某一直线具有固定长度），或是两个或更多草图对象的关系类型（如要求两条直线垂直或平行，或是几条弧具有相同的半径）。在图形区无法看到几何约束，但是用户可以使用"显示草图约束"选项显示有关信息，并显示代表这些约束的直观标记（如图5-23所示的水平标记━━和垂直标记↳）。

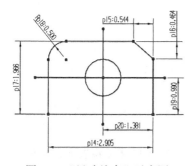

图5-22　"尺寸约束"示意图

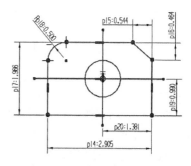

图5-23　"几何约束"示意图

## 5.3.1 建立尺寸约束

建立草图尺寸约束是限制草图几何对象的大小和形状，也就是在草图上标注草图尺寸，并设置尺寸标注线，与此同时建立相应的表达式，以便在后续的编辑工作中实现尺寸的参数化驱动。进入草图工作环境后，系统工具栏中会弹出如图5-24所示的"主页"选项卡"约束"面板，其相关命令也可以在草图环境下的"菜单"→"插入"→"尺寸"子菜单中找到（如图5-25所示）。

图5-24 "主页"选项卡"约束"面板

（1）在生成尺寸约束时，用户可以选择草图曲线、边、基准平面或基准轴上的点，以生成水平、竖直、平行、垂直和角度尺寸。

（2）生成尺寸约束时，系统会生成一个表达式，其名称和值显示在弹出的对话框文本区域中（如图5-26所示），用户可以接着编辑该表达式的名称和值。

图5-25 "尺寸"子菜单

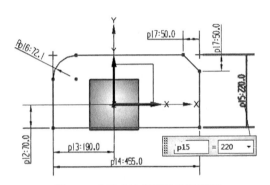

图5-26 "尺寸约束编辑"示意图

（3）生成尺寸约束时，只要选中了几何体，其尺寸及其延伸线和箭头就会全部显示出来。将尺寸拖动到位，然后按下鼠标左键。完成尺寸约束后，用户还可以随时更改尺寸约束。只需在图形区选中该值双击，然后可以使用生成过程所采用的同一方式，编辑其名称、值或位置。同时用户还可以使用"动画演示尺寸"功能，在指定的范围内给出变动的尺寸，并动态显示或动画演示其对草图的影响。

以下对主要尺寸约束选项功能做介绍。

1）自动判断：使用该选项，在选择几何体后，由系统自动根据所选择的对象搜寻合适尺寸类型进行匹配。

2）水平：该选项用于指定约束两点间距离与 $XC$ 轴平行的尺寸（也就是草图的水平参考），示意图如图5-27所示。

3）竖直：该选项用于指定约束两点间距离与 $YC$ 轴平行的尺寸（也就是草图的竖直参考），示意图如图5-28所示。

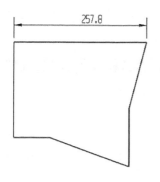

图5-27　"水平"标注示意图

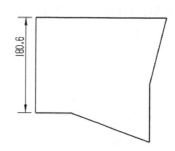

图5-28　"竖直"标注示意图

4）点到点：该选项用于指定平行于两个端点间的尺寸。平行尺寸限制两点之间的最短距离，平行标注示意图如图5-29所示。

5）垂直：该选项用于指定直线和所选草图对象端点之间的垂直尺寸，垂直标注示意图如图5-30所示。

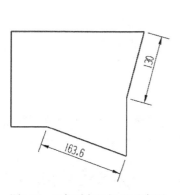

图5-29　"点到点"标注示意图

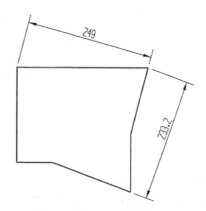

图5-30　"垂直"标注示意图

6）斜角：该选项用于指定两条线之间的角度尺寸。相对于工作坐标系按照逆时针方向测量角度，角度标注示意图如图5-31所示。

7）直径：该选项用于为草图的弧/圆指定直径尺寸，直径标注示意图如图5-32所示。

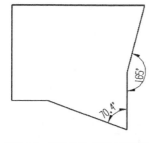

图5-31　"斜角"标注示意图

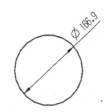

图5-32　"直径"标注示意图

8）径向：该选项用于为草图的弧/圆指定半径尺寸，如图5-33所示。

9）周长尺寸：该选项用于将所选的草图轮廓曲线的总长度限制为一个需要的值。可以选择周长约束的曲线是直线或弧，选中该选项后，打开如图5-34所示的"周长尺寸"对话框，选择曲线后，该曲线的尺寸显示在距离文本框中。

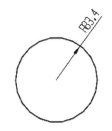

图5-33　"半径"标注示意图　　　　　　　图5-34　"周长尺寸"对话框

## 5.3.2　建立几何约束

使用几何约束，可以指定草图对象必须遵守的条件，或是草图对象之间必须维持的关系。"约束"面组如图5-35所示，其主要几何约束选项功能如下。

图5-35　"约束"面组

（1）"几何约束"：该选项用于激活手动约束设置，选中该选项后，依次选择需要添加的几何约束对象，系统会弹出如图5-36所示的对话框，不同的对象提示栏中会有不同的选项，用户可以点击图标以确定要添加的约束。

（2）"自动约束"：选中该选项后系统会弹出如图5-37所示的对话框，用于设置系统自动要添加的约束。该选项能够在可行的地方自动应用到草图的几何约束的类型（水平、竖直、平行、垂直、相切、点在曲线上、等长、等半径、重合、同心）。对话框中相关选项功能如下。

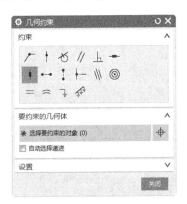

图5-36　几何约束

图5-37　"自动约束"对话框

1）"全部设置"：选中所有约束类型。

2）"全部清除"：清除所有约束类型。

3）"距离公差"：用于控制对象端点的距离必须达到一定的接近程度才能重合。

4）"角度公差"：用于控制系统要应用水平、竖直、平行或垂直约束和直线倾斜角度的接近程度。

当将几何体添加到激活的草图时，尤其是当几何体是由其他CAD系统导入时，该选项功能会特别有用。

（3）"显示草图约束"：显示活动草图的几何约束。

### 5.3.3 动画演示尺寸

"动画演示尺寸"选项用于在一个指定的范围中，使给定尺寸产生动态显示效果。受这一选定尺寸影响的任一几何体也将同时被模拟。"动画演示尺寸"不会更改草图尺寸。动画模拟完成之后，草图会恢复到原先的状态。选中该选项后系统会弹出如图5-38所示的对话框，相关选项功能如下。

图5-38 "动画演示尺寸"对话框

（1）"尺寸列表窗"：列出可以模拟的尺寸。

（2）"值"：当前所选尺寸的值（动画模拟过程中不会发生变化）。

（3）"下限"：动画模拟过程中该尺寸的最小值。

（4）"上限"：动画模拟过程中该尺寸的最大值。

（5）"步数/循环"：当尺寸值由上限移动到下限（反之亦然）时所变化的次数，与该值更改的大小/增量相等。

（6）"显示尺寸"：在动画模拟过程中显示原先的草图尺寸（该选项可选）。

### 5.3.4 转换至/自参考对象

"转换至/自参考对象"选项在给草图添加几何约束和尺寸约束的过程中，有时会引起约束冲突，删除多余的几何约束和尺寸约束可以解决约束冲突，另外一种办法就是通过将草图几何对象或尺寸对象转换为参考对象可以解决约束冲突。

该选项能够将草图曲线（但不是点）或草图尺寸由激活转换为参考，或由参考转换回激活。参考尺寸显示在用户的草图中，虽然其值被更新，但是它不能控制草图几何体。显示参考曲线，但它的显示已变灰，并且采用双点划线线型。在拉伸或回转草图时，没有用到草图的参考曲线。

选中该选项后系统会弹出如图5-39所示对话框，相关选

图5-39 "转换至/自参考对象"对话框

项功能如下。

（1）"参考曲线或尺寸"：该选项用于将激活对象转换为参考状态。

（2）"活动曲线或驱动尺寸"：该选项用于将参考对象转换为激活状态。

### 5.3.5　备选解

"备选解"命令为当约束一个草图对象时，同一约束可能存在多种求解结果，采用另解（也译作替换求解）则可以由一个解更换到另一个。

图5-40显示了当将两个圆约束为相切时，同一选择如何产生两个不同的解。两个解都是合法的，而"备选解"可以用于指定正确的解。

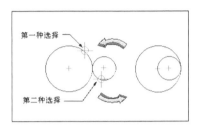

图5-40　"另解"示意图

## 5.4　草图操作

建立草图之后，可以对草图进行很多操作，包括镜像、拖动等命令。

### 5.4.1　镜像曲线

该选项通过草图中现有的任一条直线来镜像草图几何体。执行"菜单"→"插入"→"来自曲线集的曲线"→"镜像曲线"命令，或单击"主页"选项卡"曲线"面组"曲线"库中的 $\underline{\text{凸}}$（镜像曲线）按钮，系统会弹出如图5-41所示的对话框。其部分选项功能介绍如下。

（1）"中心线"：该选项用于选择一条已有直线作为镜像操作的中心线（在镜像操作过程中，该直线将成为参考直线）。

（2）"要镜像的曲线"：用于选择将被镜像的曲线。

图5-41　"镜像曲线"对话框

### 5.4.2　拖动

当用户在草图中选择了尺寸或曲线后，待鼠标变成 $\overset{+}{\text{+}}$ 后，即可以在图形区域中拖动它们，更改草图。在欠约束的草图中，可以拖动尺寸和欠约束对象。在完全约束的草图中，可以拖动尺寸，但不能拖动对象。用户可以一次选中并拖动多个对象，但必须单独选中每个尺寸并加以拖动。

图5-42所示为拖动一顶点和一直线的示意图，在进行拖动操作时，与顶点相连的对象是不被分开的。

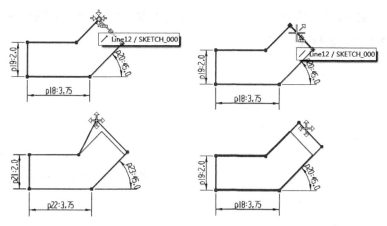

图5-42 "拖动"点和线段操作示意图

## 5.4.3 偏置曲线

该选项可以在草图中关联性地偏置抽取的曲线,生成偏置约束。修改原先的曲线,将会更新抽取的曲线和偏置曲线。执行"菜单"→"插入"→"来自曲线集的曲线"→"偏置曲线"命令,或单击"主页"选项卡"曲线"面组"曲线"库中的🖉(偏置曲线)按钮可弹出如图5-43所示的对话框。

关联性地偏置曲线指的是:如果修改了原先的曲线,将会相应地更新抽取的曲线和偏置曲线。被偏置的曲线都是单个样条,并且是几何约束。

"偏置曲线"对话框中大部分功能与基本建模中的曲线偏置功能类似。

## 5.4.4 编辑曲线参数

执行"菜单"→"编辑"→"曲线"→"参数"命令弹出如图5-44所示的对话框。此选项用于修改已有的曲线,其中提供了8种曲线的编辑功能,各功能的用法和基本建模环境基本相同,此处从略。

图5-43 "偏置曲线"对话框

图5-44 "编辑曲线参数"对话框

## 5.4.5 编辑定义截面

草图一般用于拉伸、旋转生成扫掠特征,因此大多数草图是作为扫掠特征的截面定义线,如果要改变该截面的形状,比如要增加或去掉某些曲线,就可以通过编辑定义线串这个操作来实现。

执行"菜单"→"编辑"→"编辑定义截面"命令,弹出如图5-45所示的对话框,如果当前草图中没有曲线用来创建拉伸、旋转等几何体操作，则会出现如图5-46所示的警告信息。

图5-45 "编辑线串"对话框                图5-46 警告信息

用户可以使用该选项向用于定义扫掠特征的线串添加对象（曲线、边和面），或从中删除这些对象。

选择该选项时，用鼠标左键在工作绘图区选择要添加的对象即可。使用Shift+鼠标左键选择不需要编辑的对象。如果希望只选择某一特定类型的对象，可以使用"过滤器"选项。

以下介绍上述对话框中各选项的用法。

（1）"指定原始曲线"：通过曲线网格等特征重新指定原始曲线。

（2）"列表"：列出依赖于所编辑的草图的特征，并根据特征的选择意图，显示以下状态之一。

1）"良好" ✔：该截面不需要重新映射。

2）"可疑" ❓：该截面可能需要重新映射。

3）"可疑" ✖：该截面参考了时间戳记晚于草图可能有问题的非草图对象。

4）"有问题" ✖：该截面有问题，如自相交或缺少线串。

## 5.4.6  添加现有曲线

执行"菜单"→"插入"→"来自曲线集的曲线"→"现有的曲线"命令，或单击"主页"选项卡"曲线"面组中的 ⌓ （添加现有曲线）按钮，用于将绝大多数已有的曲线和点，以及椭圆、抛物线和双曲线等二次曲线添加到当前草图。该选项只是简单地将曲线添加到草图，而不会将约束应用于添加的曲线，且几何体之间的间隙没有闭合。要使系统应用某些几何约束，可使用"自动约束"功能。

另外，不能采用该选项将"构造的"或"关联的"曲线添加到草图。应该使用"投影曲线"选项来代替。

> **提示**
>
> 不能将已被拉伸的曲线添加到拉伸后生成的草图中。

## 5.4.7  投影曲线

执行"菜单"→"插入"→"配方曲线"→"投影曲线"命令，或单击"主页"选项卡"曲线"面组中的（投影曲线）按钮，用于将选中的对象沿草图平面的法向投影到草图的平面上。通过选择草图外部的对象，可以生成抽取的曲线或线串。能够抽取的对象包括曲线（关联或非关联的）、边、面、其他草图或草图内的曲线、点。

由关联曲线抽取的线串将维持与原先几何体的关联性连接。如果修改了原先的曲线，草图中抽取的线串也将更新；如果原先的曲线被抑制，抽取的线串还是会在草图中保持可见状态；如果选中了面，则它的边会自动被选中，以便进行抽取；如果更改了面及其边的拓扑结构，抽取的线串也将更新。边的数目的增加或减少，也会反映在抽取的线串中。

> **提示**
>
> 对象的创建时间必须早于草图（即要么先生成，要么进行了重新排序）。

### 5.4.8　重新附着草图

执行"菜单"→"工具"→"重新附着草图"命令，或单击"主页"选项卡"草图"面组中的⊕（重新附着）按钮，用户可以将草图附着到不同的平表面或基准平面，而不是刚创建时生成它的面。上述操作在"草图的重新定位"中已讲述过，此处从略。

### 5.4.9　草图更新

执行"菜单"→"工具"→"更新"→"更新模型"命令，用于更新模型，以反映对草图所作的更改。如果没有要进行的更新，则此选项是不可用的。如果存在要进行的更新，而且用户退出了"草图工具"对话框，则系统会自动更新模型。

### 5.4.10　删除草图

在UG中草图是实体造型的特征，删除草图的方法如下。

执行"菜单"→"编辑"→"删除"命令或是在"部件导航器"中右击鼠标，在弹出的菜单中单击"删除"按钮，删除草图时，如果草图在部件导航器特征树中有子特征，则只会删除与其相关的特征，不会删除草图。

## 5.5　综合实例——轴承草图

**1. 创建新文件**

执行"菜单"→"文件"→"新建"命令或单击"标准"工具栏中的□（新建）按钮，弹出"新建"对话框，在文件名中输入zhoucheng，单位选择"毫米"，单击"确定"按钮，进入建模环境。

扫码看视频

**2．创建草图**

（1）执行"菜单"→"插入"→"在任务环境中绘制草图"命令或单击"曲线"选项卡中的 🖼 （在任务环境中绘制草图）按钮，弹出"创建草图"对话框。

（2）进入草图绘制界面并选择XC-YC平面作为工作平面。

**3．创建点**

（1）执行"菜单"→"插入"→"基准/点"→"点"命令或单击"主页"选项卡"曲线"面组中的＋（点）按钮，系统将弹出"点"对话框，如图5-47所示。

（2）在该对话框中输入要创建的点的坐标。此处共创建7个点，其坐标分别为：点1（0，50，0）、点2（18，50，0）、点3（0，42.05，0）、点4（1.75，33.125，0）、点5（22.75，38.75，0）、点6（1.75，27.5，0）、点7（22.75，27.5，0），如图5-48所示。

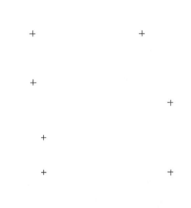

图5-47 "点"对话框 图5-48 创建的7个点

**4．创建直线**

（1）执行"菜单"→"插入"→"曲线"→"直线"命令或单击"主页"选项卡"曲线"面组中的 ／（直线）按钮，弹出"直线"对话框。

（2）分别连接点1和点2、点1和点3、点4和点6、点6和点7、点7和点5，结果如图5-49所示。

（3）选择点3作为直线的起点，建立与XC轴成15度角的直线，直线的长度只要超过连接点1和点2生成的直线即可，结果如图5-50所示。

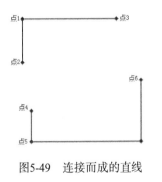
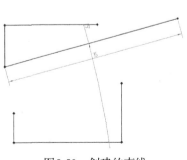

图5-49 连接而成的直线 图5-50 创建的直线

5．创建派生线

（1）执行"菜单"→"插入"→"来自曲线集的曲线"→"派生直线"命令，选择刚创建的直线为参考直线，并设偏置值为5.625生成派生直线，如图5-51所示。

（2）创建一条派生直线偏置值也是5.625，如图5-52所示。

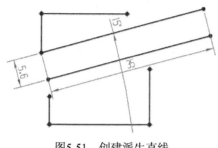

图5-51　创建派生直线

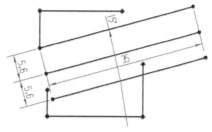

图5-52　创建派生直线

6．创建直线

（1）执行"菜单"→"插入"→"曲线"→"直线"命令或单击"主页"选项卡"曲线"面组中的（直线）按钮，弹出"直线"对话框。

（2）创建一条直线，该直线平行于$YC$轴，并且距离$YC$轴的距离为11.375，长度能穿过刚刚新建的第一条派生直线即可，如图5-53所示。

7．创建点

（1）执行"菜单"→"插入"→"基准/点"→"点"命令或单击"主页"选项卡"曲线"面组中的＋（点）按钮，弹出"点"对话框。

（2）在对话框中选择"交点" 类型，然后选择直线2和直线4，求出它们的交点。

8．修剪直线

（1）执行"菜单"→"编辑"→"曲线"→"快速修剪"命令或单击"主页"选项卡"曲线"面组中的（快速修剪）按钮，弹出"快速修剪"对话框。

（2）将如图5-53所示的直线2和直线4修剪掉，如图5-54所示，图中的点为直线2和直线4的交点。

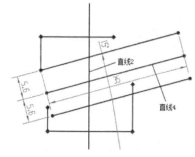

图5-53　新建平行于$YC$轴的直线

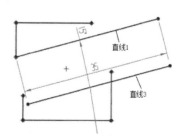

图5-54　创建图直线2和4的交点

9．创建直线

（1）执行"菜单"→"插入"→"曲线"→"直线"命令或单击"主页"选项卡"曲线"面组中的（直线）按钮，弹出"直线"对话框。

（2）选择直线2和直线4的交点为起点，移动鼠标，当系统出现如图5-55（a）中所示的情形时，表示该直线与图5-54中所示的直线1平行，设定该直线长度为7并回车。

（3）在另外一个方向也创造一条直线平行于如图5-54中所示的直线3，长度为7，如图5-55（b）所示。

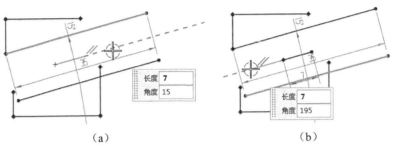

（a）　　　　　　　　　　　（b）

图5-55　创建直线

（4）以刚创建的直线的端点为起点，创建两条直线与如图5-54中所示的直线1垂直，长度能穿过直线1即可，如图5-56所示。

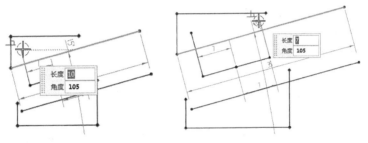

图5-56　创建直线

10．延伸直线

（1）执行"菜单"→"编辑"→"曲线"→"快速延伸"命令或单击"主页"选项卡"曲线"面组中的 （快速延伸）按钮，弹出如图5-57所示的"快速延伸"对话框。

（2）将上步创建的两条直线延伸至直线3，如图5-58所示。

图5-57　"快速延伸"对话框

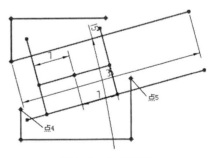

图5-58　延伸直线

11．创建直线

（1）执行"菜单"→"插入"→"曲线"→"直线"命令或单击"主页"选项卡"曲线"面组中的 （直线）按钮，弹出"直线"对话框。

（2）以图5-48中所示的点4为起点，并且与*XC*轴平行，长度能超过刚刚快速延伸得到的直线即可，如图5-59（a）所示。

（3）以点5为起点，再创建一条直线与*XC*轴平行，长度也是能超过刚刚快速延伸得到的直线即可，如图5-59（b）所示。

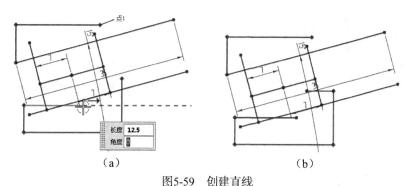

（a）　　　　　　　　　　　　　　　　（b）

图5-59　创建直线

12．修剪直线

（1）执行"菜单"→"编辑"→"曲线"→"快速修剪"命令或单击"主页"选项卡"曲线"面组中的 （快速修剪）按钮，弹出"快速修剪"对话框。

（2）对草图进行修剪，结果如图5-60所示。

13．创建直线

（1）执行"菜单"→"插入"→"曲线"→"直线"命令或单击"主页"选项卡"曲线"面组中的 （直线）按钮，弹出"直线"对话框。

（2）以图5-59中所示的点1为起点，创建直线与*XC*轴垂直，长度能超过直线1即可，如图5-61所示。

14．修剪草图

执行"菜单"→"编辑"→"曲线"→"快速修剪"命令或单击"主页"选项卡"曲线"面组中的 （快速修剪）按钮，对草图进行修剪，结果如图5-62所示。

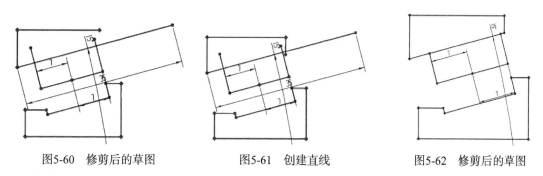

图5-60　修剪后的草图　　　　图5-61　创建直线　　　　图5-62　修剪后的草图

**注意**

在原来的直线1的位置上有两条直线，一条为轴承外环上的线，另一条为创建轴承滚珠的线。

15．完成

单击"主页"选项卡"草图"面组中的 （完成）按钮，退出草图模式，进入建模模式。

# 第 6 章

# 基本建模

👉 **本章导读**

相对于单纯的实体建模和参数化建模，UG 采用的是复合建模方法。该方法是基于特征的实体建模方法，是在参数化建模方法的基础上采用了一种所谓"变量化技术"的设计建模方法，对参数化建模技术进行了改进。

本章主要介绍 UG NX 12.0 中基础三维建模工具的用法。

✋ **内容要点**

🦐 简单实体

🦐 实体建模

🦐 GC工具箱

# 6.1 简单实体

## 6.1.1 长方体

执行"菜单"→"插入"→"设计特征"→"长方体"命令，或单击"主页"选项卡"特征"面组中的 （长方体）按钮，系统会弹出如图6-1所示的对话框。

图6-1 "长方体"对话框

以下对3种不同类型的创建方式做介绍。

（1）▣ "原点和边长"：该方式允许用户通过原点和三边长度来创建长方体（如图6-2所示）。其中对话框选项中的▣表示用于选取作布尔运算的目标体。

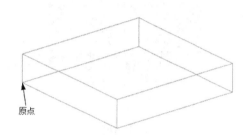

图6-2 "原点、边长"示意图

（2）▣ "两点和高度"：该方式允许用户通过高度和底面的两对角点来创建长方体（如图6-3所示）。

（3）▣ "两个对角点"：该方式允许用户通过两个对角顶点来创建长方体（如图6-4所示）。

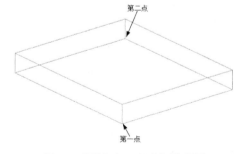

图6-3 "两个点、高度"示意图

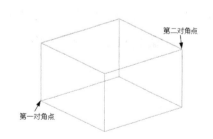

图6-4 "两个对角点"示意图

## 6.1.2 实例——插槽

创建如图6-5所示的插槽。

扫码看视频

1．新建文件

执行"文件"→"新建"命令，或单击"主页"选项卡"标准"面组中的 (新建) 按钮，打开"新建"对话框，在"模板"列表框中选择"模型"，在"名称"文本框中输入chacao，单击"确定"按钮，进入建模环境。

2．创建长方体特征1

（1）执行"菜单"→"插入"→"设计特征"→"长方体"命令，或单击"主页"选项卡"特征"面组中的 (长方体) 按钮，打开如图6-6所示的"长方体"对话框。

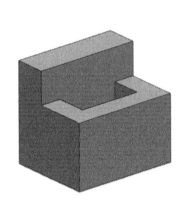

图6-5 插槽

图6-6 "长方体"对话框

（2）在"长方体"对话框中"指定点"右侧单击"点对话框" 按钮，弹出如图6-7所示的"点"对话框。

（3）在"点"对话框中的"XC"、"YC"和"ZC"的文本框中分别输入0、0、0。

（4）在"点"对话框中，单击"确定"按钮，返回到"长方体"对话框。

（5）在"XC"、"YC"和"ZC"文本框中分别输入80、100、60。

（6）单击"确定"按钮，创建长方体特征1，如图6-8所示。

图6-7 "点"对话框

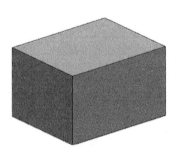

图6-8 创建长方体特征1

**3．创建长方体特征2**

（1）执行"菜单"→"插入"→"设计特征"→"长方体"命令，或单击"主页"选项卡"特征"面组中的 （长方体）按钮，弹出如图6-9所示的"长方体"对话框。

（2）在对话框中选择"两点和高度"类型选项。

（3）"指定点"下拉列表中单击"端点" ╱ 按钮，在实体中选择一条直线的端点，如图6-10所示。

（4）在"从原点出发的点 *XC*、*YC*"选项"指定点"右侧单击"点对话框" 按钮，弹出如图6-7所示的"点"对话框。

（5）在对话框中的"*XC*"、"*YC*"和"*ZC*"的文本框中分别输入30、100、60，单击"确定"按钮，返回到"长方体"对话框。

（6）在对话框中的"高度"文本框中输入30。

（7）在"布尔"下拉列表框中选择"合并"选项。

（8）单击"确定"按钮，创建长方体特征2，如图6-11所示。

图6-9　"长方体"对话框

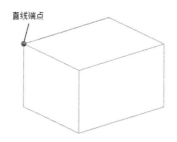

图6-10　选择直线的端点

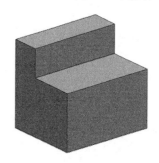

图6-11　创建长方体特征2

**4．创建长方体特征3**

（1）执行"菜单"→"插入"→"设计特征"→"长方体"命令，或单击"主页"选项卡"特征"面组中的 （长方体）按钮，弹出如图6-12所示的"长方体"对话框。

（2）在"类型"下拉列表中选择"两个对角点"选项。

（3）在"指定点"右侧单击"点对话框" 按钮，弹出"点"对话框。

（4）在"点"对话框中的"*XC*"、"*YC*"和"*ZC*"的文本框中分别输入60、20、40，单击"确定"按钮，返回到"长方体"对话框。

（5）在"从原点出发的点 *XC*、*YC*、*ZC*"选项"指定点"右侧单击"点对话框" 按钮，弹出"点"对话框。

（6）在"点"对话框中的"*XC*"、"*YC*"和"*ZC*"的文本框中分别输入30、80、60，单击"确定"按钮，返回到"长方体"对话框。

图6-12　"长方体"对话框

（7）在"长方体"对话框中的"布尔"下拉列表框中选择"减去"选项，单击"确定"按钮，创建长方体特征3，生成插槽如图6-5所示。

## 6.1.3　圆柱

执行"菜单"→"插入"→"设计特征"→"圆柱"命令，或单击"主页"选项卡"特征"面组中的▉（圆柱）按钮，弹出如图6-13所示对话框，各选项功能如下。

（1）"轴、直径和高度"：该方式允许用户通过定义直径和圆柱高度值以及底面圆心来创建圆柱体，创建示意图如图6-14所示。

（2）"圆弧和高度"：该方式允许用户通过定义圆柱高度值，选择一段已有的圆弧并定义创建方向来创建圆柱体。用户选取的圆弧不一定非要是完整的圆，且生成圆柱与弧不关联，圆柱方向可以选择是否反向（如图6-15所示）。

图6-13　"圆柱"对话框

图6-14　"轴、直径和高度"示意图

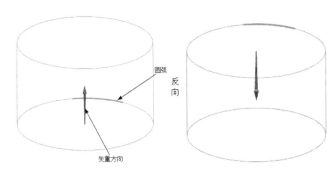

图6-15　"圆弧和高度"示意图

## 6.1.4　实例——垫圈

创建如图6-16所示的垫圈。

1. 新建文件

执行"文件"→"新建"命令，或单击"主页"选项卡"标准"面组中的▢（新建）按钮，弹出"新建"对话框，在"模板"列表框中选择"模型"，在

扫码看视频

图6-16　垫圈

"名称"文本框中输入dianquan，单击"确定"按钮，进入建模环境。

2. 创建圆柱体特征1

（1）执行"菜单"→"插入"→"设计特征"→"圆柱"命令，或单击"主页"选项卡"特征"面组中的▉（圆柱）按钮，弹出如图6-17所示的"圆柱"对话框。

（2）在"圆柱"对话框的"直径"和"高度"文本框中分别输入24、3，以原点为中心。

（3）单击"确定"按钮，生成圆柱体1如图6-18所示。

**3．创建圆柱体特征2**

（1）执行"菜单"→"插入"→"设计特征"→"圆柱"命令，或单击"主页"选项卡"特征"面组中的 ▊（圆柱）按钮，弹出如图6-17所示的"圆柱"对话框。

（2）在"直径"和"高度"文本框中分别输入18.5、3，以原点为中心。

（3）在"布尔"下拉列表中选择"减去"选项。

（4）单击"确定"按钮，完成垫圈的创建，如图6-16所示。

图6-17　"圆柱"对话框

图6-18　圆柱体1

## 6.1.5　圆锥

执行"菜单"→"插入"→"设计特征"→"圆锥"命令，或单击"主页"选项卡"特征"面组中的 ◭（圆锥）按钮，（创建示意图如图6-19所示），则会激活该功能，系统会弹出如图6-20所示的对话框，各选项功能如下。

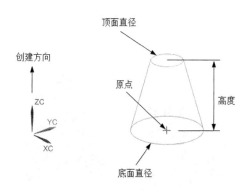

图6-19　"圆锥体"示意图

图6-20　"圆锥"对话框

（1）"直径和高度"：该选项通过定义底部直径、顶直径和高度值生成实体圆锥。

（2）"直径和半角"：该选项通过定义底部直径、顶直径和半角值生成圆锥。

半顶角定义了圆锥的轴与侧面形成的角度。半顶角值的有效范围是1°～89°。图6-21说明了系统测量半顶角的方式。图6-22说明了不同的半顶角值对圆锥形状的影响。每种情况下轴的底直径和顶直径都是相同的。半顶角影响顶点的锐度以及圆锥的高度。

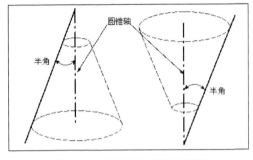

图6-21  "半顶角"测量示意图

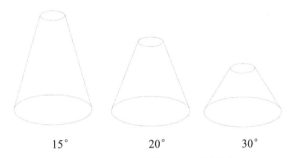

图6-22  不同半角值对圆锥的影响

（3）"底部直径、高度和半角"：该选项通过定义底部直径、高度和半顶角值生成圆锥。半角值的有效范围是1°～89°。在生成圆锥的过程中，有一个经过原点的圆形平表面，其直径由底部直径值给出。顶直径值必须小于底部直径值。

（4）"顶部直径、高度和半角"：该选项通过定义顶直径、高度和半顶角值生成圆锥。在生成圆锥的过程中，有一个经过原点的圆形平表面，其直径由顶直径值给出。底部直径值必须大于顶直径值。

（5）"两个共轴的圆弧"：该选项通过选择两条弧生成圆锥特征。两条弧不一定是平行的（如图6-23所示）。

选择了基弧和顶弧之后，就会生成完整的圆锥。所定义的圆锥轴位于弧的中心，并且处于基弧的法向上。圆锥的底部直径和顶直径取自两个弧。圆锥的高度是顶弧的中心与基弧的平面之间的距离。

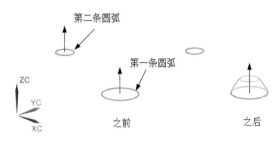

图6-23  "两个共轴的圆弧"示意图

如果选中的弧不是共轴的，系统会将第二条选中的弧（顶弧）平行投影到由基弧形成的平面上，直到两个弧共轴为止。另外，圆锥不与弧相关联。

## 6.1.6  实例——简易支墩

创建如图6-24所示的简易支墩零件体。

1. 新建文件

执行"文件"→"新建"命令，或单击"主页"选项卡"标准"面组中的 （新建）按钮，打开

扫码看视频

图6-24  简易支墩

"新建"对话框,在"模板"列表框中选择"模型",在"名称"文本框中输入jianyizhidun,单击"确定"按钮,进入建模环境。

2．绘制圆弧1

（1）执行"菜单"→"插入"→"在任务环境中绘制草图"命令,进入草图绘制界面,选择XC-YC平面为工作平面绘制圆弧,绘制后的圆弧如图6-25所示。

（2）单击"主页"选项卡"草图"面组中的 (完成）按钮,草图绘制完毕。

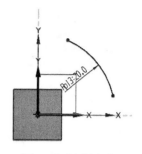

图6-25　创建圆弧1

3．绘制圆弧2

（1）执行"菜单"→"插入"→"曲线"→"圆弧/圆"命令,或单击"曲线"选项卡"曲线"面组中的 （圆弧/圆）按钮,弹出如图6-26所示的"圆弧/圆"对话框。

（2）在"起点"选项中单击"点对话框" 按钮,弹出如图6-27所示的"点"对话框。

图6-26　"圆弧/圆"对话框

图6-27　"点"对话框

（3）在"点"对话框中的"XC"、"YC"和"ZC"的文本框中分别输入10、0、30,创建点1。

（4）在"端点"选项创建端点,坐标为（0,10,30）,在"中点"选项创建中点,坐标为（-10,0,30）,在"限制"选项取消勾选"整圆",单击"确定"按钮,创建圆弧2,如图6-28所示。

4．创建圆锥1

（1）执行"菜单"→"插入"→"设计特征"→"圆锥"命令,或单击"主页"选项卡"特征"面组中的 （圆锥）按钮,弹出如图6-29所示的"圆锥"对话框。

（2）在"类型"下拉列表中选择"两个共轴的圆弧"选项。

（3）在视图区选择圆弧2作为顶圆弧,选择圆弧1为基圆弧,单击"确定"按钮,创建圆锥特征1,如图6-30所示。

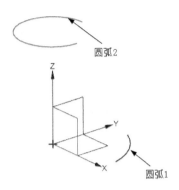

图6-28　创建圆弧2

图6-29　"圆锥"对话框

图6-30　创建圆锥特征1

5．创建圆锥特征2

（1）执行"菜单"→"插入"→"设计特征"→"圆锥"命令，或单击"主页"选项卡"特征"面组中的 （圆锥）按钮，弹出如图6-31所示的"圆锥"对话框。

（2）在"类型"下拉列表中选择"直径和高度"选项。

（3）在"指定矢量"下拉列表中选择"ZC"轴 选项。

（4）在"底部直径""顶部直径"和"高度"文本框中输入15、10、30。

（5）在"布尔"下拉列表中选择"减去"选项。

（6）单击"确定"按钮，创建圆锥特征2，生成简易支墩如图6-24所示。

## 6.1.7　球

图6-31　"圆锥"对话框

执行"菜单"→"插入"→"设计特征"→"球"，或单击"主页"选项卡"特征"面组中的 （球）按钮，弹出如图6-32所示的对话框，各选项功能如下。

图6-32　"球"创建选项对话框

（1）"中心点和直径"：该选项通过定义直径值和中心生成球体。

（2）"圆弧"：该选项通过选择圆弧来生成球体（如图6-33所示），所选的弧不必为完整的圆弧。系统基于任何弧对象生成完整的球体。选定的弧定义球体的中心和直径。另外，球体不与弧相关，这意味着如果编辑弧的大小，球体不会更新以匹配弧的改变。

图6-33　"圆弧"创建示意图

## 6.1.8　实例——陀螺

创建如图6-34所示的陀螺零件体。

1．创建新文件

执行"文件"→"新建"命令，或单击"主页"
选项卡"标准"面组中的 □（新建）按钮，弹出
"新建"对话框。在"名称"文本框中输入tuoluo，
单位选择"毫米"，单击"确定"按钮，进入建模环境。

扫码看视频

图6-34　陀螺

2．创建圆柱体

（1）执行"菜单"→"插入"→"设计特征"→"圆柱"命令，或
单击"主页"选项卡"特征"面组中的 ▮（圆柱）按钮，弹出"圆柱"
对话框，如图6-35所示。

（2）在对话框"类型"下拉列表中选择"轴、直径和高度"选项。

（3）在"指定矢量"下拉列表中选择"ZC"轴为圆柱的创建方向。

（4）在"直径"和"高度"文本框中分别输入20、10。

（5）单击"确定"按钮，以原点为中心生成如图6-36所示圆柱体。

图6-35　"圆柱"对话框

图6-36　圆柱体

3．创建圆锥

（1）执行"菜单"→"插入"→"设计特征"→"圆锥"命令，或单击"主页"选项卡"特
征"面组中的 ▲（圆锥）按钮，弹出"圆锥"对话框，如图6-37所示。

（2）在"类型"下拉列表中的选择"底部直径，高度和半角"选项。

（3）在"指定矢量"下拉列表中选择"-ZC"轴选项。

（4）在"底部直径""高度"和"半角"文本框中分别输入20、10和43。

（5）在"布尔"下拉列表中选择"合并"选项。

（6）单击"确定"按钮，以原点为中心点创建圆锥如图6-38所示。

图6-37 "圆锥"对话框

图6-38 创建圆锥

4. 创建球

（1）执行"菜单"→"插入"→"设计特征"→"球"命令，或单击"主页"选项卡"特征"面组中的 ◉（球）按钮，弹出如图6-39所示的"球"对话框。

（2）在"类型"下拉列表中选择"中心点和直径"选项。

（3）单击"指定点"右侧的"点对话框" ⊞ 按钮，弹出"点"对话框，如图6-40所示，输入坐标（0，0，-10），单击"确定"按钮，返回到"球"对话框。

（4）在"球"对话框"直径"文本框中输入1.3。

（5）在"布尔"下拉列表中选择"合并"选项。

（6）单击"确定"按钮，完成球的创建，如图6-34所示。

图6-39 "球"对话框

图6-40 "点"对话框

# 6.2 实体建模

## 6.2.1 拉伸

执行"菜单"→"插入"→"设计特征"→"拉伸"命令，或单击"主页"选项卡"特征"面组中的 （拉伸）按钮，弹出如图6-41所示的对话框，通过在指定方向上将截面曲线扫掠一段线性距离来生成体（如图6-42所示）。以下介绍其中各选项功能。

图6-41 "拉伸"对话框

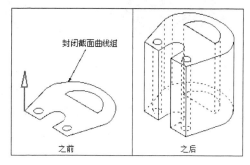

图6-42 "拉伸"示意图

（1） "曲线"：用于选择被拉伸的曲线，如果选择面则自动进入到草绘模式。

（2） "绘制截面"：用户可以通过该选项首先绘制拉伸的轮廓，然后进行拉伸。

（3） "指定矢量"：用户通过该按钮选择拉伸的矢量方向，可以点击旁边的下拉菜单选择矢量选择列表。

（4） "反向"：将拉伸方向更改为截面的另一侧。也可以通过右键单击方向矢量箭头并选择反向来更改方向。

（5） "限制"：该选项组中有如下选项。

"开始/结束"：用于沿着方向矢量输入生成几何体的起始位置和结束位置，可以通过动态箭头来调整（如图6-43所示）。其下有5个选项。

1）"值"：由用户输入拉伸的起始和结束距离的数值。

2）"对称值"：用于约束生成的几何体关于选取的对象对称。

3）"直至下一个"：沿矢量方向拉伸至下一对象。

4）"直至选定"：拉伸至选定的表面、基准面或实体。

5）"直至延伸部分"：允许用户裁减扫掠体至一选中表面。

6）"贯通"：允许用户沿拉伸矢量完全通过所有可选实体生成拉伸体。

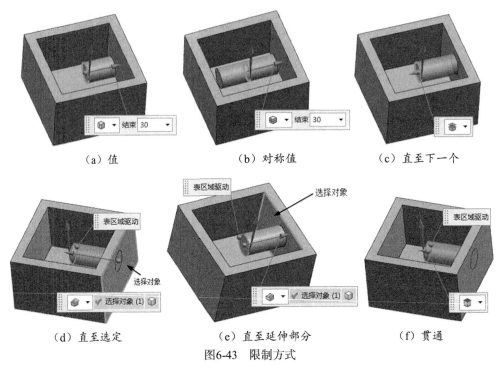

图6-43　限制方式

（6）"布尔"：该选项用于指定生成的几何体与其他对象的布尔运算，包括无、合并、减去、相交几种方式。配合起始点位置的选取可以实现多种拉伸效果。

（7）"偏置"：该选项组可以生成特征，该特征由曲线或边的基本设置偏置一个常数值，有以下选项。

1）"单侧"用于生成以单边偏置实体（如图6-44所示）。

2）"两侧"用于生成以双边偏置实体（如图6-45所示）。

3）"对称"用于生成以对称偏置实体（如图6-46所示）。

（8）"拔模"：该选项用于对面进行拔模。正角使得特征的侧面向内拔模（朝向选中曲线的中心）。负角使得特征的侧面向外拔模（背离选中曲线的中心）。零拔模角则不会应用拔模。有如下选项。

1）"从起始限制"：创建从拉伸起始限制开始的拔模（如图6-47所示）。

2）"从截面"：创建从拉伸截面开始的拔模（如图6-48所示）。

图6-44 "单侧"偏置　　　　图6-45 "两侧"偏置　　　　图6-46 "对称"偏置

3）"从截面-对称角"：创建一个从拉伸截面开始、在该截面的前后两侧以相同角度相对反向倾斜的拔模（如图6-49所示）。

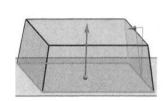

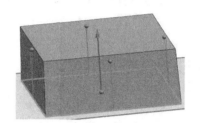

图6-47 从起始限制　　　　　图6-48 从截面　　　　　图6-49 从截面-对称角

4）"从截面-不对称角"：创建一个从拉伸截面开始、在该截面的前后两侧以相对反向倾斜的拔模，如图6-50所示。

5）"从截面匹配的终止处"：创建一个从拉伸截面开始、在该截面的前后两侧相对反向倾斜的拔模。终止限制处的形状与起始限制处的形状相匹配，并且终止限制处的拔模角将更改，以保持形状的匹配（如图6-51所示）。

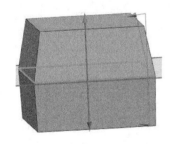

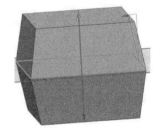

图6-50 从截面-不对称角　　　　　　　图6-51 从截面匹配的终止处

（9）"预览"：选中该复选框后用于预览绘图工作区临时实体的生成状态，以便于用户及时修改和调整。

## 6.2.2 实例——圆头平键

创建如图6-52所示的圆头平键。

1. 新建文件

执行"文件"→"新建"命令，或单击"主

扫码看视频

图6-52 圆头平键

页"选项卡"标准"面组中的⬚（新建）按钮，打开"新建"对话框，在"模板"列表框中选择"模型"，在"名称"文本框中输入yuantoupingjian，单击"确定"按钮，进入建模环境。

2．创建圆弧1

（1）执行"菜单"→"插入"→"曲线"→"圆弧/圆"命令，或单击"曲线"选项卡"曲线"面组中的⬐（圆弧/圆）按钮，弹出如图6-53所示的"圆弧/圆"对话框。

（2）在"类型"下拉列表中选择"三点画圆弧"选项。

（3）在"起点"选项，单击"点对话框"⬚按钮，弹出"点"对话框，输入起点坐标（0，10，0），单击"确定"按钮，返回到"圆弧/圆"对话框。

（4）输入端点坐标为（0，-10，0）、中点坐标为（-10，0，0）。

（5）在"限制"选项中取消勾选"整圆"单击"确定"按钮，完成如图6-54所示的圆弧1的创建。

3．创建圆弧2

（1）执行"菜单"→"插入"→"曲线"→"圆弧/圆"命令，或单击"曲线"选项卡"曲线"面组中的⬐（圆弧/圆）按钮，弹出"圆弧/圆"对话框。

（2）在"类型"下拉列表中选择"三点画圆弧"选项。

（3）在"起点"选项，单击"点对话框"⬚按钮，弹出"点"对话框，输入起点坐标（40，10，0），单击"确定"按钮，返回到"圆弧/圆"对话框。

（4）输入端点坐标为（40，-10，0）、中点坐标为（50，0，0）。

（5）单击"确定"按钮，完成如图6-55所示的圆弧2的创建。

图6-53　"圆弧/圆"对话框

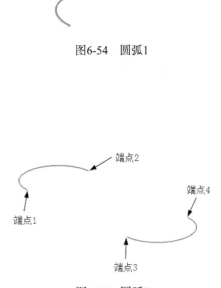

图6-54　圆弧1

图6-55　圆弧2

4．创建直线

（1）执行"菜单"→"插入"→"曲线"→"直线"命令，或单击"曲线"选项卡"曲线"面组中的╱（直线）按钮，弹出"直线"对话框。

（2）连接端点1和端点3绘制直线1，连接端点2和端点4绘制直线2，结果如图6-56所示。

　5．拉伸操作

（1）执行"菜单"→"插入"→"设计特征"→"拉伸"命令，或单击"主页"选项卡"特征"面组中的![拉伸图标]（拉伸）按钮，弹出如图6-57所示的"拉伸"对话框。

（2）选择所有的曲线为拉伸曲线。

（3）在"指定矢量"下拉列表中选择"ZC"轴为拉伸方向。

（4）在"开始"选项"距离"文本框中输入0，"结束"选项"距离"文本框中输入10。在"布尔"下拉列表中选择"无"。

（5）单击"确定"按钮，完成拉伸操作，结果如图6-52所示。

## 6.2.3　旋转

执行"菜单"→"插入"→"设计特征"→"旋转"命令，或单击"主页"选项卡"特征"面组中的![旋转图标]（旋转）按钮，则会激活该功能，弹出如图6-58所示的对话框，通过绕给定的轴以非零角度旋转截面曲线来生成一个特征。可以从基本横截面开始并生成圆或部分圆的特征（如图6-59所示）。

图6-56　绘制直线

图6-57　"拉伸"对话框

图6-58　"旋转"对话框

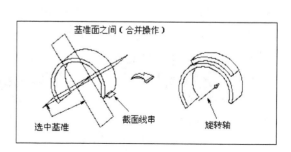

图6-59　"旋转"示意图

"旋转"对话框中的部分选项说明如下。

（1）🔲 "曲线"：用于选择旋转的曲线，如果选择的为面则自动进入到草绘模式。

（2）🔲 "绘制截面"：用户可以通过该选项首先绘制旋转的轮廓，然后进行旋转。

（3）"指定矢量"：该选项让用户指定旋转轴的矢量方向，也可以通过下拉菜单调出矢量构成选项。

（4）"指定点"：该选项让用户通过指定旋转轴上的一点，来确定旋转轴的具体位置。

（5）"布尔"：该选项用于指定生成的几何体与其他对象的布尔运算，包括无、合并、减去、相交几种方式。配合起始点位置的选取可以实现多种拉伸效果。

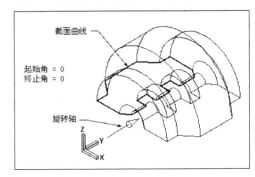

图6-60 "轴和角"示意图

（6）☒ "方向"：与拉伸中的方向选项类似，其默认方向是生成实体的法线方向。

（7）"限制"：该选项方式让用户指定旋转的角度，其功能如图6-60所示，各选项如下。

1）"开始角度"：指定旋转的开始角度。开始和结束角度差不能超过360º。

2）"结束角度"：制定旋转的终点角度，角度大于起始角旋转方向为正方向，否则为反方向。

3）"直至选定"：该选项让用户把截面集合体旋转到目标实体上的修剪面或基准平面。

（8）"偏置"：该选项方式让用户指定偏置形式，分为无和双侧，其功能如图6-61所示。

1）"无"：直接以截面曲线生成旋转特征。

2）"两侧"：指在截面曲线两侧生成旋转特征，以结束值和起始值之差为实体的厚度。

---

**ℹ️ 提示**

扫掠操作的结果取决于原点的位置（因此取决于旋转轴）。如图6-62所示为旋转轴位置对实体的影响。

---

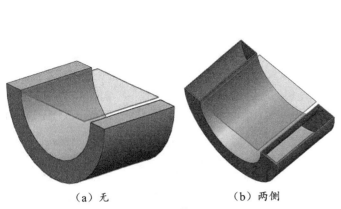

（a）无　　　　　　　（b）两侧

图6-61　偏置

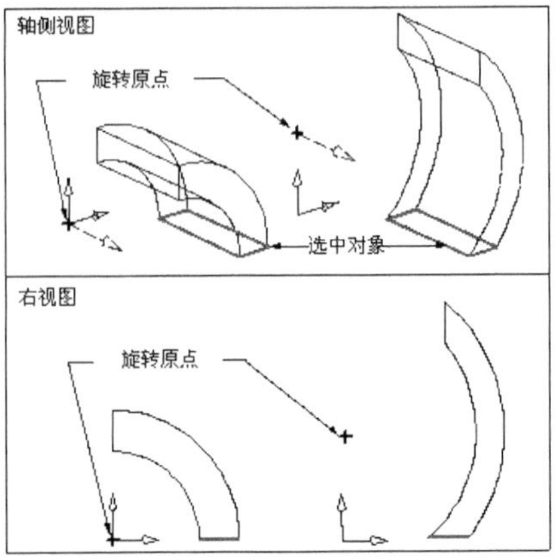

图6-62　旋转轴影响示意图

## 6.2.4 实例——销

利用旋转功能绘制如图6-63所示的销。

### 1．新建文件

执行"文件"→"新建"命令，或单击"主页"选项卡"标准"面组中的▯（新建）按钮，打开"新建"对话框，在"模板"列表框中选择"模型"，在"名称"文本框中输入xiao3-16，单击"确定"按钮，进入建模环境。

扫码看视频

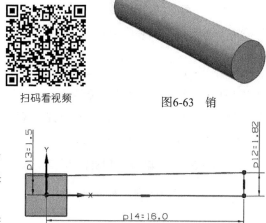

图6-63　销

### 2．绘制草图

（1）执行"菜单"→"插入"→"在任务环境中绘制草图"命令，打开"创建草图"对话框，选择XC-YC平面为工作平面绘制草图，单击"确定"按钮，进入草图绘制截面，单击"曲线"面组中"直线"按钮绘制直线，绘制后的草图如图6-64所示。

图6-64　绘制草图

（2）单击"主页"选项卡"草图"面组中的（完成）按钮，草图绘制完毕。

### 3．创建旋转特征

（1）执行"菜单"→"插入"→"设计特征"→"旋转"命令，或单击"主页"选项卡"特征"面组中的（旋转）按钮，弹出如图6-65所示的"旋转"对话框。

（2）在视图区选择如图6-64所示绘制的草图。

（3）在"指定矢量"下拉列表中选择"XC"轴为旋转轴方向，捕捉旋转中心点如图6-66所示。

图6-65　"旋转"对话框

图6-66　选择旋转轴和中心点

（4）在"限制"选项的"开始"下拉列表中选择"值"选项。

（5）在"角度"文本框中输入0。同样在"结束"下拉列表中选择"值"选项，在"角度"文本框中输入360。

（6）单击"确定"按钮，完成旋转特征的创建，结果如图6-63所示。

## 6.2.5　沿引导线扫掠

执行"菜单"→"插入"→"扫掠"→"沿引导线扫掠"命令，或单击"主页"选项卡"特征"面组中的 🖼（沿引导线扫掠）按钮，则会激活该功能，弹出如图6-67所示的对话框，通过沿着由一个或一系列曲线、边或面构成的引导线串（路径）拉伸开放的或封闭的边界草图、曲线、边或面来生成单个体（如图6-68所示）。

图6-67　"沿引导线扫掠"对话框

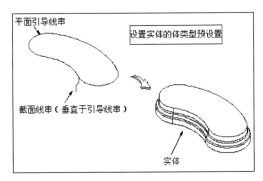

图6-68　"沿引导线扫掠"示意图

需要注意的是：

（1）如果截面对象有多个环，如图6-69所示，则引导线串必须由线/圆弧构成；

（2）如果沿着具有封闭的、尖锐拐角的引导线串扫掠，建议把截面线串放置到远离尖锐拐角的位置（如图6-70所示）；

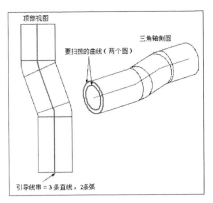

图6-69　当截面有多个环时扫掠示意图

图6-70　当导引线封闭或有尖锐拐角时扫掠示意图

（3）如果引导路径上两条相邻的线以锐角相交，或者引导路径中的圆弧半径对于截面曲线来说太小，则不会发生扫掠面操作。换言之，路径必须是光顺的、切向连续的。

## 6.2.6　实例——O型密封圈

创建如图6-71所示的O型密封圈。具体操作如下。

扫码看视频

图6-71　O型密封圈

### 1. 创建新文件

执行"文件"→"新建"命令，或单击"主页"选项卡"标准"面组中的 （新建）按钮，打开"新建"对话框，在"模板"列表框中选择"模型"，在"名称"文本框中输入oxingmifengquan，单击"确定"按钮，进入建模环境。

### 2. 创建圆

（1）执行"菜单"→"插入"→"曲线"→"圆弧/圆"命令，或单击"曲线"选项卡"曲线"面组中的 （圆弧/圆）按钮，弹出如图6-72所示的"圆弧/圆"对话框。

（2）在"类型"下拉列表中选择"从中心开始的圆弧/圆"类型，勾选"整圆"复选框。

（3）在"中心点"选项单击"点对话框" 按钮，弹出"点"对话框，输入中心点坐标（0，0，0），单击"确定"按钮，返回到"圆弧/圆"对话框。

（4）在"通过点"选项单击"点对话框" 按钮，弹出"点"对话框，输入中心点坐标（1，0，0），单击"确定"按钮，返回到"圆弧/圆"对话框。

（5）单击"确定"按钮，完成如图6-73所示的圆的创建。

### 3. 旋转坐标系

执行"菜单"→"格式"→"WCS"→"旋转"命令，弹出如图6-74所示"旋转WCS绕..."对话框。选中"+XC轴：YC→ZC"项，单击"确定"按钮，坐标系统XC轴逆时针旋转90°。

图6-72　"圆弧/圆"对话框

图6-73　创建圆

图6-74　"旋转WCS绕..."对话框

4. 建立导引线

执行"菜单"→"格式"→"WCS"→"显示"命令，将工作坐标系显示。按步骤3建立一圆心在点（8，0，0），经过原点（0，0，0）的圆，生成曲线如图6-75所示。

5. 沿导引线扫掠

（1）执行"菜单"→"插入"→"扫掠"→"沿引导线扫掠"命令，或单击"主页"选项卡"特征"面组中的🔧（沿引导线扫掠）按钮，弹出如图6-76所示的"沿引导线扫掠"对话框。

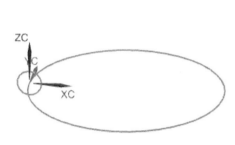

图6-75　曲线

图6-76　"沿引导线扫掠"对话框

（2）选择小圆为截面曲线，选择大圆为引导线曲线。

（3）在"第一偏置"和"第二偏置"输入栏中分别输入0、0。

（4）单击"确定"按钮，生成如图6-71所示的O形密封圈。

6. 保存零件

## 6.2.7　管

执行"菜单"→"插入"→"扫掠"→"管"命令，或单击"曲面"选项卡"曲面"面组中的⚙（管）按钮，弹出如图6-77所示的对话框，通过沿着由一个或一系列曲线构成的引导线串（路径）扫掠出简单的管道对象（如图6-78所示）。

"管"对话框中的相关选项如下。

（1）"外径/内径"：用于输入管道的内外径数值，其中外径不能为零。

（2）输出

1）"单段"：只具有一个或两个侧面，此侧面为B曲面，如图6-79所示。如果内直径是零，那么管具有一个侧面。

图6-77　"管"对话框

2）"多段"：沿着引导线串扫成一系列侧面，这些侧面可以是柱面或环面（如图6-80所示）。

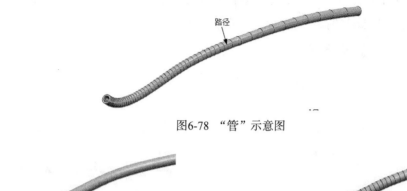

路径

图6-78　"管"示意图

图6-79　"单段"示意图

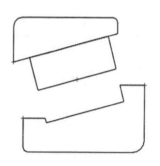

图6-80　"多段"示意图

## 6.2.8　实例——轴承

创建如图6-81所示的轴承零件。

1. 打开文件

单击"打开" 图标，弹出"打开部件文件"对话框。打开yuanwenjian/6/zhoucheng.prt，如图6-82所示，单击"OK"按钮，进入建模环境。

扫码看视频

图6-81　圆锥滚子轴承

图6-82　轴承

2. 创建内圈

（1）执行"菜单"→"插入"→"设计特征"→"旋转"命令，或单击"主页"选项卡"特征"面组"设计特征"下拉菜单中的 （旋转）按钮，系统弹出"旋转"对话框，如图6-83所示。利用该对话框选择草图曲线生成轴承的内外圈。

（2）选择打开的轴承草图的内圈曲线为旋转截面曲线。

（3）在"指定矢量"下拉列表中选择"*XC*"轴方向作为旋转方向。

（4）单击"点对话框" 按钮，系统弹出"点"对话框如图6-84所示，在该对话框中输入坐标原点为旋转参考点。

（5）在限制栏中的开始"角度"和结束"角度"选项中输入0、360，单击"确定"按钮完成旋转操作，生成圆锥滚子轴承的内圈，如图6-85所示。

图6-83 "旋转"对话框

图6-84 "点"对话框

（6）重复上一步中的操作方法建立圆锥滚子轴承的外圈。旋转曲线选择外圈曲线，其他参数完全相同。生成的轴承的外环结果如图6-86所示。

图6-85 轴承内环生成结果

图6-86 轴承外环生成结果

3. 创建滚珠

（1）执行"菜单"→"插入"→"设计特征"→"旋转"命令，或单击"主页"选项卡"特征"面组中的（旋转）按钮，系统弹出"旋转"对话框。

（2）选择草图的中间曲线作为旋转操作的曲线。

（3）选择图6-87中箭头所在的直线作为旋转体的参考矢量。

（4）在限制栏中的开始"角度"和结束"角度"选项中输入0、360，单击"确定"按钮。生成的轴承滚珠结果如图6-88所示。

图6-87　旋转体的参考矢量

图6-88　生成的滚珠

4．旋转坐标

（1）执行"菜单"→"格式"→"WCS"→"旋转"命令，系统弹出"旋转WCS绕..."对话框，如图6-89所示。

（2）选择 ⊙ -YC 轴：XC --> ZC 选项，在"角度"参数文本框中输入90，单击"确定"按钮。即在*YC*轴不变的情况下，*XC*坐标轴向*ZC*坐标轴旋转90°。

5．阵列滚珠

（1）执行"菜单"→"编辑"→"移动对象"命令，系统弹出"移动对象"对话框，如图6-90所示。

图6-89　"旋转WCS绕..."对话框

图6-90　"移动对象"对话框

（2）选择生成的滚子为移动对象。

（3）在"变换"选项栏中"运动"下拉列表中选择"角度"选项，在"角度"文本框中输入18。

（4）在"指定矢量"下拉列表中选择"ZC"轴，单击"指定轴点"按钮，系统弹出"点"对话框，在该对话框中选择旋转中心为原点。

（5）单击"复制原先的"单选按钮，在"非关联副本数"中输入19。单击"确定"按钮，生成所有的滚子。生成所有的滚珠如图6-81所示。

# 6.3 GC工具箱

GC工具箱是UG 8.0以后新增的功能，包括GC数据规范、齿轮建模、弹簧设计、加工准备、注释等，本节主要介绍齿轮建模和弹簧设计的创建。

## 6.3.1 齿轮建模

点击"菜单"→"GC工具箱"→"齿轮建模"下拉菜单，如图6-91所示。齿轮建模工具箱可以创建柱齿轮和锥齿轮，也可以编辑齿轮和保留它与其他实体的几何关系，还可以显示齿轮的几何信息、转换、啮合、删除等。

下面以斜齿齿轮为例，介绍齿轮建模的创建方法。

1．新建文件

执行"文件"→"新建"命令，或单击"主页"选项卡"标准"面组中的 □（新建）按钮，打开"新建"对话框，在"模板"列表框中选择"模型"，在"文件名"文本框中输入chilun，单击"确定"按钮，进入建模环境。

2．创建齿轮

（1）执行"菜单"→"GC工具箱"→"齿轮建模"→"柱齿轮"命令，打开如图6-92所示的"渐开线圆柱齿轮建模"对话框。

图6-91 "齿轮建模"下拉菜单　　　　　图6-92 "渐开线圆柱齿轮建模"对话框

（2）选择"创建齿轮"单选按钮，单击"确定"按钮，打开如图6-93所示的"渐开线圆柱齿轮类型"对话框。选择"斜齿轮""外啮合齿轮"和"滚齿"单选按钮，单击"确定"按钮。

（3）打开如图6-94所示的"渐开线圆柱齿轮参数"对话框。在"标准齿轮"选项卡中选择"Left-hand"螺旋方向，在"法向模数（毫米）""牙数""齿宽（毫米）""法向压力角（度数）"和"Helix Angle(degree)"文本框中输入3、27、65、20和15，在"名称"文本框中输入xiechilun，单击"确定"按钮。

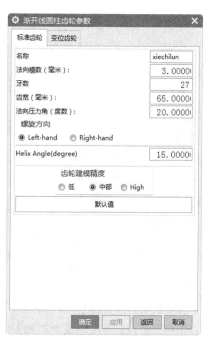

图6-93　"渐开线圆柱齿轮类型"对话框　　　　　图6-94　"渐开线圆柱齿轮参数"对话框

（4）打开如图6-95所示的"矢量"对话框。在矢量"类型"下拉列表中选择"ZC轴"，单击"确定"按钮，打开如图6-96所示的"点"对话框。输入坐标点为（0，0，0），单击"确定"按钮，生成柱齿轮，如图6-97所示。

图6-95　"矢量"对话框　　　　　图6-96　"点"对话框　　　　　图6-97　创建斜齿轮

## 6.3.2 弹簧设计

点击"菜单"→"GC工具箱"→"弹簧设计"下拉菜单，如图6-98所示。弹簧建模工具箱可以创建圆柱压缩弹簧和圆柱拉伸弹簧，还可以显示弹簧的几何信息、删除弹簧等。

图6-98 "弹簧设计"下拉菜单

下面以圆柱压缩弹簧为例介绍弹簧的设计过程。

1. 新建文件

执行"文件"→"新建"命令，或单击"主页"选项卡"标准"面组中的□（新建）按钮，打开"新建"对话框。在"模板"列表中选择"模型"，在"名称"文本框中输入名称为tanhuang，单击"确定"按钮，进入建模环境。

2. 创建弹簧

（1）执行"菜单"→"GC工具箱"→"弹簧设计"→"圆柱压缩弹簧"命令，打开如图6-99所示的"圆柱压缩弹簧"对话框。

（2）选择"选择类型"为"输入参数"，选择创建方式为"在工作部件中"，指定矢量为"ZC"轴，指定坐标原点为弹簧起始点，名称采用默认，单击"下一步"按钮。

（3）打开"输入参数"选项卡，如图6-100所示。在对话框中选择旋向为"右旋"，选择端部结构为"并紧磨平"，在"中间直径""钢丝直径""自由高度""有效圈数"和"支撑圈数"文本框中输入26、3、90、8和12。单击"下一步"按钮。

图6-99 "圆柱压缩弹簧"对话框

图6-100 "输入参数"选项卡

（4）打开"显示结果"选项卡，如图6-101所示。显示弹簧的各个参数，单击"完成"按钮，完成弹簧的创建，如图6-102所示。

图6-101　"显示结果"选项卡

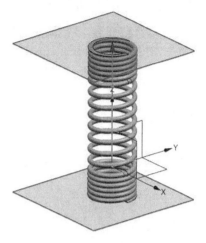

图6-102　圆柱压缩弹簧

## 6.3.3　实例——斜齿轮

本例绘制斜齿轮，利用GC工具箱中的圆柱齿轮命令创建圆柱齿轮的主体，然后创建轴孔，再创建减重孔，最后创建键槽，结果如图6-103所示。

扫码看视频

1. 创建新文件

新建xiechilun.prt文件，在模板里选择"模型"，单击"确定"按钮，进入建模模块。

2. 创建齿轮基体

（1）执行"菜单"→"GC工具箱"→"齿轮建模"→"柱齿轮"命令，或单击"主页"选项卡"齿轮建模-GC工具箱"面组中的 （柱齿轮建模）按钮，弹出"渐开线圆柱齿轮建模"对话框。

（2）选择"创建齿轮"单选按钮，单击"确定"按钮，弹出如图6-104所示的"渐开线圆柱齿轮类型"对话框。

（3）选择"斜齿轮""外啮合齿轮"和"滚齿"单选按钮，单击"确定"按钮。弹出如图6-105所示的"渐开线圆柱齿轮参数"对话框。

（4）在"标准齿轮"选项卡中输入法向模数、牙数、齿宽、法向压力角和Helix Angle(degree)数值分别为2.5、165、85、20和13.9，单击"确定"按钮，弹出如图6-106所示的"矢量"对话框。

（5）在"矢量类型"下拉列表中选择"ZC"轴，单击"确定"按钮，弹出如图6-107所示的"点"对话框。

图6-103　斜齿轮

图6-104　"渐开线圆柱齿轮类型"对话框

（6）输入坐标点为（0，0，0），单击"确定"按钮，生成圆柱齿轮如图6-108所示。

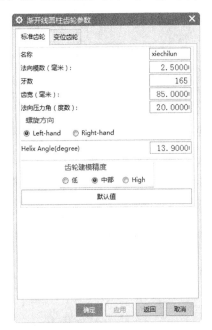

图6-105 "渐开线圆柱齿轮参数"对话框

图6-106 "矢量"对话框

图6-107 "点"对话框

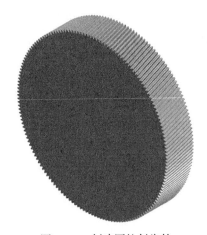

图6-108 创建圆柱斜齿轮

**3．创建孔**

（1）执行"菜单"→"插入"→"设计特征"→"孔"命令，或单击"主页"选项卡"特征"面组中的 （孔）按钮，弹出如图6-109所示的"孔"对话框。

（2）在"类型"选项中选择"常规孔"选项。

（3）在"成形"下拉列表中选择"简单孔"选项。

（4）在"直径"数值栏中输入75，"深度限制"选项中选择"贯通体"。

（5）捕捉如图6-110所示的圆心为孔位置。

（6）单击"确定"按钮，完成孔的创建，如图6-111所示。

图6-109 "孔"对话框

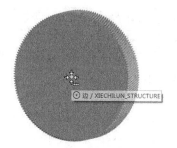

图6-110 捕捉圆心

图6-111 创建孔

**4. 创建孔**

（1）执行"菜单"→"插入"→"设计特征"→"孔"命令，或单击"主页"选项卡"特征"面组中的 （孔）按钮，弹出如图6-112所示的"孔"对话框。

（2）在"类型"选项中选择"常规孔"选项。

（3）在"成形"下拉列表中选择"简单孔"选项。

图6-112 "孔"对话框

（4）在"直径"数值栏中输入70，"深度限制"选项中选择"贯通体"。

（5）单击"绘制截面"按钮 ，弹出"创建草图"对话框，选择圆柱体的上表面为孔放置面，进入草图绘制环境。打开"草图点"对话框，创建点，如图6-113所示。

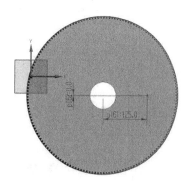

图6-113 绘制草图

（6）单击"主页"选项卡"草图"面组中的 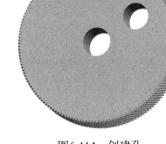（完成）按钮，草图绘制完毕。返回到"孔"对话框。

（7）单击"确定"按钮，完成孔的创建，如图6-114所示。

5．阵列孔特征

（1）执行"菜单"→"插入"→"关联复制"→"阵列特征"命令，或单击"主页"选项卡"特征"面组中的 （阵列特征）按钮，弹出如图6-115所示的"阵列特征"对话框。

（2）选择第4步创建的简单孔为要阵列的特征。

（3）在"布局"下拉列表中选择"圆形"选项。

（4）在"指定矢量"下拉列表中选择"ZC"轴为旋转轴，指定坐标原点为旋转点。

图6-114　创建孔

（5）在"间距"下拉列表中选择"数量和间隔"选项，"数量"和"节距角"数值栏中输入数值为6和60，单击"确定"按钮，如图6-116所示。

6．绘制草图

（1）执行"菜单"→"插入"→"在任务环境中绘制草图"命令，进入草图绘制界面，选择圆柱齿轮的外表面为工作平面绘制草图。

（2）单击"圆"按钮绘制圆，绘制后的草图如图6-117所示。

图6-115　"阵列特征"对话框

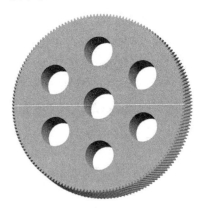

图6-116　创建轴孔

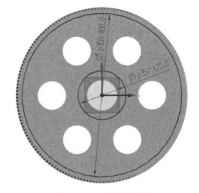

图6-117　绘制草图

（3）单击"主页"选项卡"草图"面组中的 （完成）按钮，草图绘制完毕。

**7. 创建减重槽**

（1）执行"菜单"→"插入"→"设计特征"→"拉伸"命令，或单击"主页"选项卡"特征"面组中的 （拉伸）按钮，弹出如图6-118所示的"拉伸"对话框。

（2）选择上一步绘制的草图为拉伸曲线。

（3）在"指定矢量"下拉列表中选择"ZC"轴为拉伸方向。

（4）在开始"距离"和结束"距离"数值栏中输入0和25。

（5）在"布尔"下拉列表中选择"减去"选项。

（6）单击"确定"按钮，生成如图6-119所示的圆柱齿轮模型。

**8. 拔模**

（1）执行"菜单"→"插入"→"细节特征"→"拔模"命令，或单击"主页"选项卡"特征"面组中的 （拔模）按钮，弹出如图6-120所示的"拔模"对话框。

（2）在"类型"下拉列表中选择"边"选项。

（3）在"指定矢量"下拉列表中选择"ZC"轴为脱模方向。

（4）选择如图6-121所示的边为固定边。

图6-118 "拉伸"对话框

图6-119 创建减重槽

图6-120 "拔模"对话框

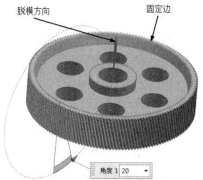

图6-121 选择拔模边

（5）在"角度1"文本框中输入角度为20，单击"应用"按钮。

重复上述步骤，选择如图6-122所示的边为固定边，单击"确定"按钮，完成拔模操作，结果如图6-123所示。

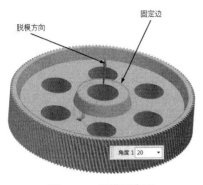

图6-122　拔模示意图

图6-123　模型

9. 边倒圆

（1）执行"菜单"→"插入"→"细节特征"→"边倒圆"命令，或单击"主页"选项卡"特征"面组中的 （边倒圆）按钮，弹出如图6-124所示的"边倒圆"对话框。

（2）选择如图6-125所示的边线。

（3）在"半径1"文本框中输入8。

（4）单击"确定"按钮。完成圆角的创建，结果如图6-126所示。

图6-124　"边倒圆"对话框

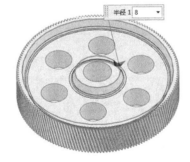

图6-125　选择边线

图6-126　边倒圆

10. 创建倒角

（1）执行"菜单"→"插入"→"细节特征"→"倒斜角"命令，或单击"主页"选项卡"特征"面组中的 （倒斜角）按钮，弹出如图6-127所示的"倒斜角"对话框。

（2）选择如图6-128所示的倒角边。

（3）在"横截面"下拉列表中选择"对称"选项。

（4）在"距离"文本框中输入3。在"偏置法"下拉列表中选择"沿面偏置边"。

（5）单击"确定"按钮，生成倒角特征，如图6-129所示。

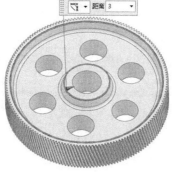

图6-127 "倒斜角"对话框　　　图6-128 选择倒角边　　　图6-129 生成倒角特征

11．镜像特征

（1）执行"菜单"→"插入"→"关联复制"→"镜像特征"命令，或单击"主页"选项卡"特征"面组中的 （镜像特征）按钮，弹出如图6-130所示的"镜像特征"对话框。

（2）在"部件导航器"中选择步骤7至步骤10创建的拉伸特征、拔模特征、边倒圆和倒斜角为镜像特征。

（3）在"平面"下拉列表中选择"新平面"选项。

（4）在"指定平面"下拉列表中选择"XC-YC平面"。

（5）在"距离"文本框中输入42.5，如图6-131所示。

（6）单击"确定"按钮，完成镜像特征的创建，如图6-132所示。

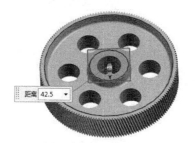

图6-130 "镜像特征"对话框　　　图6-131 选择平面　　　图6-132 镜像特征

12．创建键槽

（1）执行"菜单"→"插入"→"设计特征"→"长方体"命令，或单击"主页"选项卡"特征"面组中的 （长方体）按钮，弹出如图6-133所示的"长方体"对话框。

（2）在"类型"下拉列表框中选择"原点和边长"选项。

（3）单击"点对话框" 按钮，弹出"点"对话框，设置点坐标为（37，-6，0），单击"确定"按钮。

图6-133　"长方体"对话框

（4）返回"长方体"对话框，在"长度（XC）""宽度（YC）"和"高度（ZC）"数值文本框中分别输入3、12、85。

（5）在"布尔"下拉列表框中选择"减去"选项，选择视图中的实体。

（6）在"长方体"对话框中，单击"确定"按钮选项，即可创建键槽，结果如图6-103所示。

# 6.4 综合实例——活动钳口主体

本例绘制的活动钳口主体如图6-134所示。基本思路为：先绘制草图，拉伸绘制基本形体，再次拉伸生成基本形体并通过布尔运算从刚绘制的基本形体中减去，最后通过扫掠生成钳口。具体操作如下。

扫码看视频

图6-134　活动钳口主体

## 1．新建文件

执行"文件"→"新建"命令，或单击"主页"选项卡"标准"面组中的□（新建）按钮，打开"新建"对话框，在"模板"列表框中选择"模型"，在"名称"文本框中输入huodongqiankou，单击"确定"按钮，进入建模环境。

## 2．绘制草图1

（1）执行"菜单"→"插入"→"在任务环境中绘制草图"命令，选择"XC-YC平面"作为草图绘制平面，单击"确定"按钮，进入草图绘制环境，绘制后的草图如图6-135所示。

（2）单击"主页"选项卡"草图"面组中的（完成）按钮，草图绘制完毕。

## 3．创建拉伸特征1

（1）执行"菜单"→"插入"→"设计特征"→"拉伸"命令，或单击"主页"选项卡"特征"面组中的□（拉伸）按钮，弹出如图6-136所示的"拉伸"对话框，选择如图6-135所示的草图。

（2）在如图6-136所示的对话框中，在"限制"栏中开始"距离"和结束"距离"文本框中分别输入0、18，其他默认。

（3）在如图6-136所示对话框中，单击"确定"按钮，创建拉伸特征1，如图6-137所示。

图6-135　绘制草图1　　　　　　图6-136　"拉伸"对话框　　　　　图6-137　创建拉伸特征1

4．绘制草图2

（1）执行"菜单"→"插入"→"在任务环境中绘制草图"命令，进入草图绘制界面，选择如图6-138所示的平面为工作平面绘制草图，绘制后的草图如图6-139所示。

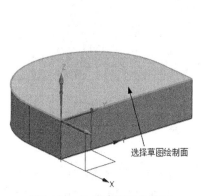

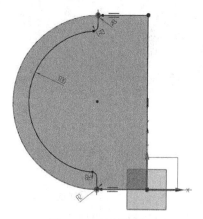

图6-138　选择草图工作平面　　　　　　　　图6-139　绘制草图2

（2）单击"主页"选项卡"草图"面组中的 （完成）按钮，草图绘制完毕。

5．创建拉伸特征2

（1）执行"菜单"→"插入"→"设计特征"→"拉伸"命令，或单击"主页"选项卡"特征"面组中的（拉伸）按钮，弹出如图6-135所示的"拉伸"对话框，选择如图6-138所示的草图。

（2）在"指定矢量"下拉列表中选择"ZC"轴为拉伸方向。

（3）在如图6-136所示的对话框中的"布尔"下拉列表框中选择"合并"选项。

（4）在如图6-136所示的对话框中，在"限制"栏中开始"距离"和结束"距离"文本框中分别输入0、10，其他默认。

（5）在如图6-136所示对话框中，单击"确定"按钮，创建拉伸特征2，如图6-140所示。

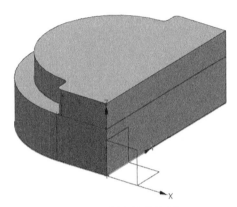

图6-140　创建拉伸特征2

6．绘制草图3

（1）执行"菜单"→"插入"→"在任务环境中绘制草图"命令，进入草图绘制界面，选择如图6-141所示的平面为工作平面绘制草图，绘制后的草图如图6-142所示。

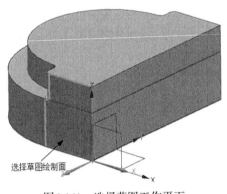

图6-141　选择草图工作平面

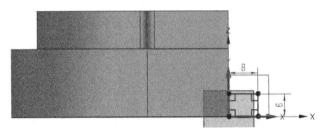

图6-142　绘制草图3

（2）单击"主页"选项卡"草图"面组中的（完成）按钮，草图绘制完毕。

7．创建沿导线扫描特征

（1）执行"菜单"→"插入"→"扫掠"→"沿引导线扫掠"命令，或单击"曲面"选项卡"曲面"面组中的（沿引导线扫掠）按钮，弹出如图6-143所示的"沿引导线扫掠"对话框。

（2）在视图区选择如图6-142所绘制的草图。

（3）在视图区选择引导线，如图6-144所示。

（4）在如图6-143所示的对话框中的"第一偏置"和"第二偏置"文本框中分别输入0、0。

图6-143　"沿引导线扫掠"对话框

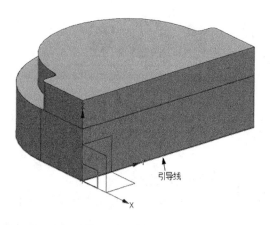

图6-144　选择引导线

（5）在如图6-143所示的"布尔"下拉列表中选择"合并"选项，创建沿引导线扫掠特征，如图6-145所示。

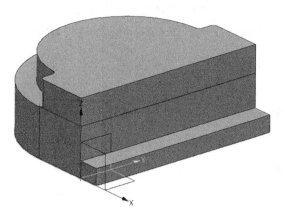

图6-145　创建沿引导线扫掠特征

# 第 7 章

# 特征建模

👉 **本章导读**

特征建模模块用工程特征来定义设计信息，在实体建模的基础上提高了用户设计意图的表达能力。该模块支持标准设计特征的生成和编辑，包括各种孔、圆台、长方体、圆柱等特征。这些特征均被参数化定义，可对其大小及位置进行尺寸驱动编辑。除系统定义的特征外，用户还可以使用自定义特征。所有特征均可相对于其他特征或几何体定位。

本章主要介绍 UG NX 12.0 中基于特征的建模工具的用法。

✋ **内容要点**

🐚 简单实体

🐚 扫掠成形

🐚 特征成形

# 7.1 特征成形

## 7.1.1 孔

执行"菜单"→"插入"→"设计特征"→"孔"命令，或单击"主页"选项卡"特征"面组中的 （孔）按钮，弹出如图7-1所示对话框。

"孔"对话框选项介绍如下。

（1）"常规孔"类型

1） "简单孔"：选中该选项后，可变窗口区变换为如图7-2所示，让用户以指定的直径、深度和顶锥角生成一个简单的孔（如图7-3所示）。

图7-1 "孔"对话框

图7-2 "简单孔"窗口区

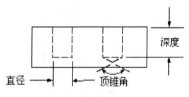

图7-3 "简单孔"示意图

2） "沉头"：选中该选项后，可变窗口区变换为如图7-4所示，让用户生成指定的孔直径、孔深度、顶锥角、沉头直径和沉头深度的沉头孔（如图7-5所示）。

图7-4 "沉头"窗口区

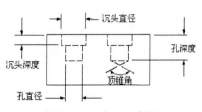

图7-5 "沉头"示意图

3）■ "埋头"：选中该选项后，可变窗口区变换为如图7-6所示，让用户生成指定的孔直径、孔深度、顶锥角、埋头直径和埋头角度的埋头孔（如图7-7所示）。

图7-6 "埋头"窗口区

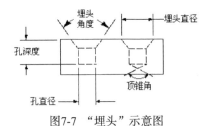

图7-7 "埋头"示意图

（2）"螺钉间隙孔"：创建简单、沉头或埋头通孔，为具体应用而设计。

（3）"螺纹孔"：创建螺纹孔，其尺寸标注由标准、螺纹尺寸和径向进刀定义。

（4）"孔系列"：创建起始、中间和结束孔尺寸一致的多形状、多目标体的对齐孔。

## 7.1.2 实例——完成活动钳口

创建如图7-8所示的活动钳口零件。

1. 打开文件

打开如图7-9所示的huodongqiankou.prt文件。

扫码看视频

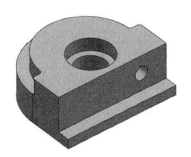

图7-8 活动钳口

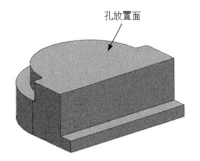

孔放置面

图7-9 活动钳口零件

2. 创建沉头孔

（1）执行"菜单"→"插入"→"设计特征"→"孔"命令，或单击"主页"选项卡"特征"面组中的 ● （孔）按钮，弹出如图7-10所示的"孔"对话框。

（2）在"成形"下拉列表中选择"沉头"。

（3）在"沉头直径""沉头深度""直径""深度"和"顶锥角"文本框中分别输入28、8、20、50、118。

（4）单击"指定点"右侧的"绘制截面" 按钮，弹出"创建草图"对话框，选择孔放置面，单击"确定"按钮，弹出"草图点"对话框，进入草图绘制界面，创建孔位置点，如图7-11所示。

图7-10　"孔"对话框

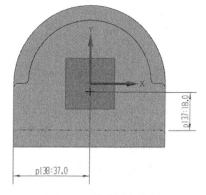

图7-11　孔位置点草图

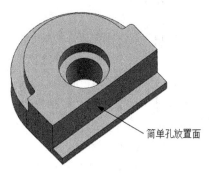

图7-12　创建沉头孔

（5）单击"主页"选项卡"草图"面组中的 （完成）按钮，返回到"孔"对话框。

（6）单击"确定"按钮，完成沉头孔的创建，如图7-12所示。

3．创建简单孔

（1）执行"菜单"→"插入"→"设计特征"→"孔"命令，或单击"主页"选项卡"特征"面组中的 （孔）按钮，弹出如图7-13所示的"孔"对话框。

（2）在"成形"下拉列表中选择"简单孔"。

（3）在"直径"和"深度"文本框中分别输入8.5和15。

（4）单击"指定点"右侧"绘制截面" 按钮，弹出"创建草图"对话框，选择简单孔放置面，单击"确定"按钮，弹出"草图点"对话框，进入草图绘制界面，创建孔位置点，如图7-14所示。

（5）单击"主页"选项卡"草图"面组中的 （完成）按钮，返回到"孔"对话框。

（6）单击"确定"按钮，完成简单孔的创建，生成"活动钳口"模型如图7-8所示。

图7-13　"孔"对话框

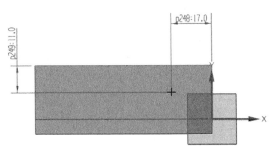

图7-14　孔位置点

## 7.1.3　凸起

执行"菜单"→"插入"→"设计特征"→"凸起"命令，或单击"主页"选项卡，选择"特征"组"设计特征"库中的 （凸起）按钮，弹出如图7-15所示对话框，通过沿矢量投影截面形成的面来修改体。凸起特征对于刚性对象和定位对象很有用。各选项功能如下。

（1）"选择面"：用于选择一个或多个面以在其上创建凸起。

（2）"端盖"：端盖定义凸起特征的底板或顶板，用于使用以下方法之一为端盖选择源几何体。

1）"凸起的面"：从选定用于凸起的面创建端盖，示意图如图7-16所示。

2）"基准平面"：从选择的基准平面创建端盖，如图7-17所示。

3）"截面平面"：在选定的截面处创建端盖，如图7-18所示。

4）"选定的面"：从选择的面创建端盖，如图7-19所示。

图7-15　"凸起"对话框

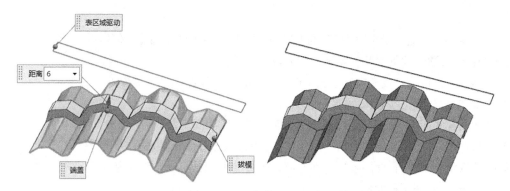

图7-16　"凸起的面"选项

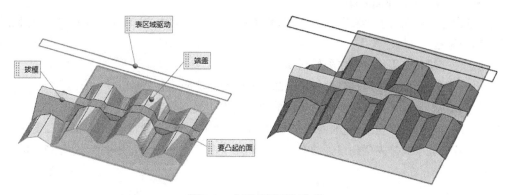

图7-17　"基准平面"选项

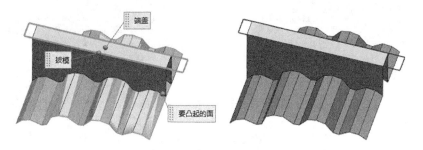

图7-18　"截面平面"选项

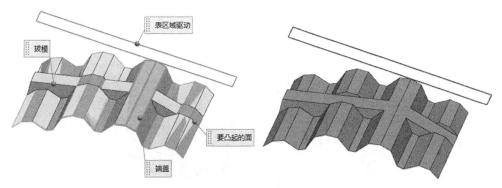

图7-19　"选定的面"选项

（3）"位置"

1）"平移"：通过按凸起方向指定的方向平移源几何体来创建端盖几何体。

2）"偏置"：通过偏置源几何体来创建端盖几何体。

（4）"拔模"：指定在拔模操作过程中保持固定的侧壁位置。

1）"从端盖"：使用端盖作为固定边的边界。

2）"从凸起的面"：使用投影截面和凸起面的交线作为固定曲线。

3）"从选定的面"：使用投影截面和所选的面的交线作为固定曲线。

4）"从选定的基准"：使用投影截面和所选的基准平面的交线作为固定曲线。

5）"从截面"：使用截面作为固定曲线。

6）"无"：指定不为侧壁添加拔模。

（5）"自由边修剪"：用于定义当凸起的投影截面跨过一条自由边（要凸起的面中不包括的边）时修剪凸起的矢量。

1）"脱模方向"：使用脱模方向矢量来修剪自由边。

2）"垂直于曲面"：使用与自由边相接的凸起面的曲面法向执行修剪。

3）"用户定义"：用于定义一个矢量来修剪与自由边相接的凸起。

（6）"凸度"：当端盖与要凸起的面相交时，可以创建带有凸垫、凹腔和混合类型凸度的凸起。

1）"凸垫"：如果矢量先碰到目标曲面，后碰到端盖曲面，则认为它是垫块，如图7-20所示。

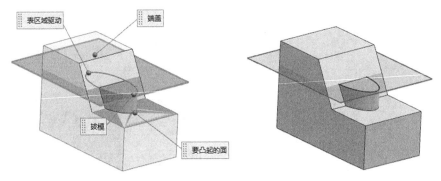

图7-20　"凸垫"选项

2）"凹腔"：如果矢量先碰到端盖曲面，后碰到目标，则认为它是腔，如图7-21所示。

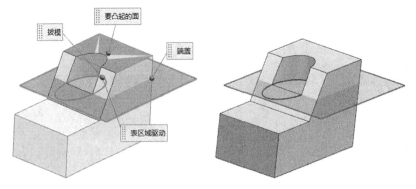

图7-21　"凹腔"选项

## 7.1.4 实例——填料压盖

创建如图7-22所示的填料压盖零件。

**1. 新建文件**

执行"文件"→"新建"命令，或单击"主页"选项卡"标准"面组中的

扫码看视频

🗋（新建）按钮，弹出"新建"对话框，在"模板"列表框中选择"模型"，在"名称"文本框中输入tianliaoyagai，单位选择"毫米"，单击"确定"按钮，进入建模模式。

**2. 创建圆柱体**

（1）执行"菜单"→"插入"→"设计特征"→"圆柱"命令，或单击"主页"选项卡"特征"面组中的 🔲（圆柱）按钮，弹出如图7-23所示的"圆柱"对话框。

图7-23 "圆柱"对话框

图7-22 填料压盖

（2）在"类型"下拉列表中选择"轴、直径和高度"选项。

（3）在"指定矢量"下拉列表中选择"ZC"轴。

（4）单击"指定点"右侧的"点对话框"🔲按钮，弹出"点"对话框，输入坐标（0，-34，0），单击"确定"按钮，返回到"圆柱"对话框。

（5）在"直径"和"高度"文本框中输入120和12。

图7-24 创建圆柱体

（6）单击"确定"按钮，完成圆柱体的创建，如图7-24所示。

**3. 创建另一个圆柱体**

创建圆柱体，矢量方向为"ZC"轴，直径为120，高度为12，圆柱底面的圆心点坐标为（0，34，0），在"布尔"下拉列表中选择"相交"，使新建的圆柱体与前一个圆柱体相交，绘制结果如图7-25所示。

**4. 添加边圆角特征**

（1）执行"菜单"→"插入"→"细节特征"→"边倒圆"命令，单击"主页"选项卡"特

征"面组中的 （边倒圆）按钮，弹出如图7-26所示的"边倒圆"对话框。

图7-25　绘制相交圆柱体

图7-26　"边倒圆"对话框

（2）在"半径1"文本框中输入12。

（3）选择相交圆柱的尖角棱边为要倒圆角的边。

（4）单击"确定"按钮，完成圆角的创建，如图7-27所示。

5. 创建凸起1

（1）执行"菜单"→"插入"→"设计特征"→"凸起"命令，或单击"主页"选项卡"特征"面组中的 （凸起）按钮，弹出如图7-28所示的"凸起"对话框。

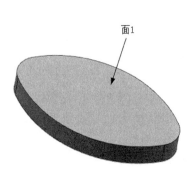

面1

图7-27　创建圆角

图7-28　"凸起"对话框

（2）单击"绘制截面" 按钮，弹出"创建草图"对话框，在"平面方法"下拉列表中选择"新平面"，选择面1为草图绘制截面，距离设置为0，在"指定矢量"下拉列表中选择"XC"轴，单击"确定"按钮，单击"曲线"面组中"圆"按钮绘制圆，绘制如图7-29所示的草图，单击"完成"按钮，返回到"凸起"对话框。

（3）选择面1为要凸起的面。

（4）在"指定方向"下拉列表中选择"ZC"轴。

（5）在"端盖"选项的"几何体"下拉列表中选择"凸起的面"，"距离"文本框中输入3，单击"确定"按钮，完成凸起的创建，如图7-30所示。

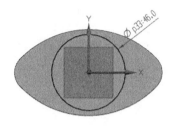

图7-29 凸起草图

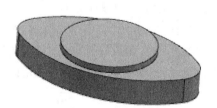

图7-30 创建凸起1

6．创建凸起2

以凸起1的顶面为要凸起的面，创建直径为44，高度为22的同轴线凸起2，结果如图7-31所示。

7．创建左右对称小凸起

继续仿照上面绘制的方法，在填料压盖的另一侧表面上左右对称各绘制一个小凸起，小凸起的尺寸参数设置为：直径为18，高度为2，拔模角为0；定位尺寸如图7-32所示。绘制结果如图7-22所示。

图7-31 创建凸起2

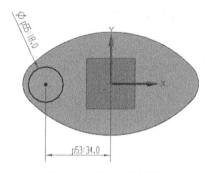

图7-32 凸起定位尺寸

## 7.1.5 槽

执行"菜单"→"插入"→"设计特征"→"槽"命令，或单击"主页"选项卡"特征"面组中的"槽"按钮 ，弹出如图7-33所示对话框。

该选项让用户在实体上生成一个槽，就好像一个成形刀具在旋转部件上向内（从外部定位面）或向外（从内部定位面）移动，如同车削操作（如图7-34所示）。

图7-33 "槽"对话框

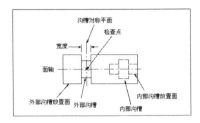

图7-34 "槽"示意图

该选项只在圆柱形或圆锥形的面上起作用。旋转轴是选中面的轴。槽在选择该面的位置（选择点）附近生成并自动连接到选中的面上。

"槽"对话框各选项功能如下。

（1）"矩形"（如图7-35所示）：该选项让用户生成一个周围为尖角的槽（对话框如图7-36所示）。

1）"槽直径"：生成外部槽时，指定槽的内径；当生成内部槽时，指定槽的外径。

2）"宽度"：指定槽的宽度，沿选定面的轴向测量。

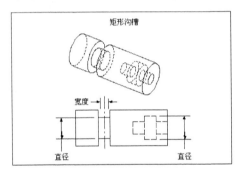

图7-35 "矩形槽"示意图

图7-36 "矩形槽"对话框

（2）"球形端槽"（如图7-37所示）：该选项让用户生成底部有完整半圆形的槽（对话框如图7-38所示）。

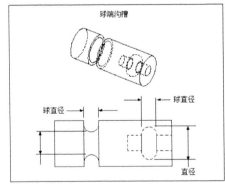

图7-37 "球形端槽"示意图

图7-38 "球形端槽"对话框

1）"槽直径"：生成外部槽时，指定槽的内径；当生成内部槽时，指定槽的外径。

2）"球直径"：指定球的直径。

（3）"U形槽"（如图7-39所示）：该选项让用户生成在拐角有半径的槽（对话框如图7-40所示）。

1）"槽直径"：生成外部槽时，指定槽的内部直径；当生成内部槽时，指定槽的外部直径。

2）"宽度"：指定槽的宽度，沿选择面的轴向测量。

3）"角半径"：槽的内部圆角半径。

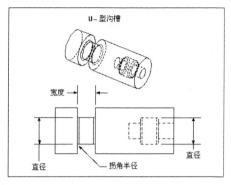

图7-39　"U形槽"示意图

图7-40　"U形槽"对话框

> **提示**
>
> 槽的定位和其他的成形特征的定位稍有不同。只能在一个方向上定位槽，即沿着目标实体的轴。不出现定位尺寸菜单。通过选择目标实体的一条边及刀具（在车槽刀具上）的边或中心线来定位槽（如图7-41所示）。

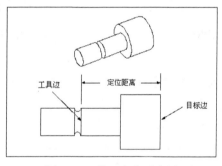

图7-41　"槽"定位示意图

## 7.1.6　实例——螺钉1

创建如图7-42所示的螺钉1零件。

1．新建文件

执行"文件"→"新建"命令，或单击"主页"选项卡"标准"面组中的▯（新建）按钮，弹出"新建"对话框，在"模板"列表框中选择"模型"，在"名称"文本框中输入luoding1，单击"确定"按钮，进入建模环境。

扫码看视频

图7-42　螺钉1零件

2．创建圆柱体1

（1）执行"菜单"→"插入"→"设计特征"→"圆柱"命令，或单击"主页"选项卡"特征"面组中的 （圆柱）按钮，弹出如图7-43所示的"圆柱"对话框。

（2）在"类型"下拉列表中选择"轴、直径和高度"类型。

（3）在"指定矢量"下拉列表中选择"ZC"轴。

（4）在"直径"和"高度"数值文本框中分别输入26、8。

（5）单击"确定"按钮，生成如图7-44所示的圆柱体。

图7-43　"圆柱"对话框

图7-44　创建圆柱体1

3．创建圆柱体2

（1）执行"菜单"→"插入"→"设计特征"→"圆柱"命令，或单击"主页"选项卡"特征"面组中的 （圆柱）按钮，弹出"圆柱"对话框。

（2）在"类型"下拉列表中选择"轴、直径和高度"。

（3）在"指定矢量"下拉列表中选择"ZC"轴为圆柱轴向。

（4）在"直径"和"高度"数值文本框中分别输入10、14。

（5）单击"指定点"右侧的"点对话框" 按钮，弹出"点"对话框。

（6）在"点"对话框的"XC"、"YC"中分别输入0、0，在"ZC"的文本框中输入8。

（7）在"点"对话框中，单击"确定"按钮，返回到"圆柱"对话框。

（8）在"布尔"下拉列表中选择"合并"，单击"确定"按钮，创建圆柱体2，如图7-45所示。

图7-45　创建圆柱体2

4．创建矩形槽

（1）执行"菜单"→"插入"→"设计特征"→"槽"命令，或单击"主页"选项卡"特征"面组中的"槽"按钮 ，弹出如图7-46所示的"槽"对话框。

（2）在如图7-46所示对话框中，单击"矩形"按钮。同时，弹出如图7-47所示的"矩形槽"放置面选择对话框。

图7-46　"槽"对话框

图7-47　"矩形槽"放置面选择对话框

（3）在视图区选择槽的放置面，如图7-48所示。同时，弹出如图7-49所示的"矩形槽"参数输入对话框。

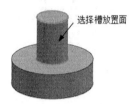

图7-48　选择槽的放置面

图7-49　"矩形槽"参数输入对话框

（4）在如图7-49所示对话框中，在"槽直径"和"宽度"文本框中分别输入8、2。

（5）在如图7-49所示对话框中，单击"确定"按钮，弹出如图7-50所示的"定位槽"对话框。

（6）在视图区依次选择弧1和弧2为定位边缘，如图7-51所示。弹出如图7-52所示的"创建表达式"对话框。

图7-50　"定位槽"对话框

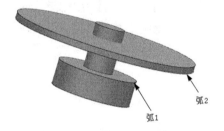

图7-51　选择定位边

（7）在如图7-52所示对话框中的文本框中输入0，单击"确定"按钮，创建矩形槽，如图7-53所示。

图7-52　"创建表达式"对话框

图7-53　创建矩形槽

5. 创建草图

（1）执行"菜单"→"插入"→"在任务环境中绘制草图"命令，弹出"创建草图"对话框，选择如图7-54所示的面1为草图绘制基准面，单击"确定"按钮，进入草图绘制界面。

（2）绘制如图7-55所示的草图，单击"主页"选项卡"草图"面组中的▨（完成）按钮，退出草图绘制界面。

图7-54　草图基准面

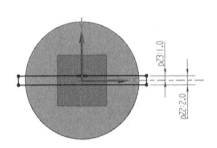

图7-55　绘制草图

6. 创建键槽

（1）执行"菜单"→"插入"→"设计特征"→"拉伸"命令，或单击"主页"选项卡"特征"面组中的▥（拉伸）按钮，弹出"拉伸"对话框。

（2）选择上一步绘制的曲线为要拉伸的曲线。

（3）在"指定矢量"下拉列表中选择"ZC"轴。

（4）开始距离设置为0，结束距离设置为3。

（5）在"布尔"下拉列表中选择"减去"。

（6）单击"确定"按钮，完成键槽的创建，结果如图7-42所示。

## 7.1.7　螺纹

执行"菜单"→"插入"→"设计特征"→"螺纹"命令，或单击"主页"选项卡"特征"面组"设计特征"下拉菜单中的▦（螺纹刀）图标，则会激活该功能弹出如图7-56所示对话框。该选项能在具有圆柱面的特征上生成符号螺纹或详细螺纹。这些特征包括孔、圆柱、圆台以及圆周曲线扫掠产生的减去或增添部分，如图7-57所示。

以下对上述对话框部分选项做介绍。

（1）螺纹类型

1）"符号"：该类型螺纹以虚线圆的形式显示在要攻螺纹的一个或几个面上。符号螺纹使用外部螺纹表文件（可以根据特殊螺纹要求来定制这些文件），以确定默认参数。符号螺

图7-56　"螺纹切削"对话框

纹一旦生成就不能复制或引用，但在生成时可以生成多个复制和可引用复制，如图7-58所示。

2）"详细"：该类型螺纹看起来更真实，如图7-59所示，但由于其几何形状及显示的复杂性，生成和更新都需要长得多的时间。详细螺纹使用内嵌的默认参数表，可以在生成后复制或引用。详细螺纹是完全关联的，如果特征被修改，螺纹也相应更新。

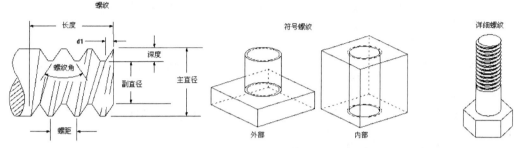

图7-57 "螺纹"示意图　　　　图7-58 "符号"螺纹示意图　　　　图7-59 "详细"螺纹示意图

（2）"大径"：指定螺纹的最大直径。对于符号螺纹，这个直径必须大于圆柱面直径。提供默认值的是"查找表"。只有当"手工输入"选项弹出时才能在这个字段中为符号螺纹输入值。

（3）"小径"：指定螺纹的最小直径。

（4）"螺距"：从螺纹上某一点到下一个螺纹的相应点之间的距离，平行于轴测量。

（5）"角度"：螺纹的两个面之间的夹角，在通过螺纹轴的平面内测量。

（6）"标注"：引用为符号螺纹提供默认值的螺纹表条目。当"螺纹类型"是"详细"，或者对于符号螺纹而言"手工输入"选项可选时，该选项不出现。

（7）"螺纹钻尺寸"："查找表"提供该选项的默认值。"轴尺寸"出现于外部符号螺纹，"螺纹钻尺寸"出现于内部符号螺纹。

（8）"方法"：用于定义螺纹加工方法，如切削、轧制、研磨和铣削。选择可以由用户在默认值中定义，也可以不同于这些例子。该选项只出现于"符号"螺纹类型。

（9）"成形"：用于决定用哪一个"查找表"来获取参数默认值。该选项只出现于"符号"螺纹类型。

（10）"螺纹头数"：用于指定生成单头螺纹还是多头螺纹。

（11）"锥孔"：勾选此复选框，则符号螺纹带锥度。

（12）"完整螺纹"：勾选此复选框，则当圆柱面的长度改变时符号螺纹将更新。

（13）"长度"：从选中的起始面到螺纹终端的距离，平行于轴测量。对于符号螺纹，提供默认值的是"查找表"。

（14）"手工输入"：该选项为某些选项手工输入值，否则这些值要由"查找表"提供。当此选项弹出时"从表格中选择"选项关闭。

（15）"从表中选择"：对于符号螺纹，该选项可以从"查找表"中选择标准螺纹表条目。

（16）"旋转"：用于指定螺纹应该是"右旋"（顺时针）还是"左旋"（逆时针），如图7-60所示。

（17）"选择起始"：该选项通过选择实体上的一个平面或基准面来为符号螺纹或详细螺纹指定新的起始位置。其中"螺纹轴反向"选项能指定相对于起始面攻螺纹的方向。在"起始条件"下拉列表下，"延伸通过起点"使系统生成详细螺纹直至起始面外。"不延伸"使系统从起始面起生成螺纹，如图7-61所示。

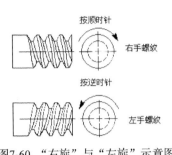

图7-60 "右旋"与"左旋"示意图

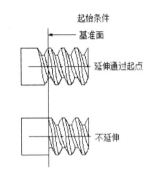

图7-61 "起始条件"两选项比较

## 7.1.8 实例——螺钉2

扫码看视频

此例接螺钉1实例。

（1）执行"菜单"→"插入"→"设计特征"→"螺纹"命令，或单击"主页"选项卡"特征"面组中的▓（螺纹刀）按钮，弹出"螺纹切削"对话框。

（2）在对话框中，单击◎ 详细单选按钮。

（3）在如图7-62所示的实体中选择创建螺纹的圆柱面。

（4）所有文本框中采用默认设置。

（5）单击"确定"按钮，创建螺纹特征，如图7-63所示。

螺纹放置面

图7-62 选择创建螺纹的圆柱面

图7-63 创建螺纹特征

## 7.1.9 用户自定义

执行"菜单"→"插入"→"设计特征"→"用户定义"命令，或单击"主页"选项卡"特征"面组中的 （用户定义）按钮，弹出如图7-64所示对话框。

所有的用户自定义特征必须生成并保存为用户自定义特征文件。然后，此文件将在"建模"应用中作为用户自定义特征读入，而数据将作为特征添加到目标实体中。

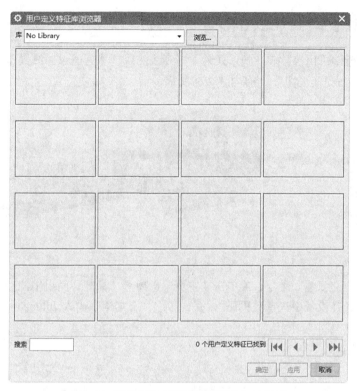

图7-64　"用户定义特征库浏览器"对话框

　　当已完成构建部件，需要将其另存为UDF时，执行"文件"→"导出"→"用户定义特征"命令，将显示"用户定义特征向导"对话框（如图7-65所示）。

　　当用户从"用户定义特征库浏览器"中插入已有用户自定义特征时（单击图片即可），系统会弹出如图7-66所示对话框，可以从中编辑已定义的表达式，而后导入到当前部件中。

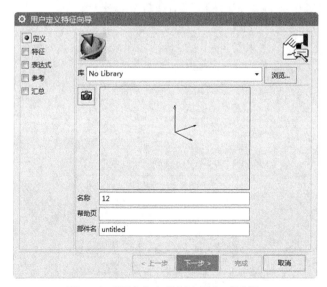

图7-65　"用户定义特征向导"对话框

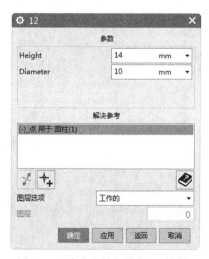

图7-66　"自定义特征编辑"对话框

# 7.2 综合实例——齿轮轴

本节绘制的齿轮轴采用参数表达式形式建立渐开线曲线，然后通过曲线操作生成齿形轮廓，通过拉伸等建模工具完成最后建模，结果如图7-67所示。

扫码看视频

图7-67 齿轮轴

**1. 新建文件**

执行"文件"→"新建"命令，或单击"主页"选项卡"标准"面组中的 □（新建）按钮，弹出"新建"对话框，在模板中选择"模型"，在"名称"文本框中输入chilunzhou，单击"确定"按钮，进入建模环境。

**2. 建立参数表达式**

执行"菜单"→"工具"→"表达式"命令，或单击"工具"选项卡"实用工具"面组中的 ═（表达式）按钮，弹出"表达式"对话框，如图7-68所示，在名称和公式项分别输入m、3，单击"应用"按钮；同上依次输入z、9; alpha、20; t、0; qita、90*t; pi、3.1415926; da、(z+2)*m; db、m*z*cos(alpha); df、(z-2.5)*m; s、pi*db*t/4; xt、db*cos(qita)/2+s*sin(qita); yt、db*sin(qita )/2-s*cos(qita ); zt、0。

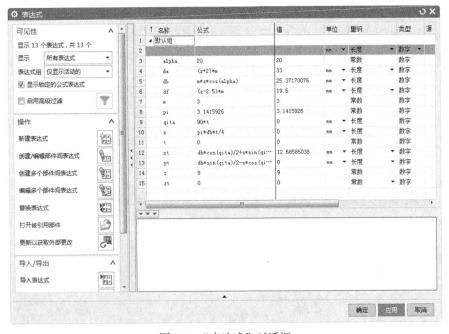

图7-68 "表达式"对话框

上述表达式中：m表示齿轮的模数；z表示齿轮齿数；t是系统内部变量，在0和1之间自动变化；da表示齿轮齿顶圆直径；db表示齿轮基圆直径；df表示齿轮齿根圆直径；alpha表示齿轮压力角。

3. 创建渐开线曲线

（1）执行"菜单"→"插入"→"曲线"→"规律曲线"命令，或单击"曲线"选项卡"曲线"面组中的 ⚙（规律曲线）按钮，弹出如图7-69所示的"规律曲线"对话框。

（2）在"规律曲线"对话框中，选择规律类型为"📈根据方程"。

（3）按系统默认参数，单击"确定"按钮，生成渐开线曲线如图7-70所示。

图7-69 "规律曲线"对话框

图7-70 渐开线

4. 创建齿顶圆、齿根圆、分度圆和基圆曲线

（1）执行"菜单"→"插入"→"曲线"→"圆弧/圆"命令，或单击"曲线"选项卡"曲线"面组中的（圆弧/圆）按钮，弹出"圆弧/圆"对话框。

（2）在"中心点" ⟍ 选项中，单击"选择点"右侧的"点对话框" 按钮，在"参考"下拉列表中选择"WCS"，输入圆心坐标（0，0，0），单击"确定"按钮，返回到"圆弧/圆"对话框。

（3）在"终点"选项下拉列表中选择"半径"，在"半径"文本框中输入半径值16.5。

（4）勾选"整圆"复选框，单击"应用"按钮。

（5）按照同样的方法绘制圆心为（0，0，0），分别绘制半径为9.75、13.5、12.7的3个圆弧曲线。

5. 创建直线

（1）执行"菜单"→"插入"→"曲线"→"直线"命令，或单击"曲线"选项卡"曲线"面组中的 ╱（直线）按钮，弹出"直线"对话框。

（2）依次选择如图7-71所示的齿根圆和分度圆上的点，完成直线1的创建。

（3）选择坐标原点以及圆弧和分度圆的交点，绘制直线2，单击"确定"按钮，关闭对话框，生成曲线模型如图7-71所示。

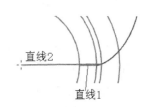

图7-71 曲线

**6. 裁剪曲线**

（1）执行"菜单"→"编辑"→"曲线"→"修剪"命令，或单击"曲线"选项卡"编辑曲线"面组中的 ⤵（修剪）按钮，弹出"修剪曲线"对话框，如图7-72所示。

（2）在"修剪曲线"对话框中设置各选项。

（3）选择渐开线为要修剪的曲线，选择齿根圆为边界对象1，生成曲线如图7-73所示。

（4）同上，修剪渐开线，保留渐开线在齿顶圆和齿根圆的部分，如图7-73所示。

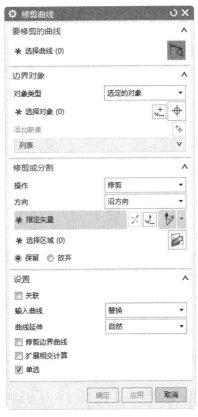

图7-72 "修剪曲线"对话框

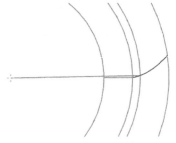

图7-73 修剪曲线

**7. 旋转复制曲线**

（1）执行"菜单"→"编辑"→"移动对象"命令，或单击"工具"选项卡"实用程序"面组中的 （移动对象）按钮，弹出"移动对象"对话框，如图7-74所示。

（2）在屏幕中选择直线2，在"运动"下拉列表中选择"角度"选项。

（3）在"指定矢量"下拉列表中单击"ZC"轴按钮 ，轴点为原点。

（4）在"角度"文本框中输入10，在"结果"面板中点选"复制原先的"单选钮，设置"非关联副本数"为1。

（5）单击"确定"按钮，生成如图7-75所示曲线。

**8. 镜像曲线**

（1）执行"菜单"→"编辑"→"变换"命令，弹出"变换"对话框，如图7-76所示。

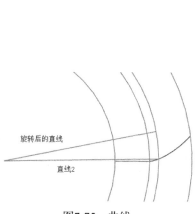

图7-74　"移动对象"对话框　　　　图7-75　曲线　　　　图7-76　"变换"对话框

（2）在屏幕中选择直线1和渐开线，单击"确定"按钮，进入"变换"对话框，单击 通过一直线镜像 按钮，如图7-77所示。

（3）弹出"变换"直线创建方式对话框，如图7-78所示，单击 现有的直线 按钮，根据系统提示选择旋转后的直线为镜像线。

（4）弹出"变换"结果对话框，如图7-79所示。单击"复制"按钮，然后单击"取消"完成镜像操作。生成曲线如图7-80所示。

图7-77　"变换"类型对话框　　　图7-78　"变换"直线创建方式对话　　　图7-79　"变换"结果对话框

9．同步骤6

删除并修剪曲线，生成如图7-81所示齿形轮廓曲线。

10．创建拉伸

（1）执行"菜单"→"插入"→"设计特征"→"拉伸"命令，或单击"主页"选项卡"特征"面组中的 （拉伸）按钮，弹出如图7-82所示的"拉伸"对话框，选择曲线。

（2）在"指定矢量"下拉列表中选择"ZC"轴为拉伸方向。

（3）在"限制"选项"开始"和"结束"中输入0、24。

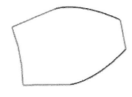

图7-80　曲线　　　　　　图7-81　曲线　　　　　　图7-82　"拉伸"对话框

（4）单击"确定"按钮，完成拉伸操作，创建齿形如图7-83所示。

11．创建圆柱体

（1）执行"菜单"→"插入"→"设计特征"→"圆柱"命令，或单击"主页"选项卡"特征"面组中的 ▊（圆柱）按钮，弹出如图7-84所示的"圆柱"对话框。

图7-83　齿形　　　　　　　　图7-84　"圆柱"对话框

（2）在"圆柱"对话框中的"类型"下拉列表中选择"轴、直径和高度"。

（3）在"指定矢量"下拉列表中选择"ZC"轴为圆柱的创建方向。

（4）在"直径"和"高度"文本框中分别输入19.5、24。

（5）单击"确定"按钮，以原点为中心生成圆柱体，如图7-85所示。

图7-85　圆柱体

12．变换操作

（1）执行"菜单"→"编辑"→"移动对象"命令，或单击"工具"选项卡"实用工具"面组中的"移动对象"按钮，弹出"移动对象"对话框。

（2）在屏幕中选择齿形实体，在"运动"下拉列表中选择"角度"选项。

（3）选择"指定矢量"为"ZC"轴，圆柱圆心为原点。

（4）在"角度"文本框中输入40，在"结果"面板中点选"复制原先的"单选按钮，设置"非关联副本数"为8，如图7-86所示。

（5）在"移动对象"对话框中单击"确定"按钮，生成如图7-87所示模型。

图7-86　"移动对象"对话框

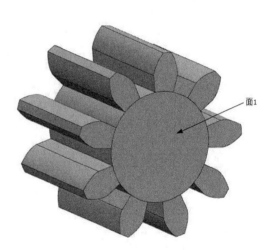

图7-87　齿轮

13．合并

（1）执行"菜单"→"插入"→"组合"→"合并"命令，或单击"主页"选项卡"特征"面组中的（合并）按钮，弹出"合并"对话框。

（2）将齿和圆柱体进行合并操作。

14．边倒圆

（1）执行"菜单"→"插入"→"细节特征"→"边倒圆"命令，单击"主页"选项卡"特征"面组中的（边倒圆）按钮，弹出"边倒圆"对话框。

（2）在对话框中的"半径1"文本框中输入1，为齿根圆和齿接触线倒圆。

15．创建凸起1

（1）执行"菜单"→"插入"→"设计特征"→"凸起"命令，或单击"主页"选项卡，选择

"特征"组"设计特征"库中的（凸起）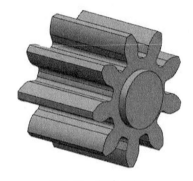按钮，弹出如图7-88所示"凸起"对话框。

（2）单击"绘制截面"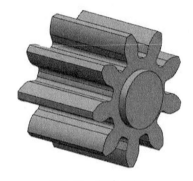按钮，弹出"创建草图"对话框，在"平面方法"下拉列表中选择"新平面"，选择上端面面1为新平面，在"参考"下拉列表中选择"水平"，在"指定矢量"下拉列表中选择"XC"轴，单击"确定"按钮，进入草图绘制界面，在原点处绘制直径为14的圆，单击"主页"选项卡"草图"面组中的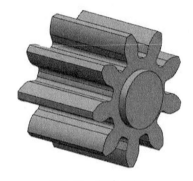（完成）按钮，返回到"凸起"对话框。

（3）选择面1为要凸起的面，在"指定方向"下拉列表中选择"ZC"轴，在"几何体"下拉列表中选择"凸起的面"，"位置"下拉列表中选择"偏置"，在"距离"文本框中输入2，单击"确定"按钮生成凸起1定位于上端面中心，结果如图7-89所示。

图7-88　"凸起"对话框

图7-89　创建凸起1

16．创建凸起2

（1）执行"菜单"→"插入"→"设计特征"→"圆柱"命令，或单击"主页"选项卡"特征"面组中的 （圆柱）按钮，弹出如图7-90所示的"圆柱"对话框。

（2）在"圆柱"对话框中的"类型"下拉列表中选择"轴、直径和高度"。

（3）在"指定矢量"下拉列表中选择"ZC"轴，单击"反向"按钮。

（4）捕捉凸起1的上端面圆心为圆柱的中心点。

（5）在"直径"和"高度"文本框中分别输入16、9。

（6）单击"确定"按钮，完成凸起2，如图7-91所示。

图7-90　"圆柱"对话框

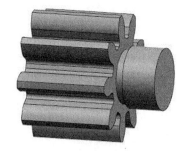

图7-91　创建凸起2

17．创建凸起3

（1）执行"菜单"→"插入"→"设计特征"→"圆柱"命令，或单击"主页"选项卡"特征"面组中的 (圆柱)按钮，弹出"圆柱"对话框。

（2）在"圆柱"对话框中的"类型"下拉列表中选择"轴、直径和高度"。

（3）在"指定矢量"下拉列表中选择"ZC"轴。

（4）捕捉齿轮的下端面圆心为圆柱的中心点。

（5）在"直径"和"高度"文本框中分别输入14，2。

（6）单击"确定"按钮，完成凸起3。

（7）同上步骤，分别创建直径和高度分别为（16，45）、（14，10）、（12，10）的凸起4、5和6，创建模型如图7-92所示。

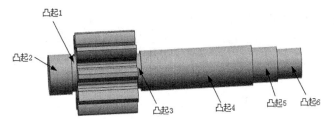

图7-92　创建凸起

18．创建基准平面

（1）执行"菜单"→"插入"→"基准/点"→"基准平面"命令，或单击"主页"选项卡"特征"面组上的 (基准平面)按钮，弹出"基准平面"对话框。

（2）在"类型"下拉列表中选择"相切"选项，选择凸起5圆柱面为参考几何体，单击"确定"按钮，完成基准面1的创建。

19．创建键槽

（1）执行"菜单"→"插入"→"在任务环境中绘制草图"命令，选择基准面1为草图绘制基准面，绘制如图7-93所示的草图，单击"主页"选项卡"草图"面组中的 ![] （完成）按钮，退出草图绘制环境。

（2）执行"菜单"→"插入"→"设计特征"→"拉伸"命令，或单击"主页"选项卡"特征"面组中的 ![] （拉伸）按钮，弹出如图7-94所示的"拉伸"对话框。

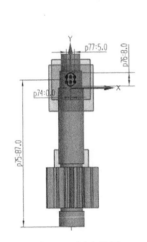

图7-93　创建草图

图7-94　"拉伸"对话框

（3）选择刚刚创建的草图为要拉伸的曲线。

（4）在"指定矢量"下拉列表中选择"*XC*"轴，单击"反向"按钮。

（5）将开始"距离"设置为0，结束"距离"设置为3。

（6）在"布尔"下拉列表中选择"减去"。

（7）单击"确定"按钮，完成键槽的创建。

# 第 **8** 章

## 特征操作

---

**本章导读**

　　特征操作是在特征建模基础上的进一步细化。其中大部分命令也可以在菜单栏中找到，只是 UG NX 12.0 中将其分散在很多子菜单命令中，例如"插入"→"关联复制"和"插入"→"修剪"以及"插入"→"细节特征"等子菜单下。

**内容要点**

- 细节特征
- 关联复制特征
- 联合体
- 偏置/缩放特征
- 修剪

# 8.1 细节特征

## 8.1.1 拔模角

执行"菜单"→"插入"→"细节特征"→"拔模"命令，或单击"主页"选项卡"特征"面组中的 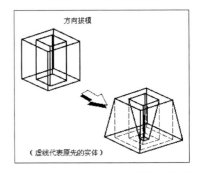（拔模）按钮，弹出如图8-1所示对话框。该选项让用户相对于指定矢量和可选的参考点将拔模应用于面或边。对话框部分选项功能如下。

（1）"面"：该选项能将选中的面倾斜。在该类型下，拔模参考点定义了垂直于拔模方向矢量的拔模面上的一个点。拔模特征与它的参考点相关。在图8-2中，两种情况都用了同一个值，不同仅在于参考点的位置。

1）"脱模方向"：定义拔模方向矢量。

2）"固定面"：定义拔模时不改变的平面。

3）"要拔模的面"：选择拔模操作所涉及的各个面。

4）"角度"：定义拔模的角度。

5）"距离公差"：更改拔模操作的"距离公差"。默认值从建模预设置中取得。

6）"角度公差"：更改拔模操作的"角度公差"。默认值从建模预设置中取得。

需要注意的是：用同样的参考点和方向矢量来拔模内部面和外部面，则内部面拔模和外部面拔模是相反的（如图8-3右所示）。

图8-1 "草图"对话框

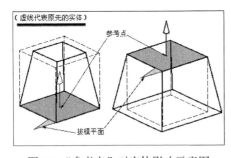

图8-2 "参考点"对实体影响示意图

图8-3 "内部面拔模"与"外部面拔模"

（2）"边"：能沿一组选中的边，按指定的角度拔模。该选项能沿选中的一组边按指定的角度和参考点拔模。当需要的边不包含在垂直于方向矢量的平面内时，该选项特别有用（如图8-4左所示）。

如果选择的边是平滑的，则将被拔模的面是在拔模方向矢量所指一侧的面（如图8-4右所示）。

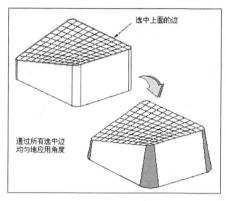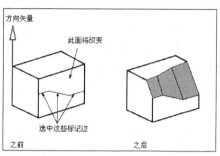

图8-4 "从边"示意图

（3）"与面相切"：该选项按指定的拔模角进行拔模，拔模与选中的面相切。用此角度来决定用作参考对象的等斜度曲线。然后就在方向矢量相反方向的一侧生成拔模面（如图8-5所示）。

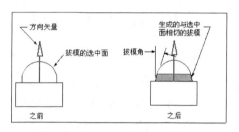

图8-5 "与多个面相切"示意图

该拔模类型对于模铸件和浇注件特别有用，可以弥补任何可能的拔模不足。

（4）"分型边"：该选项能沿选中的一组边用指定的角度和一个参考点生成拔模。参考点决定了拔模面的起始点。分隔线拔模生成垂直于参考方向和边的扫掠面，如图8-6所示。在这种类型的拔模中，改变了面但不改变分隔线。当处理模铸塑料部件时这是一个常用的操作。

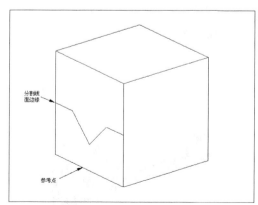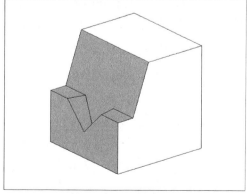

图8-6 "至分型边"示意图

## 8.1.2　实例——花键轴

创建如图8-7所示的花键轴。

### 1. 创建新文件

执行"文件"→"新建"命令，或单击"主页"选项卡"标准"面组中的 ▢（新建）按钮，弹出"新建"对话框。在文件名中输入huajianzhou，

扫码看视频

图8-7　花键轴

单位选项选择"毫米"，单击"确定"按钮，进入建模环境。

### 2. 创建圆柱体

（1）执行"菜单"→"插入"→"设计特征"→"圆柱"命令，或单击"主页"选项卡"特征"面组中的 ▤（圆柱）按钮，弹出"圆柱"对话框。

（2）在"类型"下拉列表中选择"轴、直径和高度"选项。

（3）在"指定矢量"下拉列表中选择"ZC"轴。

（4）在"直径"和"高度"文本框中分别输入50、13。

（5）单击"点对话框"按钮，在对话框中输入坐标点为（0，0，0），以原点为中心生成圆柱体1，单击"确定"按钮，返回到"圆柱"对话框。

（6）单击"确定"按钮，完成圆柱体的创建。

步骤同上创建圆柱体2、3、4和5。直径和高度参数分别是（48，2）、（53，110）、（60，20）和（62.4，50），圆柱体生成原点分别是上个圆柱体的上端面中心并分别完成合并操作。生成模型如图8-8所示。

图8-8　模型

### 3. 创建基准面

（1）执行"菜单"→"插入"→"基准/点"→"基准平面"，或单击"主页"选项卡"特征"面组中的 ▭（基准平面）按钮，弹出如图8-9所示的"基准平面"对话框。

（2）在"类型"下拉列表中选择"XC-ZC平面"。

（3）在"距离"文本框中输入距离为18.74。

（4）单击"确定"按钮，完成基准平面的创建，如图8-10所示。

图8-9　"基准平面"对话框

图8-10　基准平面

4．创建草图

（1）执行"菜单"→"插入"→"在任务环境中绘制草图"命令，弹出如图8-11所示"创建草图"对话框。

（2）选择上一步创建的基准平面为草图绘制面，单击"确定"按钮，进入草图绘制阶段。

（3）绘制如图8-12所示的草图。

（4）单击"主页"选项卡"草图"面组中的 ![完成] （完成）按钮，返回建模模块。

图8-11　"创建草图"对话框

图8-12　创建草图

5．创建拉伸

（1）执行"菜单"→"插入"→"设计特征"→"拉伸"命令，或单击"主页"选项卡"特征"面组中的 ![拉伸] （拉伸）按钮，弹出如图8-13所示"拉伸"对话框。

图8-13　"拉伸"对话框

（2）选择上一步创建的草图中的曲线为拉伸曲线。

（3）在"指定矢量"下拉列表中选择"YC"轴。

（4）在"开始"和"结束"文本框中输入0和10。

（5）在"布尔"下拉列表中选择"减去"选项，系统自动选择圆柱体。

（6）单击"确定"按钮，完成拉伸体的创建，如图8-14所示。

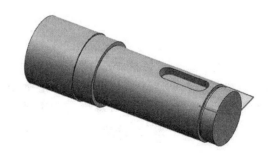

图8-14　创建拉伸

6. 镜像操作

（1）执行"菜单"→"插入"→"关联复制"→"镜像几何体"命令，或单击"主页"选项卡"特征"面组中的 （镜像几何体）按钮，弹出如图8-15所示的"镜像几何体"对话框。

（2）选择屏幕中的实体为要镜像的几何体。

（3）选择圆柱体1的底面为镜像平面。

（4）单击"确定"按钮，完成轴主体创建，如图8-16所示。

图8-15 "镜像几何体"对话框

图8-16 镜像模型

7. 创建草图

（1）执行"菜单"→"插入"→"在任务环境中绘制草图"命令，弹出"创建草图"对话框。

（2）选择基准平面5为草图绘制面，单击"确定"按钮，进入草图绘制环境。

（3）绘制如图8-17所示的草图。

（4）单击"主页"选项卡"草图"面组中的 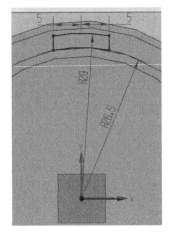（完成）按钮，返回建模模块。

8. 创建拉伸

（1）执行"菜单"→"插入"→"设计特征"→"拉伸"命令，或单击"主页"选项卡"特征"面组中的 （拉伸）按钮，弹出如图8-18所示的"拉伸"对话框。

（2）选择草图中创建的曲线为拉伸曲线。

（3）在"指定矢量"下拉列表中选择"ZC"轴。

（4）在"开始"和"结束"文本框中分别输入0和60。

（5）在"布尔"下拉列表中选择"无"选项。

（6）单击"确定"按钮，完成拉伸特征的创建。生成如图8-19所示的实体模型。

图8-17 草图模型

图8-18 "拉伸"对话框

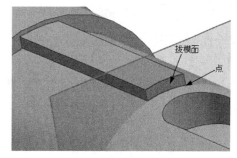

图8-19 创建拉伸体

9．创建拔模

（1）执行"菜单"→"插入"→"细节特征"→"拔模"命令，或单击"主页"选项卡"特征"面组中的 （拔模）按钮，弹出"拔模"对话框如图8-20所示。

（2）在"指定矢量"下拉列表中选择"YC"轴。

（3）选择如图8-19所示的点为固定面。

（4）然后选择如图8-19所示的平面为拔模面。

（5）在"角度1"文本框中输入60。

（6）单击"确定"按钮，完成拔模特征的创建。

10．边倒角

（1）执行"菜单"→"插入"→"细节特征"→"倒斜角"命令，或单击"主页"选项卡"特征"面组中的 （倒斜角）按钮，弹出"倒斜角"对话框，如图8-21所示。

（2）在"横截面"下拉列表中选择"非对称"选项。

（3）选择如图8-22所示边为倒角边。

（4）在"距离1"和"距离2"文本框中输入8和4。

（5）单击"确定"按钮，完成倒角特征的创建，如图8-23所示。

图8-20 "拔模"对话框

图8-21　"倒斜角"对话框　　　　图8-22　选择倒角边　　　　图8-23　创建倒角

11. 复制花键

（1）执行"菜单"→"编辑"→"移动对象"命令，或单击"工具"选项卡"实用工具"面组中的"移动对象"按钮$_{\square}^{\square}$，弹出如图8-24所示的"移动对象"对话框。

（2）选择矩形花键为移动对象。

（3）在"运动"下拉列表中选择"角度"选项。

（4）在"指定矢量"下拉列表中选择"ZC"轴，指定坐标原点为轴点。

（5）在"角度"文本框中输入角度值45。

（6）选择"复制原先的"选项，在"非关联副本数"文本框中输入7。

（7）单击"确定"按钮，生成如图8-25所示的花键轴。

图8-24　"移动对象"对话框　　　　　　　　图8-25　复制花键

12. 合并操作

执行"菜单"→"插入"→"组合"→"合并"命令，或单击"主页"选项卡"特征"面组中的"合并"按钮 ![icon]，弹出"合并"对话框。选择视图中所有特征进行合并运算，生成如图8-7所示的花键轴。

## 8.1.3 边倒圆

执行"菜单"→"插入"→"细节特征"→"边倒圆"命令，单击"主页"选项卡"特征"面组中的 ![icon]（边倒圆）按钮，弹出如图8-26所示的对话框。该选项能通过对选定的边进行倒圆来修改一个实体（见图8-27）。

图8-26 "边倒圆"对话框

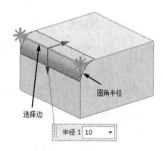

图8-27 "边倒圆"示意图

加工圆角时，用一个圆球沿着要倒圆角的边（圆角半径）滚动，并保持紧贴相交于该边的两个面，球将圆角层除去。球将在两个面的内部或外部滚动，这取决于是要生成圆角还是要生成倒过圆角的边，有多种倒角方式。

"边倒圆"对话框各选项功能如下。

（1）"边"：选择要倒圆角的边，在弹出的浮动对话栏中输入想要的半径值（它必须是正值）即可。圆角沿着选定的边生成。

（2）"变半径"：通过沿着选中的边缘指定多个点并输入每一个点上的半径，可以生成一个可变半径圆角。从而生成了一个半径沿着其边缘变化的圆角（如图8-28所示）。

选择倒角的边，先在边上取所需点数（当鼠标变成 ![icon] 时即可单击来确定点的数目），可以通

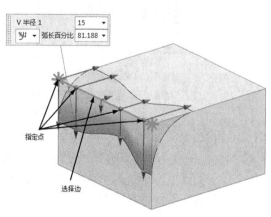

图8-28 "变半径"示意图

过弧长取点（如图8-29所示）。每一处边倒角系统都设置了对应的表达式，用户可以通过它进行倒角半径的调整。当在可变窗口区选取某点进行编辑时（右击即可通过"删除"来删除点），在工作绘图区系统显示对应点，可以动态调整倒角参数。

（3）"拐角倒角"：该选项可以生成一个拐角圆角，业内称为球状圆角。该选项用于指定所有圆角的偏置值（这些圆角一起形成拐角），从而能控制拐角的形状。拐角的用意是作为非类型表面钣金冲压的一种辅助，并不意味着要用于生成曲率连续的面。

（4）"拐角突然停止"：该选项通过添加中止倒角点，来限制边上的倒角范围（如图8-30所示）。

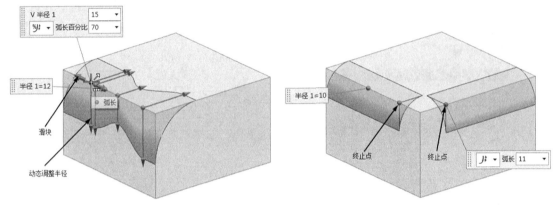

图8-29 "调整点"示意图　　　　　图8-30 "拐角突然停止"示意图

（5）"溢出"：该选项为在生成边缘圆角时控制溢出的处理方法。当圆角边界接触到邻近过渡边的面的外部时发生圆角溢出。

1）"跨光顺边滚动"：该选项允许用户倒角遇到另一表面时，实现光滑倒角过渡。如图8-31所示，左图为勾选该选项后实现的两表面相切过渡，右图则为没有选取该选项时倒圆角的情形。

（a）勾选"跨光顺边滚边"复选框　　　（b）不勾选"跨光顺边滚边"复选框

图8-31 跨光顺边滚边

2）"沿边滚动"：该选项即以前版本中的允许陡峭边缘溢出，在溢出区域保留尖锐的边缘（如图8-32所示为选中与不选该选项后对倒圆的影响）。

3）"修剪圆角"：该选项允许用户在倒角过程中与定义倒角边的面保持相切，并移除阻碍的边。

4）"设置"下拉选项有以下功能。

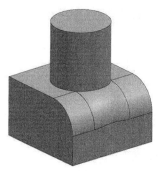 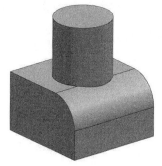

（a）勾选"沿边滚动"复选框　　（b）不勾选"沿边滚动"复选框

图8-32　沿边滚动

① 修补混合凸度拐角：该选项即以前版本中的柔化圆角顶点选项，允许Y形圆角。当相对凸面的邻近边上的两个圆角相交3次或更多次时，边缘顶点和圆角的默认外形将从一个圆角滚动到另一个圆角上，Y形顶点圆角提供在顶点处可选的圆角形状。

② 移除自相交：由于圆角的创建精度等原因从而导致了自相交面，该选项允许系统自动利用多边形曲面来替换自相交曲面。

## 8.1.4　实例——滚轮

创建如图8-33所示的滚轮。

### 1．新建文件

执行"文件"→"新建"命令，或单击"主页"选项卡"标准"面组中的 （新建）按钮，弹出"新建"对话框，在模型选项卡中选择适当的模板，在"名称"文本框中输入gunlun，单击"确定"按钮，进入建模环境。

扫码看视频

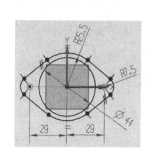

图8-33　滚轮

### 2．创建草图曲线

（1）执行"菜单"→"插入"→"在任务环境中绘制草图"命令，弹出"创建草图"对话框。

（2）选择XC-YC平面为草图绘制面，接受默认选项，单击"确定"按钮，绘制如图8-34所示的草图。

（3）单击"主页"选项卡"草图"面组中的 （完成）按钮，完成草图的创建。

图8-34　创建草图

### 3．创建拉伸

（1）执行"菜单"→"插入"→"设计特征"→"拉伸"命令，或单击"主页"选项卡"特征"面组中的 （拉伸）按钮，弹出如图8-35所示的"拉伸"对话框。

（2）选择上一步绘制的草图中的曲线为拉伸曲线。

（3）在"开始"下拉列表框中输入0，"结束"下拉列表框中输入2。

（4）在"指定矢量"下拉列表中的选择"ZC"轴。

（5）单击"确定"按钮，完成拉伸体的创建，生成如图8-36所示的模型。

图8-35 "拉伸"对话框

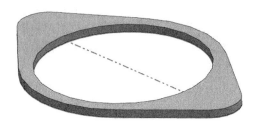

图8-36 拉伸体

### 4. 创建圆柱体

（1）执行"菜单"→"插入"→"设计特征"→"圆柱"命令，或单击"主页"选项卡"特征"面组中的 ▊ （圆柱）按钮，弹出如图8-37所示的"圆柱"对话框。

（2）在"类型"下拉列表中选择"轴、直径和高度"选项。

（3）在"指定矢量"下拉列表中选择"ZC"轴。

（4）捕捉拉伸体的圆孔下端圆心为圆柱中心。

（5）在"直径"和"高度"文本框中分别输入44、19。

（6）在"布尔"下拉列表中选择"合并"选项。

（7）单击"确定"按钮，完成圆柱体的创建，生成的圆柱体如图8-38所示。

图8-37 "圆柱"对话框

图8-38 创建圆柱体

5．创建凸起

（1）执行"菜单"→"插入"→"设计特征"→"凸起"命令，或单击"主页"选项卡"特征"面组"设计特征"库中的（凸起）◈按钮，弹出如图8-39所示的"凸起"对话框。

（2）单击"绘制截面"按钮▨，弹出"创建草图"对话框，选择上一步创建的圆柱的顶面为基准平面，绘制圆心在原点，直径为28的圆，如图8-40所示。

（3）单击"主页"选项卡"草图"面组中的▨（完成）按钮，退出草图绘制截面，返回到"凸起"对话框。

（4）选择绘制的圆为要创建凸起的曲线。

（5）选择上一步创建的圆柱的顶面为要凸起的面。

（6）在"距离"文本框中输入6。

（7）单击"确定"按钮，创建的模型如图8-41所示。

6．边倒圆

（1）执行"菜单"→"插入"→"细节特征"→"边倒圆"命令，单击"主页"选项卡"特征"面组中的▨（边倒圆）按钮，弹出"边倒圆"对话框。

（2）选择如图8-42所示的圆弧边，单击"应用"按钮。

图8-39 "凸起"对话框

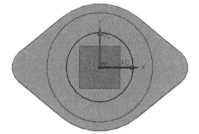

图8-40 绘制圆

图8-41 创建凸起

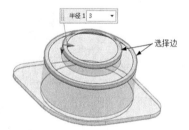

图8-42 选择边

（3）选择其他圆角边，半径值如图8-43所示，结果如图8-44所示。

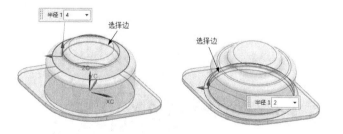

图8-43 选择圆角边

图8-44 圆角处理

7．创建球体

（1）执行"菜单"→"插入"→"设计特征"→"球"，或单击"主页"选项卡"特征"面组中的●（球）按钮，弹出如图8-45所示"球"对话框。

（2）在"类型"下拉列表中选择"中心点和直径"选项。

（3）在"直径"文本框中输入26。

（4）单击"点对话框" 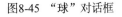 按钮，在弹出的"点"对话框中输入中心点坐标（0，0，20），单击"确定"按钮，返回到"球"对话框。

（5）在"布尔"下拉列表中的选择"合并"选项。

（6）单击"确定"按钮，完成球的创建，生成模型如图8-46所示。

8. 创建简单孔

（1）执行"菜单"→"插入"→"设计特征"→"孔"命令，或单击"主页"选项卡"特征"面组中的 （孔）按钮，弹出如图8-47所示的"孔"对话框。

图8-45 "球"对话框　　　图8-46 创建球体　　　图8-47 "孔"对话框

（2）在"成形"下拉列表中选择"简单孔"选项。

（3）在"直径""深度"和"顶锥角"文本框中分别输入5、2、0。

（4）捕捉如图8-48所示的圆弧中心为孔放置位置。

（5）单击"确定"按钮，完成简单孔的创建。

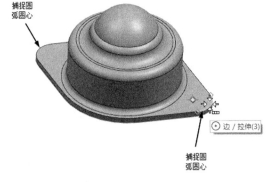

图8-48 捕捉圆弧圆心

## 8.1.5　面倒圆

执行"菜单"→"插入"→"细节特征"→"面倒圆"命令，或单击"主页"选项卡"特征"面组中的 （面倒圆）按钮，弹出如图8-49所示的对话框。此选项让用户通过可选的圆角面的修剪生成一个相切于指定面组的圆角，对话框部分选项功能如下。

1. 类型

（1）双面：选择两个面链和半径来创建圆角，示意图如图8-50所示。

（2）三面：选择两个面链和中间面来完成倒圆角，示意图如图8-51所示。

2. 面链

（1）选择面链1：用于选择面倒圆的第一个面链。

（2）选择面链2：用于选择面倒圆的第二个面链。

3. 截面方位

（1）滚动球：它的横截面位于垂直于选定的两组面的平面上。

（2）扫掠截面：和滚动球不同的是在倒圆横截面中多了脊曲线。

4. 形状

（1）圆形：用定义好的圆与倒角面相切来进行倒角。

（2）对称曲线：二次曲线面圆角具有二次曲线横截面。

（3）非对称曲率：用两个偏置和一个rho值来控制横截面，还必须定义一个脊线线串来定义二次曲线截面的平面。

5. 半径方法

（1）恒定：对于恒定半径的圆角，只允许使用正值。

（2）规律控制：让用户依照规律子功能在沿着脊线曲线的单个点处定义可变的半径。

图8-49　"面倒圆"对话框

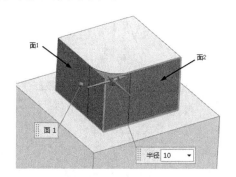

图8-50　"双面"倒圆角

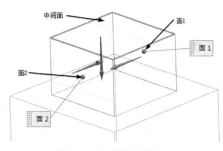

图8-51　"三面"倒圆角

（3）相切约束：通过指定位于一面墙上的曲线来控制圆角半径，在这些墙上，圆角曲面和曲线被约束为保持相切。

## 8.1.6　倒斜角

执行"菜单"→"插入"→"细节特征"→"倒斜角"命令，或单击"主页"选项卡"特征"面组中的 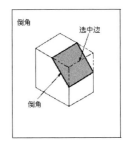（倒斜角）按钮，弹出如图8-52所示的对话框。该选项通过定义所需的倒角尺寸在实体的边上形成斜角。倒角功能的操作与圆角功能非常相似（如图8-53所示），对话框各选项功能如下。

图8-52　"倒斜角"对话框

图8-53　"倒斜角"示意图

（1）"对称"：该选项让用户生成一个简单的倒角，它沿着两个面的偏置是相同的。操作时必须输入一个正的偏置值（如图8-54所示）。

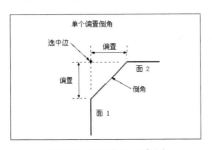

图8-54　"对称"示意图

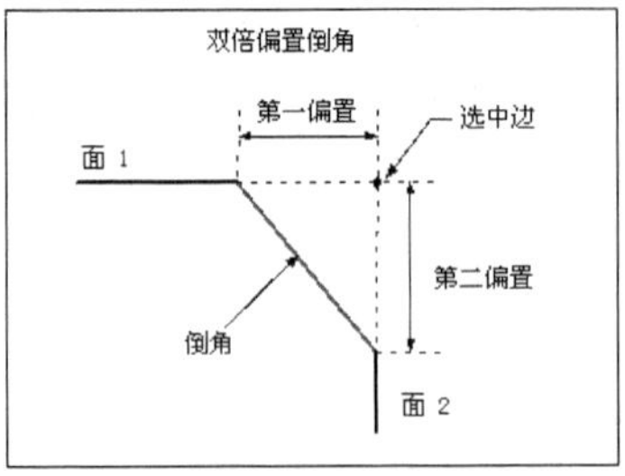

图8-55　"非对称"示意图

（2）"非对称"：用于与倒角边邻接的两个面分别采用不同偏置值来创建倒角，必须输入"Distance1"值和"距离2"值。这些偏置是从选择的边沿着面测量的，这两个值都必须是正的，如图8-55所示。在生成倒角以后，如果倒角的偏置和想要的方向相反，可以选择"上一倒角反向"选项。

（3）"偏置和角度"：该选项可以用一个角度来定义简单的倒角。需要输入"偏置"值和"角度"值（如图8-56所示）。

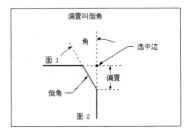

图8-56　"偏置和角度"示意图

## 8.1.7　实例——螺母M10

创建如图8-57所示的螺母M10零件。

图8-57　螺母M10

扫码看视频

1. 新建文件

执行"文件"→"新建"命令，或单击"主页"选项卡"标准"面组中的▯（新建）按钮，弹出"新建"对话框，在"模板"列表框中选择"模型"，在"名称"文本框中输入luomum10，单击"确定"按钮，进入建模环境。

2. 创建圆柱特征

（1）执行"菜单"→"插入"→"设计特征"→"圆柱"命令，或单击"主页"选项卡"特征"面组中的▮（圆柱）按钮，弹出"圆柱"对话框。

（2）在"类型"下拉列表中选择"轴、直径和高度"选项。

（3）在"指定矢量"下拉列表中选择 ᶻᶜ↑ 方向为圆柱轴向。

（4）在"直径"和"高度"数值输入栏分别输入22、8.4。

（5）单击"确定"按钮，创建以原点为基点的圆柱体，如图8-58所示。

3. 创建倒斜角特征

（1）执行"菜单"→"插入"→"细节特征"→"倒斜角"命令，或单击"主页"选项卡"特征"面组中的◣（倒斜角）按钮，弹出如图8-59所示的"倒斜角"对话框。

图8-58　创建圆柱体

图8-59　"倒斜角"对话框

（2）在"倒斜角"对话框中的"距离1"和"距离2"文本框中分别输入1和3。

（3）在视图区选择倒角边，如图8-60所示。

（4）在"倒斜角"对话框中，单击"确定"按钮，创建倒斜角特征，如图8-61所示。

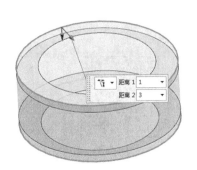

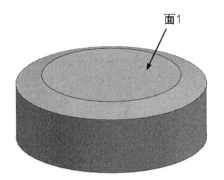

面1

图8-60　选择倒角边　　　　　　　　　　　图8-61　创建倒斜角特征

4．绘制多边形

（1）执行"菜单"→"插入"→"在任务环境中绘制草图"命令，弹出"创建草图"对话框。选择面1为草图绘制平面，单击"确定"按钮，进入草图绘制环境。

（2）执行"菜单"→"插入"→"曲线"→"多边形"命令，或单击"曲线"选项卡"直接草图"面组中的⊙（多边形）按钮，弹出如图8-62所示的"多边形"对话框。

（3）指定中心点为坐标原点。

（4）在"边数"文本框中输入6。

（5）在"大小"下拉列表中选择"内切圆半径"选项。

（6）在"半径"和"旋转"文本框中输入8和90。

（7）单击"主页"选项卡"草图"面组中的（完成）按钮，退出草图绘制界面，结果如图8-63所示。

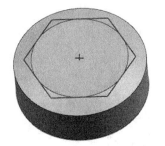

图8-62　"多边形"对话框　　　　　　　　　图8-63　绘制多边形

5．创建拉伸特征

（1）执行"菜单"→"插入"→"设计特征"→"拉伸"命令，或单击"主页"选项卡"特征"面组中的（拉伸）按钮，弹出"拉伸"对话框，选择如图8-63所绘制的多边形。

（2）在"布尔"的下拉列表框中选中"相交"选项。

（3）在"限制"栏中"开始"和"结束"数值输入栏分别输入0、8.4，其他为默认值。

（4）单击"确定"按钮，创建拉伸特征，如图8-64所示。

6．创建简单孔

（1）执行"菜单"→"插入"→"设计特征"→"孔"命令，或单击"主页"选项卡"特征"面组中的 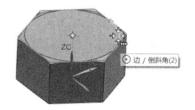（孔）按钮，弹出如图8-65所示的"孔"对话框。

（2）在"成形"下拉列表中选择"简单孔"选项。

（3）在"直径"文本框中输入8.5。

（4）在"深度"文本框中输入9。

（5）在视图中捕捉上表面圆弧圆心为孔中心位置，如图8-66所示。

图8-65　"孔"对话框

图8-66　选择通过面

（6）单击"确定"按钮，创建"简单孔"特征，如图8-67所示。

7．创建螺纹特征

（1）执行"菜单"→"插入"→"设计特征"→"螺纹"命令，或单击"主页"选项卡"特征"面组中的 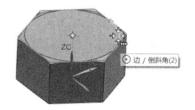（螺纹刀）按钮，弹出"螺纹切削"对话框。

（2）选中 ◉ 详细 单选按钮。

（3）在实体中选择创建螺纹的圆柱面，如图8-68所示。

图8-64　创建拉伸特征

（4）所有文本框中采用默认设置。

（5）单击"确定"按钮，创建螺纹特征，结果如图8-69所示。

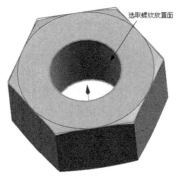

选取螺纹放置面

图8-67　创建"简单孔"特征　　图8-68　选择创建螺纹的圆柱面　　图8-69　创建螺纹特征

## 8.1.8　球形拐角

执行"菜单"→"插入"→"细节特征"→"球形拐角"命令，弹出如图8-70所示的"球形拐角"对话框。该对话框用于通过选择三个面创建一个球形角落相切曲面。三个面可以是曲面，也可不需要相互接触，生成的曲面分别与三个曲面相切。

壁选择步骤如下。

（1）选择面作为壁1，用于设置球形拐角的第一个相切曲面。

（2）选择面作为壁2，单击该图标，用于设置球形拐角的第二个相切曲面。

（3）选择面作为壁3，单击该图标，用于设置球形拐角的第三个相切曲面。

"半径"：用于设置球形拐角的半径值。

"反向"：单击该按钮，则使球形拐角曲面的法向反向。

图8-70　"球形拐角"对话框

## 8.2　关联复制特征

### 8.2.1　阵列特征

执行"菜单"→"插入"→"关联复制"→"阵列特征"命令，或单击"主页"功能区"特征"面组中的 （阵列特征）按钮，打开如图8-71所示的"阵列特征"对话框。该选项从已有特征生成阵列。

对话框部分选项功能如下。

（1）线性：该选项从一个或多个选定特征生成图样的线性阵列。线性阵列既可以是二维的（在 XC 和 YC 方向上，即几行特征），也可以是一维的（在 XC 或 YC 方向上，即一行特征）。其操作后的示意图如图8-72所示。

（2）圆形：该选项从一个或多个选定特征生成圆形图样的阵列，示意图如图8-73所示。

（3）多边形：该选项从一个或多个选定特征按照绘制好的多边形生成图样的阵列。

图8-71　"阵列特征"对话框

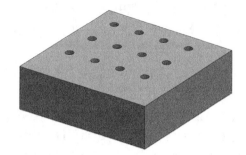

图8-72　"线性阵列"示意图

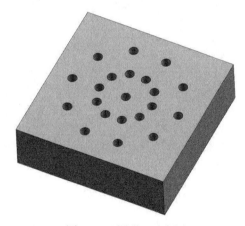

图8-73　"圆形"示意图

（4）螺旋：该选项从一个或多个选定特征按照绘制好的螺旋线生成图样的阵列，示意图如图8-74所示。

（5）沿：该选项从一个或多个选定特征按照绘制好的曲线生成图样的阵列，示意图如图8-75所示。

（6）常规：该选项从一个或多个选定特征在指定点处生成图样的阵列，示意图如图8-76所示。

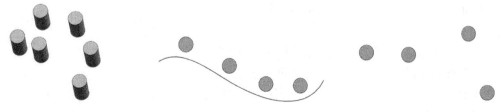

图8-74　"螺旋式"示意图　　　　图8-75　"沿"示意图　　　　图8-76　"常规"示意图

## 8.2.2 实例——窥视孔盖板

创建如图8-77所示的窥视孔盖板。

扫码看视频

图8-77 窥视孔盖板

1. 创建新文件

执行"文件"→"新建"命令，或单击"主页"选项卡"标准"面组中的□（新建）按钮，创建新部件，文件名为kuishikonggaiban，单位选择"毫米"，单击"确定"按钮，进入建模环境。

2. 创建长方体

（1）执行"菜单"→"插入"→"设计特征"→"长方体"命令，或单击"主页"选项卡"特征"面组中的⬛（长方体）按钮，弹出"长方体"对话框。

（2）在"类型"下拉列表中选择"原点和边长"。

（3）单击"指定点"右侧的"点对话框"按钮，弹出"点"对话框，输入坐标（0，0，0），单击"确定"按钮，返回到"长方体"对话框。

（4）在对话框中输入长度值100，宽度值65，高度值6，如图8-78所示。

（5）单击"确定"按钮，完成操作，创建的长方体特征如图8-79所示。

图8-78 在"长方体"对话框中输入尺寸值

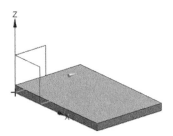
图8-79 创建的长方体特征

3. 创建基准平面

（1）执行"菜单"→"插入"→"基准/点"→"基准平面"，或单击"主页"选项卡"特征"面组中的◻（基准平面）按钮，弹出如图8-80所示的"基准平面"对话框。

（2）在对话框"类型"下拉列表中选择"自动判断"。

（3）用光标选择长方体的左右两个端面（选择之前尽量放大视图，否则很难捕捉到平面），如图8-81和图8-82所示。

图8-80 "基准平面"对话框

图8-81 选择左端面

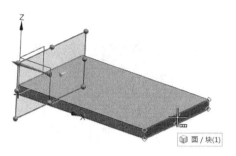

图8-82 选择右端面

（4）单击"应用"按钮，在左、右两面中间生成一个基准平面，如图8-83所示。

（5）选择前、后两面，单击"确定"按钮，在前、后两面中间生成另一个基准平面，如图8-84所示。

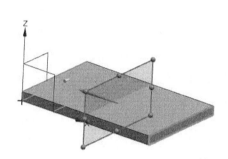

图8-83 在左、右两面中间生成一个基准平面

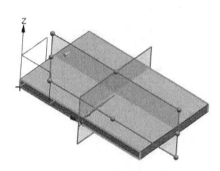

图8-84 在前、后两面中间生成另一个基准平面

**4. 创建孔**

（1）执行"菜单"→"插入"→"设计特征"→"孔"命令，或单击"主页"选项卡"特征"面组中的 📦（孔）按钮，弹出"孔"对话框，如图8-85所示。

（2）单击"绘制截面" 📓 按钮，弹出"创建草图"对话框，用鼠标选择长方体的上面作为孔的放置面，单击"确定"按钮，进入草图绘制界面，绘制如图8-86所示的草图。

（3）单击"主页"选项卡"草图"面组中的 🏁（完成）按钮，返回到"孔"对话框。

（4）在"直径"文本框中输入7。

（5）在"深度限制"下拉列表中选择"贯通体"选项。

（6）在"布尔"下拉列表中选择"减去"选项。

（7）单击"确定"按钮，完成孔的创建，如图8-87所示。

图8-85 "孔"对话框

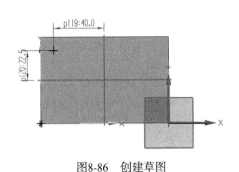

图8-86　创建草图　　　　　　　　　　图8-87　创建孔

5. 阵列孔

（1）执行"菜单"→"插入"→"关联复制"→"阵列特征"命令，或单击"主页"选项卡"特征"面组中的 ◈（阵列特征）按钮，弹出如图8-88所示的"阵列特征"对话框。

（2）选择上一步创建的孔为要阵列的特征。

（3）在"布局"下拉列表中选择"线性"选项。

（4）在"方向1"选项的"指定矢量"下拉列表中选择"XC"轴，在"间距"下拉列表中选择"数量和间隔"，在"数量"和"节距"文本框中分别输入2、80。

（5）在"方向2"选项的"指定矢量"下拉列表中选择"YC"轴，在"间距"下拉列表中选择"数量和间隔"，在"数量"和"节距"文本框中分别输入2、-45。

（6）单击"确定"按钮，完成孔特征的阵列，如图8-89所示。

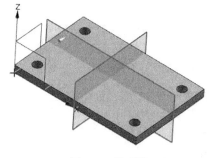

图8-88　"阵列特征"对话框　　　　　　　图8-89　阵列孔

6. 创建螺纹底孔

（1）执行"菜单"→"插入"→"设计特征"→"孔"命令，或单击"主页"选项卡"特征"面组中的 ▥（孔）按钮，弹出"孔"对话框，如图8-90所示。

（2）单击“绘制截面”按钮，弹出“创建草图”对话框，用鼠标选择长方体的上面作为孔的放置面，单击“确定”按钮，进入草图绘制界面，绘制如图8-91所示的草图。

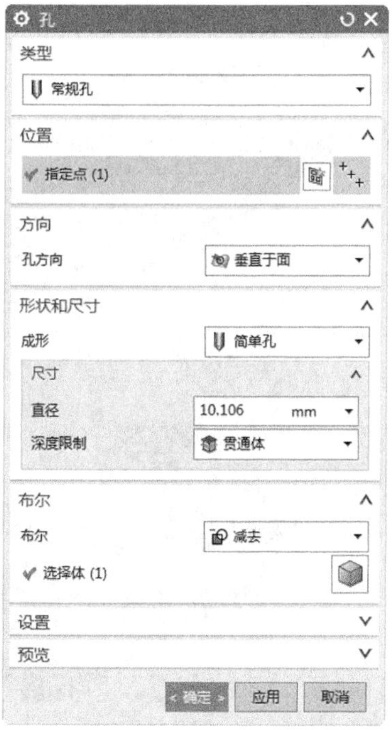


图8-90　“孔”对话框

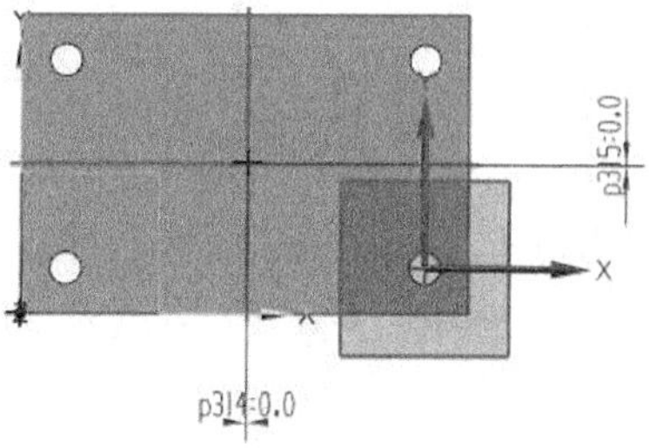


图8-91　绘制草图

（3）单击“主页”选项卡“草图”面组中的（完成）按钮，返回到“孔”对话框。

（4）在“直径”文本框中输入10.106。

（5）在“深度限制”下拉列表中选择“贯通体”选项。

（6）在“布尔”下拉列表中选择“减去”选项。

（7）单击“确定”按钮，完成螺纹底孔的创建，如图8-92所示。

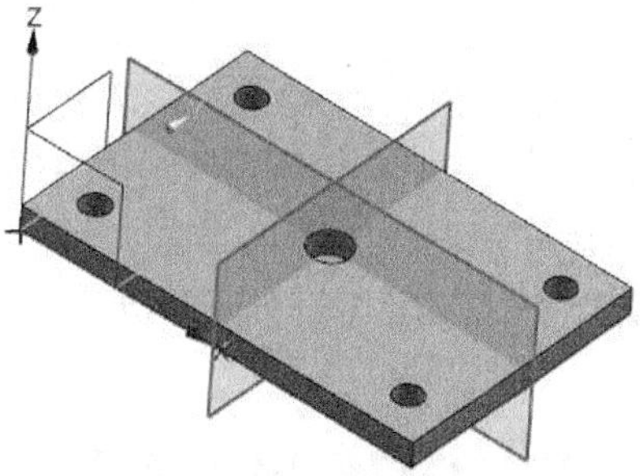


图8-92　生成的螺纹底孔

7. 创建螺纹孔

（1）执行“菜单”→“插入”→“设计特征”→“螺纹”命令，或单击“主页”选项卡“特征”面组中的（螺纹刀）按钮，弹出“螺纹切削”对话框。

（2）选择“详细”单选按钮。

（3）用光标选择刚刚生成的螺纹底孔。

（4）在对话框中输入大径为12，长度为6，螺距为1.75，角度为60，选择旋转方向为“右旋”，如图8-93所示。

（5）单击“确定”按钮生成螺纹孔，如图8-94所示。

图8-93　输入"螺纹"参数

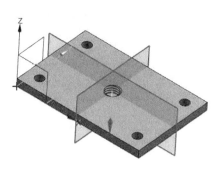

图8-94　生成螺纹孔

**8．创建圆角**

（1）执行"菜单"→"插入"→"细节特征"→"边倒圆"命令，单击"主页"选项卡"特征"面组中的 （边倒圆）按钮，弹出"边倒圆"对话框。

（2）为视孔盖的四条棱边倒圆，圆角半径为15。

（3）单击"确定"按钮，生成四个圆角，如图8-95所示。

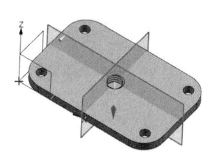

图8-95　生成四个圆角

## 8.2.3　镜像特征

执行"菜单"→"插入"→"关联复制"→"镜像特征"命令，或单击"主页"选项卡"特征"面组中"更多"库下的 （镜像特征）按钮。系统会弹出如图8-96所示的"镜像特征"对话框，通过基准平面或平面镜像选定特征的方法来生成对称的模型（如图8-97所示）。

"镜像特征"对话框部分选项功能如下。

图8-96　"镜像特征"对话框

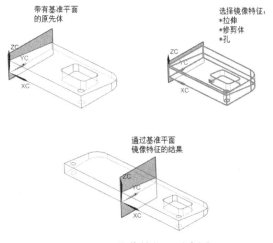

图8-97　"镜像特征"示意图

（1）"选择特征"：该选项用于选择想要进行镜像的部件中的特征。要指定需要镜像的特征，它会在列表中高亮显示。

（2）"镜像平面"：该选项用于指定镜像选定特征所用的平面或基准平面。

## 8.2.4  实例——护口板

创建如图8-98所示的护口板零件。

1．新建文件

执行"文件"→"新建"命令，或单击"主页"选项卡"标准"面组中的 □（新建）按钮，打开"新建"对话框，在"模板"列表框中选择"模型"，在"名称"文本框中输入hukouban，单击"确定"按钮，进入UG建模环境。

扫码看视频

图8-98　护口板

2．绘制草图

（1）执行"菜单"→"插入"→"在任务环境中绘制草图"命令，弹出"创建草图"对话框。

（2）选择XC-YC平面为工作平面绘制草图，进入草图绘制界面。

（3）绘制后的草图如图8-99所示。

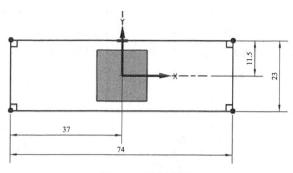

图8-99　绘制草图

3．创建拉伸特征

（1）执行"菜单"→"插入"→"设计特征"→"拉伸"命令，或单击"主页"选项卡"特征"面组中的 ■（拉伸）按钮，打开如图8-100所示的"拉伸"对话框。

（2）在"指定矢量"下拉按钮中选择"ZC"轴，选择如图8-99所示的草图中的曲线为拉伸曲线。

（3）在"限制"栏中开始距离和结束距离数值输入栏分别输入0，10，其他默认。

（4）单击"确定"按钮，创建拉伸特征，如图8-101所示。

4．创建埋头孔

（1）执行"菜单"→"插入"→"设计特征"→"孔"命令，或单击"主页"选项卡"特征"面组中的 ■（孔）按钮，打开"孔"对话框。

（2）在"类型"下拉列表框中选择"常规孔"选项。

（3）在"成形"列表中选择"埋头"选项，得到"孔"对话框，如图8-102所示。

图8-100 "拉伸"对话框

图8-101 创建拉伸特征

图8-102 "孔"对话框

（4）选择拉伸体的上表面为草图放置面，进入绘图环境，绘制如图8-103所示的草图。

（5）单击"主页"选项卡"草图"面组中的 ▨ （完成）按钮，退出草图。

（6）在"孔"对话框中的"埋头直径""埋头角度"和"直径"文本框中分别输入21、90、11。

（7）单击"确定"按钮，完成埋头孔的创建，如图8-104所示。

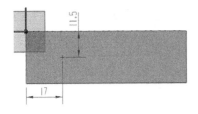

图8-103 绘制草图

图8-104 创建埋头孔特征

5. 镜像埋头孔

（1）执行"菜单"→"插入"→"关联复制"→"镜像特征"命令，单击"主页"选项卡"特征"面组中"更多"库下的 ▨ （镜像特征）按钮，弹出如图8-105所示的"镜像特征"对话框。

（2）在视图区选择上一步创建的埋头孔。

（3）在"平面"下拉列表中选择"新平面"选项。

（4）在"指定平面"下拉列表框中选择*YC-ZC*平面为镜像平面。

（5）单击"确定"按钮，镜像埋头孔，如图8-98所示。

图8-105 "镜像特征"对话框

## 8.2.5　镜像几何体

执行"菜单"→"插入"→"关联复制"→"镜像几何体"命令，或单击"主页"选项卡"特征"面组中的 （镜像几何体）按钮，系统会弹出如图8-106所示对话框。用于通过基准平面来镜像所选的实体，镜像后的实体或片体和原实体或片体相关联，但本身没有可编辑的特征参数，如图8-107所示。

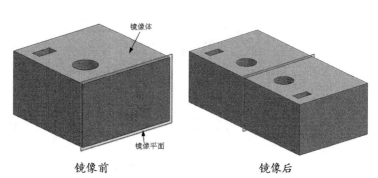

图8-106　"镜像几何体"对话框　　　　图8-107　"镜像几何体"示意图

## 8.2.6　提升体

执行"菜单"→"插入"→"关联复制"→"提升体"命令，或单击"主页"选项卡"特征"面组"更多"库中的 （提升体）按钮。如果出现如图8-108所示警告，则只需在"文件"→"实用工具"→"用户默认设置"中找到"装配"→"常规"下的"部件间建模"选项（如图8-109所示），勾选其中的"允许提升体"之后，重启UG即可。

图8-108　"警告"对话框　　　　　　图8-109　"用户默认设置"对话框

当用户进行一个作为工作部件的装配时，该选项让用户把一个体从载入的装配组件提升到装配层。提升体保留同原始体的关联性，原始体被称为基体。

体的提升步骤如下（如图8-110所示）。

（1）弹出一个装配。装配必须是工作部件，并且必须已载入包含要提升的体的组件。

（2）选择"提升体"图标。

（3）选择想要的体，单击"确定"按钮。

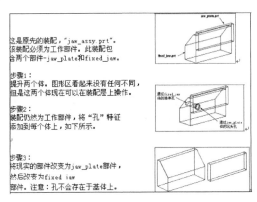

图8-110 "提升体"操作示意图

## 8.2.7 抽取几何体

执行"菜单"→"插入"→"关联复制"→"抽取几何特征"命令，或单击"曲面"功能区"曲面操作"面组中的（抽取几何特征）按钮，弹出如图8-111所示对话框。

"抽取几何特征"选项可以通过从一个体中抽取对象来生成另一个体。用户可以在4种类型的对象之间选择来进行抽取操作：如果抽取一个面或一个区域，则生成一个片体；如果抽取一个体，则新体的类型将与原先的体相同（实体或片体）；如果抽取一条曲线，则结果将是EXTRACTED_CURVE（抽取曲线）特征。

图8-111所示的对话框各选项功能如下。

"类型"下拉选项框中有几种不同的选项。

图8-111 "抽取几何特征"对话框

（1）"面"：该选项可用于将片体类型转换为B曲面类型，以便将它们的数据传递到ICAD或PATRAN等其他集成系统中和IGES等交换标准中。

1）"面选项"

"单个面"：即只有选中的面才会被抽取。

"面与相邻面"：即只有与选中的面直接相邻的面才会被抽取（选中的面不会被抽取）。

"体的面"：即与选中的面位于同一体的所有面都会被抽取。

2）"表面类型"：该选项可以将一个或多个面由任意一种类型的体转换为片体。

①"与原来相同"：该选项将选中面转换为片体，并保留原先的底层曲面类型。

②"三次多项式"：该选项将选中面转换为三次多项式B曲面类型的片体。注意这个选项几乎总是逼近原先的面，它们可能无法被正确复制。三次多项式B曲面类型的片体可以被导出到几乎所有的CAD、CAM和CAE应用程序中。

③"一般B曲面"：该选项将选中面转换为一般的B曲面类型。可更正确地复制原先的面，但是所得的这些B曲面类型片体却更难于传递到其他系统。

有时系统会正确复制原先的曲面，但另外一些时候它只能逼近它们，这要取决于所选的输出类型，以及选中的原先曲面的类型。

（2）"面区域" ：该选项让用户生成一个片体，该片体是一组和种子面相关的且被边界面限制的面。在已经确定了种子面和边界面以后，系统从种子面上开始，在行进过程中收集面，直到它和任意的边界面相遇。一个片体（称为"抽取区域"特征）从这组面上生成。选择该选项后，对话框中的可变窗口区域会有如图8-112所示的显示。

1）"种子面"：该步骤确定种子面。特征中所有其他的面都和种子面有关。

2）"边界面"：该步骤确定"抽取区域"特征的边界。

图8-113所示为生成"抽取区域"特征示意图。

图8-112　"面区域"类型

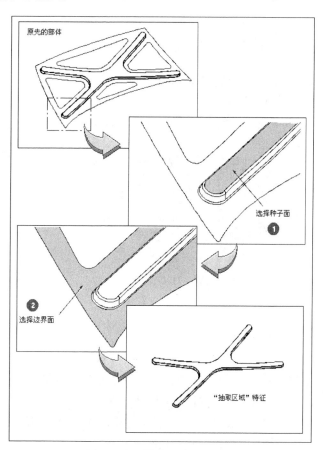

图8-113　"抽取区域"示意图

3）"使用相切边角度"：该选项在加工中应用。

4）"遍历内部边"：选中该选项后，系统对于遇到的每一个面，收集其边构成其任何内部环的部分或全部。

（3）"体" ：该选项生成整个体的关联副本。可以将各种特征添加到抽取体特征上，而不在原先的体上出现。当更改原先的体时，用户还可以决定"抽取体"特征要不要更新。"抽取体"特征的一个用途是在用户想同时能用一个原先的实体和一个简化形式的时候（例如，放置在不同的参考集里），选择该类型时，对话框如图8-114所示。

图8-114 "体"类型

1）"固定于当前时间戳记"：该选项可更改编辑操作过程中特征放置的时间标记，允许用户控制更新过程中对原先的几何体所做的更改是否反映在抽取的特征中。默认是将抽取的特征放置在所有的已有特征之后。

2）"隐藏原先的"：该选项可以在生成抽取的特征时，如果原先的几何体是整个对象，或者如果生成"抽取区域"特征，则将隐藏原先的几何体。

## 8.2.8 实例——完成端盖

在草图的基础上完成端盖的创建，如图8-115所示。

1. 打开草图文件

打开duangai.prt文件，如图8-116所示。

扫码看视频

图8-115 端盖

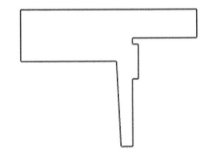

图8-116 打开草图文件

2. 创建旋转特征

（1）执行"菜单"→"插入"→"设计特征"→"旋转"命令，或单击"主页"选项卡"特征"面组中的 （旋转）按钮，弹出"旋转"对话框，如图8-117所示。

（2）选择打开的草图作为旋转体截面线串。

（3）在"指定矢量"下拉列表中选择"YC"轴使其作为旋转体截面线串的旋转轴。

（4）指定坐标原点为旋转原点。

（5）在"限制"栏中的"开始角度"和"结束角度"中分别输入0、360。

（6）单击"确定"按钮，生成最终的旋转体，如图8-118所示。

图8-117 "旋转"对话框

图8-118 生成的旋转体

**3．创建草图**

（1）执行"菜单"→"插入"→"在任务环境中绘制草图"命令，弹出"创建草图"对话框。

（2）选择XC-YC平面为草图绘制基准面，单击"确定"按钮，进入到草图绘制界面。

（3）绘制如图8-119所示的草图。

**4．创建凹槽**

（1）执行"菜单"→"插入"→"设计特征"→"拉伸"命令，或单击"主页"选项卡"特征"面组中的 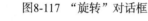（拉伸）按钮，系统弹出"拉伸"对话框，如图8-120所示。

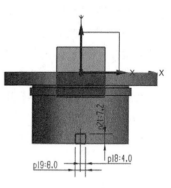

图8-119 创建草图

（2）选择上一步绘制的矩形为拉伸曲线。

（3）在"矢量"下拉列表中选择"ZC"轴作为拉伸方向。

（4）在"布尔"下拉列表中选择"减去"选项。

（5）在对话框中"开始距离"和"结束距离"中输入0、250。

（6）单击"确定"完成拉伸。如图8-121所示。

**5．创建孔**

（1）执行"菜单"→"插入"→"设计特征"→"孔"命令，或单击"主页"选项卡"特征"面组中的 （孔）按钮，系统弹出"孔"对话框，如图8-122所示。

（2）在"成形"下拉列表中选择"简单孔"选项。

图8-120　"拉伸"对话框

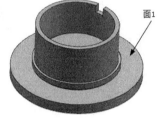

图8-121　创建凹槽

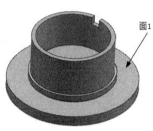

图8-122　"孔"对话框

（3）单击"指定点"右侧的"绘制截面"按钮，弹出"创建草图"对话框，选择面1为草图绘制基准面，单击"确定"按钮，进入草图绘制界面，绘制如图8-123所示的草图。

（4）单击"主页"选项卡"草图"面组中的 （完成）按钮，返回到"孔"对话框。

（5）在"直径"文本框中输入9，在"深度"文本框中输入50，"顶锥角"文本框中输入118。

（6）在"布尔"下拉列表中选择"减去"选项。

（7）单击"确定"按钮，完成简单孔的创建，如图8-124所示。

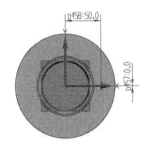

图8-123　绘制草图

图8-124　生成孔

6．创建阵列特征

（1）执行"菜单"→"插入"→"关联复制"→"阵列特征"命令，或单击"主页"功能区"特征"面组中的 （阵列特征）按钮，系统弹出"阵列特征"对话框，如图8-125所示。

图8-125　"阵列特征"对话框

（2）选择第4步拉伸特征创建的凹槽。

（3）在"布局"下拉列表中选择"圆形"选项。

（4）在"指定矢量"下拉列表中选择"YC"轴，以原点为旋转中心。

（5）在"间距"下拉列表中选择"数量和间隔"，在"数量"文本框中输入4，"节距角"文本框中输入90。

（6）单击"应用"按钮，完成凹槽的阵列，如图8-126所示。

（7）按照同样的方法，阵列简单孔，"数量"为6，"节距角"为60，结果如图8-127所示。

图8-126　阵列凹槽

图8-127　阵列简单孔

### 7．创建倒圆角

（1）执行"菜单"→"插入"→"细节特征"→"边倒圆"命令，单击"主页"选项卡"特征"面组中的 （边倒圆）按钮。系统弹出"边倒圆"对话框，如图8-128所示。

（2）在"半径1"文本框中输入1。

（3）选择如图8-129所示的边。

（4）单击"应用"按钮，为旋转体生成一个圆角特征，如图8-130所示。

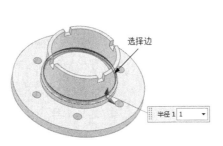

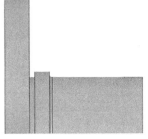

图8-128　"边倒圆"对话框　　　　图8-129　选择圆角边　　　　图8-130　生成圆角特征

（5）将"边倒圆"对话框中的圆角半径改为"6"，选择如图8-131所示的边，单击"确定"按钮，在旋转体内侧生成一个圆角特征，如图8-132所示。

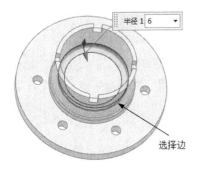

图8-131　选择圆角边　　　　　　　　图8-132　生成圆角特征

### 8．创建倒斜角

（1）执行"菜单"→"插入"→"细节特征"→"倒斜角"命令，或单击"主页"选项卡"特征"面组中的 （倒斜角）按钮，弹出"倒斜角"对话框。

（2）在"横截面"下拉列表中选择"对称"选项，在"距离"文本框中输入2。

（3）选择如图8-133所示的一条倒角边。单击"确定"按钮，生成倒角特征，如图8-134所示。

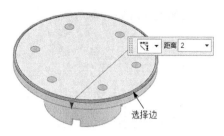

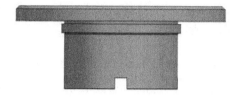

图8-133　选择倒角边　　　　　　　　　　　图8-134　生成倒斜角

# 8.3 联合体

## 8.3.1　缝合

执行"菜单"→"插入"→"组合"→"缝合"命令，或单击"曲面"选项卡"曲面操作"面组中的 📖（缝合）按钮，弹出如图8-135所示对话框。该选项把两个或多个片体连接到一起，从而生成一个片体，如果要缝合的这组片体包围一定的体积，则生成一个实体。该选项还可以把两个或多个公共（重合）面的实体缝合到一起（如图8-136所示）。

图8-135　"缝合"对话框

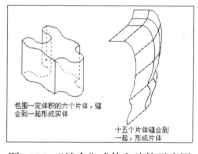

图8-136　"缝合"成体和片体示意图

"缝合"对话框部分选项功能如下。

1. 片体

（1）"目标片体"：选择目标片体。仅当"类型"设为"片体"时可用。

（2）"工具片体"：选择一个或多个工具片体。

（3）"输出多个片体"：让用户生成多个缝合体。

2. 实体

（1）"目标面"：该选项从第一个实体中选择一个或多个目标面。这些面必须和一个或多个工具面重合。该选项只当"缝合输入类型"设为"实体"时才可用。

（2）"工具面"：该选项从第二个实体上选择一个或多个工具面。这些面必须和一个或多个目标面重合。

（3）"公差"：为了使缝合操作成功，公差为被缝合到一起的边的可分开最大距离。

## 8.3.2　修补

执行"菜单"→"插入"→"组合"→"修补"命令，或单击"主页"选项卡"特征"面组中的 🔲 （修补） 🔲 按钮，弹出如图8-137所示的对话框。该选项使用片体替代实体上的某些面，还可以把一个片体补到另一个片体上（如图8-138所示）。

在下面情况下，该选项非常有用：

（1）在工具体和目标体之间的曲面法向上的小缝隙或不匹配会导致其他操作（如"修剪体"或"分割体"）失败时；

（2）想要应用一个掌形的圆角时；

（3）要生成一个具有比"孔"选项更复杂形状的孔时。

图8-137　"补片"对话框

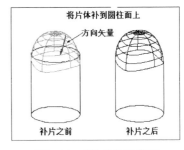

图8-138　"补片"示意图

"补片"对话框部分选项功能如下。

（1）"目标"：选择一个体作为补丁特征的目标。

（2）"工具"：选择一个片体作为补丁特征的工具。

（3）"要移除的目标区域"：如果想使用具有多个面的工具片体中的单个面，则点击"工具方向面"图标并选择想要的面。默认方向由选定面的法向矢量定义。

（4）"在实体目标中开孔"：该选项用于把一个封闭的片体补到目标体上以生成一个孔。

（5）"反向"：该选项用于反转移除目标体面的默认矢量方向。

> **提示**
>
> 如果工具片体的边缘上存在大于建模公差的缝隙，则补丁操作不会按预计的执行，新的边或面不能在目标体中生成，比如，当工具片体的一个边不在目标体的一个面上时，或新的边不生成封闭的环时，会出现以下信息：不能定义补丁边界。

# 8.4 偏置/缩放特征

## 8.4.1 抽壳

执行"菜单"→"插入"→"偏置/缩放"→"抽壳"命令，或单击"主页"选项卡"特征"面组上的  （抽壳）按钮，系统弹出"抽壳"对话框，如图8-139所示。利用该对话框可以进行抽壳来挖空实体或在实体周围建立薄壳。

"抽壳"对话框选项说明如下。

（1）"移除面，然后抽壳"：选择该方法后，所选目标面在抽壳操作后将被移除。

如果进行等厚度的抽壳，则在选好要抽壳的面和设置好默认厚度后，直接单击"确定"或"应用"按钮完成抽壳。

如果进行变厚度的抽壳，则在选好要抽壳的面后，在"备选厚度"栏中单击选择面，对话框如图8-140所示。选择要设定的变厚度抽壳的表面并在"厚度0"文本框中输入可变厚度值，则该表面抽壳后的厚度为新设定的可变厚度。

图8-139 "抽壳"对话框

图8-140 设置变厚度抽壳参数

（2）"对所有面抽壳"：选择该方法后，需要选择一个实体，系统将按照设置的厚度进行抽壳，抽壳后原实体变成一个空心实体。

如果厚度为正数则空心实体的外表面为原实体的表面，如果厚度为负数则空心实体的内表面为原实体的表面，如图8-141所示。

在备选厚度栏中单击选择面也可以设置变厚度，设置方法与面抽壳类型相同。

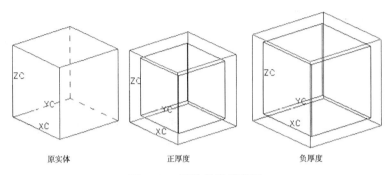

图8-141　实体抽壳示意图

## 8.4.2　包裹几何体

执行"菜单"→"插入"→"偏置/缩放"→"包裹几何体"命令，或单击"主页"选项卡"特征"面组上的 (包裹几何体) 按钮，弹出如图8-142所示的对话框。该选项通过计算要围绕实体的实体包层，用平面的凸多面体有效地"收缩缠绕"它，简化了详细模型（示意图如图8-143所示）。

"包裹几何体"选项适用于下列工作。

（1）执行封装研究（例如，要简化复杂的模型）。

（2）执行空间捕捉研究（例如，要获得多个不相连对象所需空间的近似值）。

（3）转化线框数据（例如，作为将它转换到实体的起点）。

（4）隐藏专有数据（例如，要获得不带详细信息的合理表示）。

"包裹几何体"对话框部分选项功能如下。

（1）"选择对象"：用于选择当前需要包裹的工作部件上的任意数量的实体或片体、曲线或点。

（2）"指定平面"：用于使用平面来拆分输入几何体。对平面的每一侧计算独立包络，并将结果合并到单个体。

（3）"封闭缝隙"：指定封闭偏置面之间所存在的缝隙的方法。有以下三个选项。

1）"尖锐"：扩展每个平面，直到它与相邻的面相接。

2）"斜接"：在缝隙中添加平面来创建斜接效果。斜接不会比指定的距离公差值小，从而避免在包裹多面体中创建微小面。使用锐边，可封闭任何小于距离公差值的缝隙。

3）"无偏置"：不偏置面。这样可以加快包裹的时间，但是结果中通常不包含原先的数据。

（4）"附加偏置"：此选项用于设置由结果体各个面的系统生成的偏置范围之外的附加偏置。

（5）"分割偏置"：用于将正偏置应用到分割平面的每一侧。实际上，每一个平面将成为两个重叠的分割平面，从而保证分割每一侧的结果都将重叠，并且无须非交叉条件即可合并。当平面每一侧上的数据在单个点上相接时，这是非常有用的。

（6）"距离公差"：确定包裹多面体的详细级别。用户指定的值用于在输入数据时生成包裹点。然后用该点来计算包络体。对于曲线而言，该值代表最大弦偏差。对于体而言，该值代表面到曲面的最大的小平面。该值默认为部件距离公差的100倍。

图8-142　"包裹几何体"对话框

图8-143　"包裹几何体"示意图

## 8.4.3　偏置面

执行"菜单"→"插入"→"偏置/缩放"→"偏置面"命令，或单击"主页"选项卡"特征"面组中的 （偏置面）按钮，系统会弹出如图8-144所示的对话框。可以使用此选项沿面的法向偏置一个或多个面、体的特征或体。其操作前后示意图如图8-145所示。

图8-144　"偏置面"对话框

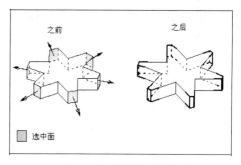

图8-145　"偏置面"示意图

偏置距离可以为正或为负，而体的拓扑不改变。正的偏置距离沿面的法向矢量的反向测量。

## 8.4.4　缩放体

执行"菜单"→"插入"→"偏置/缩放"→"缩放体"命令，或单击"主页"选项卡"特征"面组中的 （缩放体）按钮，弹出如图8-146所示的对话框。该选项按比例缩放实体和片体，可以使用均匀、轴对称或通用的比例方式，此操作完全关联。需要注意的是：比例操作应用于几何体而不用于组成该体的独立特征。其操作前后示意图如图8-147所示。

图8-146 "缩放体"对话框

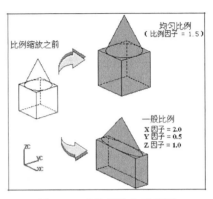

图8-147 "比例体"示意图

"缩放体"对话框部分选项功能如下。

（1）"均匀"：在所有方向上均匀地按比例缩放。

1）"要缩放的体"：该选项为比例操作选择一个或多个实体或片体。所有的"类型"方法都要求此步骤。

2）"缩放点"：该选项指定一个参考点，比例操作以它为中心。默认的参考点是当前工作坐标系的原点，可以通过使用"点方式"子功能指定另一个参考点。该选项只在"均匀"和"轴对称"类型中可用。

3）"比例因子"：指定比例因子（乘数），通过它来改变当前的大小。

（2）"轴对称"：以指定的比例因子（乘数）沿指定的轴对称缩放。这包括沿指定的轴指定一个比例因子并指定另一个比例因子用在另外两个轴方向。

"缩放轴"：该选项为比例操作指定一个参考轴，只可用在"轴对称"方法。默认缩放轴是工作坐标系的Z轴，可以通过使用"矢量方法"子功能来改变它。

（3）"不均匀"：在所有的X、Y、Z三个方向上以不同的比例因子缩放轴。

"缩放坐标系"：让用户指定一个参考坐标系。选择该选项会启用"坐标系对话框"按钮。也可以点击此按钮来弹出"坐标系"，也可以用它来指定一个参考坐标系。

## 8.4.5 实例——酒杯

创建如图8-148所示的酒杯。

1. 创建新文件

执行"文件"→"新建"命令，或单击"主

扫码看视频

图8-148 酒杯

页"选项卡"标准"面组中的 （新建）按钮，弹出"新建"文件对话框。在文件名中输入jiubei1，选择"毫米"，单击"确定"按钮，进入建模环境。

2．创建圆柱体

（1）执行"菜单"→"插入"→"设计特征"→"圆柱"命令，或单击"主页"选项卡"特征"面组中的■（圆柱）按钮，弹出"圆柱"对话框，如图8-149所示。

（2）在"类型"下拉列表中选择"轴、直径和高度"选项。

（3）在"指定矢量"下拉列表中选择"ZC"轴为圆柱的创建方向。

（4）在"直径"和"高度"选项中分别输入60、3。

（5）单击"确定"按钮，以原点为中心生成圆柱体，如图8-150所示。

图8-149　"圆柱"对话框　　　　　　图8-150　生成圆柱体

3．创建凸起

（1）执行"菜单"→"插入"→"设计特征"→"凸起"命令，或单击"主页"选项卡，选择"特征"组"设计特征"库中的（凸起）◎按钮，弹出"凸起"对话框，如图8-151所示。

（2）单击"绘制截面" 按钮，弹出"创建草图"对话框，选择圆柱体的上表面为草图绘制平面，单击"确定"按钮，进入到草图绘制界面，绘制如图8-152所示的草图。

（3）单击"主页"选项卡"草图"面组中的 （完成）按钮，返回到"凸起"对话框。

（4）选择圆柱体的上表面为要凸起的面。

（5）在"指定方向"下拉列表中选择"ZC"轴。

（6）在"几何体"下拉列表中选择"凸起的面"选项。

（7）在"距离"文本框中输入32。

（8）在"拔模"下拉列表中选择"从端盖"选项，在"拔模角"文本框中输入2。

（9）单击"确定"按钮，完成凸起的创建如图8-153所示。

图8-151  "凸起"对话框

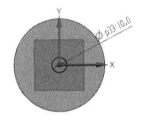

图8-152  选择放置面

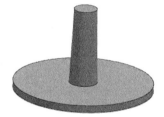

图8-153  生成模型

**4．创建圆柱体**

（1）执行"菜单"→"插入"→"设计特征"→"圆柱"命令，或单击"主页"选项卡"特征"面组中的（圆柱）按钮，弹出"圆柱"对话框，如图8-154所示。

（2）在"类型"下拉列表中选择"轴、直径和高度"选项。

（3）在"指定矢量"下拉列表中选择"ZC"轴为圆柱的创建方向。

（4）单击"点对话框"按钮，弹出如图8-155所示的"点"对话框，在对话框中输入坐标（0，0，35），单击"确定"按钮。

（5）返回到"圆柱"对话框，在"直径"和"高度"选项中分别输入60、40。

（6）单击"确定"按钮，生成圆柱体，如图8-156所示。

图8-154  "圆柱"对话框

图8-155 "点"对话框

图8-156 生成圆柱体

**5. 创建边倒圆**

（1）执行"菜单"→"插入"→"细节特征"→"边倒圆"命令，单击"主页"选项卡"特征"面组中的 （边倒圆）按钮，弹出"边倒圆"对话框，如图8-157所示。

（2）在"半径1"参数项中输入20。

（3）在屏幕中选择如图8-158所示的边。

（4）单击"确定"按钮，生成如图8-159所示模型。

图8-157 "边倒圆"对话框

图8-158 选择边

图8-159 生成倒圆角

**6. 创建抽壳**

（1）执行"菜单"→"插入"→"偏置/缩放"→"抽壳"命令，或单击"主页"选项卡"特征"面组上的 （抽壳）按钮，弹出"抽壳"对话框，如图8-160所示。

（2）在"类型"下拉选项中选择"移除面，然后抽壳"选项。

（3）在"厚度"参数选项中输入2。

（4）在屏幕中选择如图8-161所示的面为移除面。

（5）单击对话框中的"确定"按钮，生成如图8-162所示模型。

 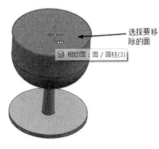 

图8-160　"抽壳"对话框　　　　　图8-161　选择面　　　　　图8-162　生成模型

7．合并

（1）执行"菜单"→"插入"→"组合"→"合并"命令，或单击"主页"选项卡"特征"面组中的 （合并）按钮，弹出"合并"对话框，如图8-163所示。

（2）在屏幕中选择步骤2和3创建的圆柱和凸起为目标体，选择抽壳后的圆柱为工具体。

（3）单击"确定"按钮，生成如图8-164所示的模型。

图8-163　"合并"对话框　　　　　图8-164　生成模型

8．创建边倒圆

（1）执行"菜单"→"插入"→"细节特征"→"边倒圆"命令，单击"主页"选项卡"特征"面组中的 （边倒圆）按钮，弹出"边倒圆"对话框，如图8-165所示。

（2）在"半径1"文本框中输入1。

（3）在屏幕中分别选择如图8-166所示的两边。

（4）单击对话框中的"确定"按钮，生成如图8-167所示的模型。

图8-165 "边倒圆"对话框　　　图8-166 选择倒圆边　　　图8-167 生成模型

9．创建边倒圆

（1）执行"菜单"→"插入"→"细节特征"→"边倒圆"命令，单击"主页"选项卡"特征"面组中的 （边倒圆）按钮，弹出"边倒圆"对话框。

（2）在"边倒圆"对话框的"半径"文本框中输入10。

（3）在屏幕中分别选择如图8-168所示的边。

（4）单击对话框中的"确定"按钮，生成如图8-169所示的模型。

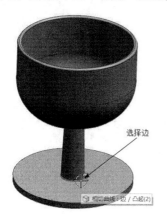

图8-168 选择倒圆边　　　　　　　　图8-169 生成模型

10．对象显示

（1）执行"菜单"→"编辑"→"对象显示"命令，弹出"类选择"对话框，如图8-170所示。

（2）在屏幕中选择实体，单击"确定"按钮，弹出"编辑对象显示"对话框，如图8-171所示。

（3）单击"颜色"选项，弹出如图8-172图所示的"颜色"对话框，选择"▨"颜色，单击"确定"按钮，返回到"编辑对象显示"对话框。

（4）用鼠标拖动"透明度"滑动条，将其拖到80处。

（5）单击"确定"按钮，结果如图8-148所示。

图8-170 "类选择"对话框

图8-171 "编辑对象显示"对话框

图8-172 "颜色"对话框

# 8.5 修剪

## 8.5.1 删除面

执行"菜单"→"插入"→"同步建模"→"删除面"命令，或单击"主页"选项卡"同步建模"面组中的 （删除面）按钮，弹出如图8-173所示的对话框。使用删除面命令移除选定的几何体或孔。在删除一个面之后，删除面特征出现在模型的历史记录中。与任何其他特征一样，用户也可以编辑或者删除该特征，操作前后示意图如图8-174所示。

"删除面"对话框部分选项功能如下。

（1）"类型"：用于指定要删除的特征的类型。

1）"面"：用于选择要删除的面。

2）"圆角"：用于选择要删除的圆角面。圆角可以是恒定半径或可变半径倒圆，也可以是陡峭倒圆或凹口倒圆。

3）"孔"：用于选择要删除的孔面，并通过选项来限制孔的大小。

图8-173 "删除面"对话框

4）"圆角大小"：用于选择圆角，以删除那些半径小于等于给定半径的圆角。

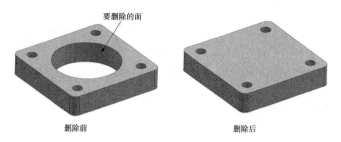

图8-174　"删除面"示意图

（2）"截断选项"：用于指定截断面的类型，以提高剩余面无法闭合删除选定面后留下的区域时的修复能力。

1）"面或平面"：可选择目标体的一个面、另一个体的面或基准平面。

2）"新平面"：用于定义新平面。

（3）"修复"：延伸相邻面以闭合删除面留下的开口。

（4）"面-边倒圆首选项"：当类型设置为圆角时该选项可用。指定用户是否希望被占用面恢复为陡峭倒圆或凹口倒圆。

1）"作为凹口删除"：在被占用面与圆角相切处恢复该面。

2）"作为陡边删除"：在圆角边与面相交处恢复被占用面。

## 8.5.2　修剪体

执行"菜单"→"插入"→"修剪"→"修剪体"命令，或单击"主页"选项卡"特征"面组中的　（修剪体）按钮，则会激活该功能弹出如图8-175所示的对话框。使用该选项可以用一个面、基准平面或其他几何体修剪一个或多个目标体。目标体呈修剪几何元素的形状。

由法向矢量的方向确定目标体要保留的部分。远离法向矢量指向为将保留的目标体部分。如图8-176所示显示了矢量方向将如何影响目标体要保留的部分。

图8-175　"修剪体"对话框

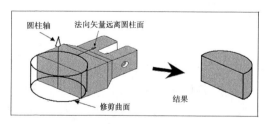

图8-176　"修剪体和矢量方向"示意图

### 8.5.3　拆分体

执行"菜单"→"插入"→"修剪"→"拆分体"命令，或单击"主页"选项卡"特征"→"更多"→"修剪"库中的  （拆分体）图标，打开如图8-177所示的"拆分体"对话框，此选项使用面、基准平面或其他几何体分割一个或多个目标体。其操作前后示意图如图8-178所示。

图8-177　"拆分体"对话框

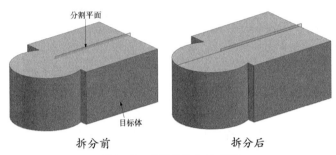

图8-178　"拆分体"示意图

"拆分体"对话框部分选项功能如下。

（1）"选择体"：选择要拆分的体。

（2）工具选项

1）"面或平面"：指定一个现有平面或面作为拆分平面。

2）"新建平面"：创建一个新的拆分平面。

3）"拉伸"：拉伸现有曲线或绘制曲线来创建工具体。

4）"旋转"：旋转现有曲线或绘制曲线来创建工具体。

（3）"保留压印边"：标记目标体与工具体之间的交线。

### 8.5.4　实例——修剪壶把

**1. 打开文件**

单击"打开"  按钮，打开hu.prt文件，如图8-179所示。

**2. 修剪壶把手**

（1）执行"菜单"→"插入"→"修剪"→"修剪体"命令，或单击"曲面"选项卡"曲面操作"面组中的  （修剪体）按钮，系统弹出"修剪体"对话框如图8-180所示。

（2）选择扫掠实体壶把手为目标体，单击鼠标中键。

（3）选择咖啡壶外表面为工具体，单击"反向"按钮，方向指向咖啡壶内侧如图8-181所示。

（4）单击"确定"按钮，生成的模型如图8-182所示。

扫码看视频

图8-179　壶

用户也可以利用拆分体命令，将把手拆分为两个实体，然后将壶内把手删除即可。

图8-180　"修剪体"对话框

图8-181　修剪方向

图8-182　修剪把手

# 8.6 综合实例——钳座

创建如图8-183所示的钳座零件。

**1. 新建文件**

执行"文件"→"新建"命令，或单击"主页"选项卡"标准"面组中的□（新建）按钮，打开"新建"对话框，在"模板"列表框中选择"模型"，输入qianzuo，单击"确定"按钮，进入UG建模环境。

扫码看视频

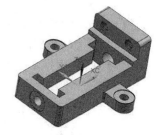

图8-183　钳座

**2. 绘制草图1**

（1）执行"菜单"→"插入"→"在任务环境中绘制草图"命令，弹出"创建草图"对话框。

（2）选择XC-YC平面为工作平面绘制草图，进入草图绘制界面，绘制后的草图如图8-184所示。

**3. 创建拉伸特征1**

（1）执行"菜单"→"插入"→"设计特征"→"拉伸"命令，或单击"主页"选项卡"特征"面组中的▦（拉伸）按钮，弹出"拉伸"对话框。

（2）选择如图8-184所示的草图曲线为拉伸曲线。

（3）在"限制"栏中开始"距离"和结束"距离"数值输入栏分别输入0、30，其他默认。

（4）在"拉伸"对话框中，单击"确定"按钮，创建拉伸特征，如图8-185所示。

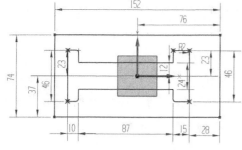

图8-184　绘制草图1

图8-185　创建拉伸特征1

**4．绘制草图2**

（1）执行"菜单"→"插入"→"在任务环境中绘制草图"命令，弹出"创建草图"对话框。

（2）选择如图8-186所示的平面为工作平面绘制草图，进入草图绘制界面，绘制后的草图如图8-187所示。

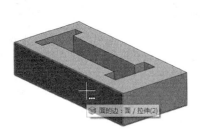

图8-186　选择草图工作平面

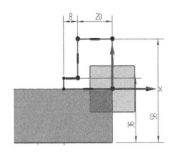

图8-187　绘制草图2

**5．创建沿引导线扫掠特征**

（1）执行"菜单"→"插入"→"扫掠"→"沿引导线扫掠"命令，或单击"主页"选项卡"特征"面组中的 （沿引导线扫掠）按钮，打开"沿引导线扫掠"对话框。

（2）在视图区选择如图8-187所示绘制的草图平面为截面。

（3）在视图区选择引导线，如图8-188所示。

（4）在"沿引导线扫掠"对话框中的"第一偏置"和"第二偏置"文本框中分别输入0、0。

（5）在"布尔"下拉列表中选择"合并"选项，创建沿引导线扫掠特征，如图8-189所示。

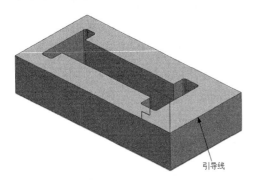

图8-188　选择引导线

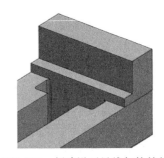

图8-189　创建沿引导线扫掠特征

**6．绘制草图3**

（1）执行"菜单"→"插入"→"在任务环境中绘制草图"命令，弹出"创建草图"对话框。

（2）选择 *XC-YC* 平面为工作平面绘制草图，进入草图绘制界面，绘制后的草图如图8-190所示。

**7．创建拉伸特征2**

（1）执行"菜单"→"插入"→"设计特征"→"拉伸"命令，或单击"主页"选项卡"特征"面组中的 （拉伸）按钮，弹出"拉伸"对话框，选择如图8-190所示的草图曲线为拉伸曲线。

（2）在"限制"栏中开始"距离"和结束"距离"数值输入栏分别输入0、14。

（3）在"布尔"下拉菜单中选择"合并"选项。

（4）单击"确定"按钮，创建拉伸特征2，如图8-191所示。

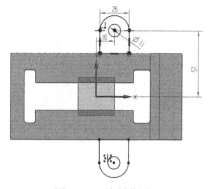

图8-190　绘制草图3

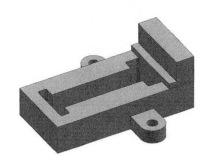

图8-191　创建拉伸特征2

8．创建圆柱体特征1

（1）执行"菜单"→"插入"→"设计特征"→"圆柱"命令，或单击"主页"选项卡"特征"面组中的 ▣（圆柱）按钮，弹出"圆柱"对话框。

（2）在"类型"下拉列表中选择"轴、直径和高度"选项。

（3）在"指定矢量"下拉列表中选择 <sup>ZC</sup>↑方向为圆柱轴向。

（4）单击 ▣ 按钮，打开"点"对话框。

（5）在"XC""YC"和"ZC"的文本框中分别输入16、-57、14。

（6）单击"确定"按钮，返回到"圆柱"对话框。

（7）在"直径"和"高度"文本框中分别输入25、1。

（8）在"布尔"下拉列表中选择"▣减去"选项。

（9）单击"确定"按钮，创建圆柱体，如图8-192所示。

（10）同上步骤在另一侧创建圆柱体，如图8-193所示。

图8-192　创建圆柱体特征1

图8-193　镜像圆柱体特征

9．绘制草图4

（1）执行"菜单"→"插入"→"在任务环境中绘制草图"命令，弹出"创建草图"对话框。

（2）选择如图8-194所示的平面为工作平面绘制草图，进入草图绘制界面，绘制后的草图如图8-195所示。

10．创建拉伸特征3

（1）执行"菜单"→"插入"→"设计特征"→"拉伸"命令，或单击"主页"选项卡"特征"面组中的 ▣（拉伸）按钮，弹出"拉伸"对话框，选择如图8-195所示的草图曲线为拉伸曲线。

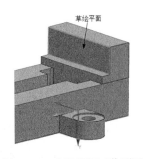

图8-194　选择草图工作平面

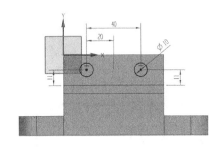

图8-195　绘制草图4

（2）在"指定矢量"下拉列表中选择"XC"轴为拉伸方向。

（3）在"限制"栏中开始"距离"和结束"距离"数值文本框中分别输入0、15，其他默认。

（4）在"布尔"下拉列表中选择"减去"选项。

（5）单击"确定"按钮，创建拉伸特征3，如图8-196所示。

图8-196　创建拉伸特征3

11．创建简单孔1

（1）执行"菜单"→"插入"→"设计特征"→"孔"命令，或单击"主页"选项卡"特征"面组中的 （孔）按钮，弹出"孔"对话框。

（2）在"类型"列表框中选择"常规孔"选项。

（3）在"成形"下拉列表中选择"简单孔"选项。

（4）选择如图8-197所示面2为草图放置面，进入绘图环境，绘制如图8-198所示的草图。退出草图。

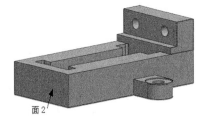

图8-197　选择放置面

（5）在"孔"对话框中的"直径"文本框中输入12，"深度限制"选项选择"直至下一个"。

（6）单击"确定"按钮，创建"简单孔"特征，如图8-199所示。

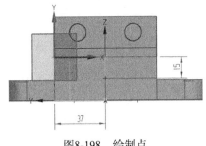

图8-198　绘制点

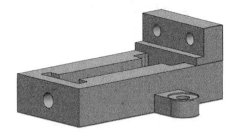

图8-199　创建简单孔

12．创建圆柱体特征2

（1）执行"菜单"→"插入"→"设计特征"→"圆柱"命令，或单击"主页"选项卡"特征"面组中的 （圆柱）按钮，弹出"圆柱"对话框。

（2）在"圆柱"对话框中的"类型"下拉列表中选择"轴、直径和高度"选项。

（3）在"圆柱"对话框中的"指定矢量"下拉列表中选择 XC 方向为圆柱轴向。

（4）在"指定点"列表中选中⊙图标，捕捉如图8-198所创建的简单孔的圆心。

（5）在"圆柱"对话框中的"直径"和"高度"数值输入栏分别输入25、1。

（6）在"圆柱"对话框中的"布尔"下拉列表中选择"⊕减去"选项，单击"确定"按钮，创建圆柱体，如图8-200所示。

图8-200　创建圆柱体特征2

13．创建简单孔2

（1）执行"菜单"→"插入"→"设计特征"→"孔"命令，或单击"主页"选项卡"特征"面组中的 （孔）按钮，弹出"孔"对话框。

（2）在"类型"列表框中选择"常规孔"选项。

（3）在"成形"下拉列表中选择"简单孔"选项。

（4）选择如图8-201所示的面3为草图放置面，进入绘图环境，绘制如图8-202所示的草图。退出草图。

（5）在"孔"对话框中的"直径"文本框中输入18，"深度限制"选项选择"直至下一个"。

（6）单击"确定"按钮，创建"简单孔"特征，如图8-203所示。

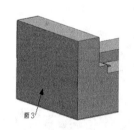
图8-201　选择放置面

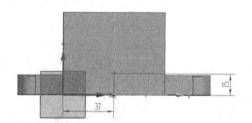
图8-202　定位后的尺寸示意图

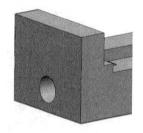
图8-203　创建简单孔2

14．创建圆柱体特征3

（1）执行"菜单"→"插入"→"设计特征"→"圆柱"命令，或单击"主页"选项卡"特征"面组中的 （圆柱）按钮，弹出"圆柱"对话框。

（2）在"类型"下拉列表中选择"轴、直径和高度"选项。

（3）在"指定矢量"下拉列表中选择 XC 方向为圆柱轴向。

（4）在"指定点"下拉列表中选中⊙图标，捕捉如图8-203所创建的简单孔的圆心。

（5）在"圆柱"对话框中的"直径"和"高度"数值输入栏分别输入28、1。

（6）在"圆柱"对话框中的"布尔"下拉列表中选择"⊕减去"选项。

（7）单击"确定"按钮，创建圆柱体，如图8-204所示。

15．创建螺纹特征

（1）执行"菜单"→"插入"→"设计特征"→"螺纹"命令，或单击"主页"选项卡"特征"面组中的 （螺纹刀）按钮，弹出"螺纹切削"对话框。

图8-204　创建圆柱体特征3

（2）在"螺纹切削"对话框中，选中 ◉ 详细 单选按钮。

（3）在实体中选择创建螺纹的圆柱面，如图8-205所示。

（4）在"螺纹切削"对话框中的所有参数采用默认设置。

（5）在"螺纹切削"对话框中，单击"应用"按钮，创建螺纹特征1。

（6）同理，按照上面的步骤和相同的参数，创建螺纹特征2，如图8-206所示。

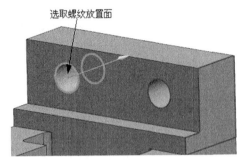

图8-205　选择创建螺纹的圆柱面

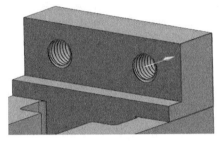

图8-206　创建螺纹特征

16．绘制草图5

（1）执行"菜单"→"插入"→"在任务环境中绘制草图"命令，进入草图绘制界面。

（2）选择如图8-207所示的平面为工作平面绘制草图，绘制后的草图如图8-208所示。

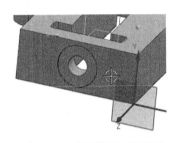

图8-207　选择草图工作平面

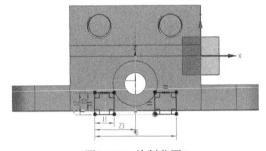

图8-208　绘制草图5

17．创建拉伸特征4

（1）执行"菜单"→"插入"→"设计特征"→"拉伸"命令，或单击"主页"选项卡"特征"面组中的▥（拉伸）按钮，弹出"拉伸"对话框。

（2）选择上一步所绘制草图中的曲线为拉伸曲线。

（3）在"限制"栏中开始"距离"和结束"距离"数值文本框中分别输入15、115，其他默认。

（4）在"布尔"下拉列表中选择"⬛减去"选项。

（5）单击"确定"按钮，创建拉伸特征3，如图8-209所示。

18．创建边倒圆特征

（1）执行"菜单"→"插入"→"细节特征"→"边倒圆"命令，单击"主页"选项卡"特征"面组中的▧（边倒圆）按钮，弹出"边倒圆"对话框。

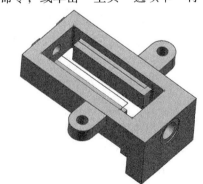

图8-209　创建拉伸特征4

（2）在视图区选择第一组边缘，如图8-210所示。

（3）在"半径1"文本框中输入5。

（4）单击"应用"按钮，创建边倒圆特征，如图8-211所示。

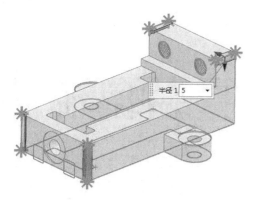

图8-210　选择第一组边缘

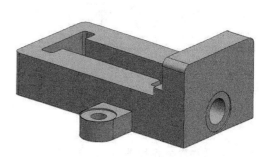

图8-211　创建边倒圆特征

（5）在视图区选择第二组边缘，如图8-212所示。

（6）在"半径1"文本框中输入2。

（7）单击"确定"按钮，创建边倒圆特征，如图8-213所示。

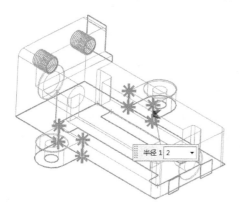

图8-212　选择第二组边缘

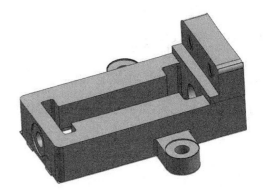

图8-213　创建边倒圆特征

# 第 9 章

# 编辑特征

☞ **本章导读**

　　初步完成三维实体建模之后，往往还需要做一些特征的更改编辑工作，需要使用更为高级的命令，另外，UG 还可以对来自其他 CAD 系统的模型或是非参数化的模型，使用"直接建模"功能。

　　本章详细介绍特征的编辑和直接建模命令功能。

✋ **内容要点**

　　🐾 特征编辑

　　🐾 直接建模

# 9.1 特征编辑

特征编辑主要是完成特征创建以后，对特征不满意的地方进行编辑的过程。用户可以重新调整尺寸、位置、先后顺序等，在多数情况下，保留与其他对象建立起来的关联性的同时，以满足新的设计要求。特征编辑面板如图9-1所示，其中命令分布在"菜单"→"编辑"→"特征"子菜单下。

图9-1　"编辑特征"面板

## 9.1.1 编辑特征参数

执行"菜单"→"编辑"→"特征"→"编辑参数"命令，或单击"主页"选项卡"编辑特征"面组中的 （编辑特征参数）按钮，弹出如图9-2所示的对话框。该选项可以在生成特征或自由形式特征的方式和参数值的基础上，编辑特征或曲面特征。用户的交互作用由所选择的特征或自由形式特征类型决定。

当选择了"编辑参数"并选择了一个要编辑的特征时，根据所选择的特征，在弹出的对话框上显示的选项可能会改变，以下就几种常用对话框选项做介绍。

（1）"特征对话框"：列出选中特征的参数名和参数值，并可在其中输入新值。所有特征都出现在此选项。例如一个

图9-2　"编辑参数"对话框

带槽的长方体，想编辑槽的宽度，选择槽后，它的尺寸就显示在图形区域中。选择宽度尺寸，在对话框中输入一个新值即可（如图9-3所示）。

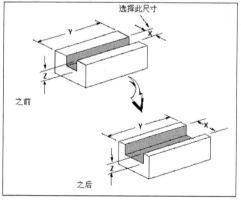

图9-3　特征编辑示意图

（2）"重新附着"：重新定义特征的特征参考，可以改变特征的位置或方向。可以重新附着的特征才出现此选项。操作前后示意图如图9-4所示，其对话框如图9-5所示，部分选项功能如下。

1）　"指定目标放置面"：给被编辑的特征选择一个新的附着面。

2）"指定参考方向"：给被编辑的特征选择新的水平参考。

3）"重新定义定位尺寸"：选择定位尺寸并能重新定义它的位置。

4）"指定第一通过面"：重新定义被编辑的特征的第一通过面/裁剪面。

5）"指定第二个通过面"：重新定义被编辑的特征的第二个通过面/裁剪面。

6）"指定工具放置面"：重新定义用户定义特征（UDF）的工具面。

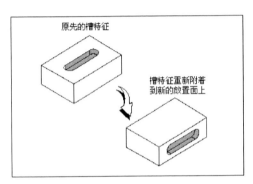

图9-4 "重新附着"示意图

图9-5 "重新附着"对话框

7）"方向参考"：用它可以选择定义一个新的水平特征参考还是竖直特征参考（缺省始终是为已有参考设置的）。

8）"反向"：将特征的参考方向反向。

9）"反侧"：将特征重新附着于基准平面时，用它可以将特征的法向反向。

10）"指定原点"：将重新附着的特征移动到指定原点，可以快速重新定位它。

11）"删除定位尺寸"：删除选择的定位尺寸。如果特征没有任何定位尺寸，该选项就变灰。

## 9.1.2 实例——螺钉M10×20

创建如图9-6所示的螺钉M10×20零件。

1．新建文件

执行"文件"→"新建"命令，或单击"主页"选项卡"标准"面组中的（新建）按钮，打开"新建"对话框，在"模板"列表框中选择"模型"，在"名称"文本框中输入luodingm10-20，单击"确定"按钮，进入建模环境。

扫码看视频

图9-6 螺钉零件

2．绘制草图

（1）执行"菜单"→"插入"→"在任务环境中绘制草图"命令，弹出"创建草图"对话框，选择XC-YC平面为工作平面绘制草图，单击"确定"按钮，进入草图绘制界面，绘制后的草图如图9-7所示。

（2）单击"主页"选项卡"草图"面组中的 （完成）按钮，草图绘制完毕。

3．创建旋转特征

（1）执行"菜单"→"插入"→"设计特征"→"旋转"命令，或单击"主页"选项卡"特征"面组中的 （旋转）按钮，弹出如图9-8所示的"旋转"对话框。

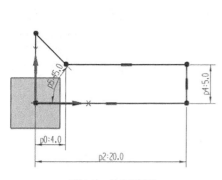

图9-7　绘制草图

图9-8　"旋转"对话框

（2）在视图区选择如图9-7所示绘制的草图，单击鼠标中键，选择旋转轴方向和基点，如图9-9所示。

（3）在如图9-8所示的对话框中，设置"限制"的"开始"选项为"值"，在其文本框中输入0。同样设置"结束"选项为"值"，在其文本框中输入360。

（4）在如图9-8所示对话框中，单击"确定"按钮，创建旋转特征，如图9-10所示。

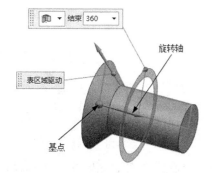

图9-9　选择旋转轴方向和基点

图9-10　创建旋转特征

**4. 创建槽**

（1）执行"菜单"→"插入"→"设计特征"→"槽"命令，或单击"主页"选项卡"特征"面组中的"槽"按钮，弹出如图9-11所示的"槽"对话框。

（2）单击"矩形"按钮，弹出如图9-12所示的"矩形槽"对话框，选择圆柱面为槽放置面，弹出如图9-13所示的"矩形槽"对话框。

图9-11　"槽"对话框

图9-12　"矩形槽"对话框

图9-13　"矩形槽"参数对话框

（3）在"槽直径"和"宽度"文本框中分别输入7、3，单击"确定"按钮，弹出如图9-14所示的"定位槽"对话框。

（4）选择如图9-15所示的边1和边2，弹出如图9-16所示的"创建表达式"对话框。

（5）在文本框中输入1，单击"取消"按钮，完成如图9-17所示的槽的创建。

图9-14　"定位槽"对话框

图9-15　选择定位边

图9-16　"创建表达式"对话框

图9-17　创建槽

**5. 编辑参数**

（1）在设计树中选择"矩形槽（3）"，单击鼠标右键，在打开的快捷菜单中单击"编辑参数"，弹出如图9-18所示的"编辑参数"选择对话框。

（2）在如图9-18所示对话框中，单击"特征对话框"按钮，弹出如图9-19所示的"编辑参数"对话框。

（3）将"槽直径"文本框中的数值修改为8，单击2次"确定"按钮，完成参数的修改后模型如图9-20所示。

图9-18　"编辑参数"选择对话框

图9-19　修改槽直径参数　　　　　　图9-20　修改参数后的模型

## 9.1.3　编辑位置

执行"菜单"→"编辑"→"特征"→"编辑位置"命令，或单击"主页"选项卡"编辑特征"面组中的 （编辑位置）按钮，另外也可以在右侧"资源栏"的"部件导航器"相应对象上右击鼠标，在弹出的快捷菜单中点击"编辑位置"（如图9-21所示），则会激活该功能，系统会弹出如图9-22所示对话框。该选项允许通过编辑特征的定位尺寸来移动特征，可以编辑尺寸值、增加尺寸或删除尺寸。

"编辑位置"对话框部分选项介绍如下。

（1）"添加尺寸"：用它可以给特征增加定位尺寸。

（2）"编辑尺寸值"：允许通过改变选中的定位尺寸的特征值，来移动特征。

（3）"删除尺寸"：用它可以从特征删除选中的定位尺寸。

需要注意的是：增加定位尺寸时，当前编辑对象的尺寸不能依赖于创建时间晚于它的特征体。例如，在图9-23中，特征按其生成的顺序编号。如果想定位特征#2，不能使用任何来自特征#3的物体作标注尺寸几何体。

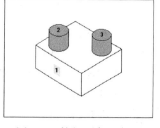

图9-21　快捷菜单中的"编辑位置"窗口　　图9-22　"编辑位置"对话框　　图9-23　特征顺序示意图

## 9.1.4　实例——完成螺钉M10×20

### 1. 编辑草图的定位

（1）在如图9-24所示的实体中选中9.1.2节所编辑后的"矩形槽"，单击鼠标右键，在打开的快捷菜单中，单击"编辑位置"，弹出如图9-25所示的"编辑位置"对话框。

图9-24　编辑后的矩形腔体

图9-25　"编辑位置"对话框

（2）在如图9-25所示对话框中，单击"编辑尺寸值"按钮，弹出如图9-26所示的"编辑表达式"选择对话框。

（3）在文本框中将数值修改为0，单击2次"确定"按钮，编辑定位后的零件如图9-27所示。

图9-26　"编辑表达式"对话框

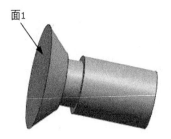

图9-27　编辑定位后的零件

### 2. 创建草图

执行"菜单"→"插入"→"在任务环境中绘制草图"命令，弹出"创建草图"对话框，选择面1为草图放置面，单击"确定"按钮，进入到草图绘制界面，绘制如图9-28所示的草图，单击"主页"选项卡"草图"面组中的（完成）按钮。

### 3. 创建键槽

（1）执行"菜单"→"插入"→"设计特征"→"拉伸"命令，或单击"主页"选项卡"特征"面组中的（拉伸）按钮，弹出如图9-29所示的"拉伸"对话框。

图9-28　绘制草图

（2）选择上一步创建的曲线为要拉伸的曲线。

（3）在"指定矢量"下拉列表中选择"XC"轴。

（4）在开始"距离"文本框中输入0，在结束"距离"文本框中输入3。

（5）在"布尔"下拉列表中选择"减去"选项。

（6）单击"确定"按钮，完成键槽的创建，如图9-30所示。

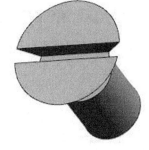

图9-29　"拉伸"对话框　　　　　　　　　　　图9-30　创建键槽

4．创建螺纹特征

（1）执行"菜单"→"插入"→"设计特征"→"螺纹"命令，或单击"主页"选项卡"特征"面组中的 （螺纹刀）按钮，弹出如图9-31所示的"螺纹切削"对话框。

（2）在如图9-31所示对话框中，选中 ◉详细单选按钮。

（3）在如图9-30所示实体中选择创建螺纹的圆柱面，如图9-32所示。

（4）在如图9-31所示对话框中，长度设置为12，其他采取默认设置。

（5）在如图9-31所示对话框中，单击"确定"按钮，创建螺纹特征，如图9-33所示。

图9-31　"螺纹"对话框

图9-32　选择圆柱面

图9-33　创建螺纹特征

### 9.1.5 移动特征

执行"菜单"→"编辑"→"特征"→"移动"命令，或单击"主页"选项卡"编辑特征"面组中的 （移动特征）按钮，系统会弹出如图9-34对话框。该选项可以把无关联的特征移到需要的位置，不能用此选项来移动已经用定位尺寸约束的特征。如果想移动这样的特征，需要使用"编辑定位尺寸"选项。对话框部分选项功能如下。

（1）"DXC、DYC、DZC"：用矩形（*XC*增量、*YC*增量、*ZC*增量）坐标指定距离和方向，可以移动一个特征。该特征相对于工作坐标系移动。

（2）"至一点"：用它可以将特征从参考点移动到目标点。

（3）"在两轴间旋转"：通过在参考轴和目标轴之间旋转特征，来移动特征。如图9-35所示。

（4）"坐标系到坐标系"：将特征从参考坐标系中的位置重新定位到目标坐标系中。

图9-34 "移动特征"对话框

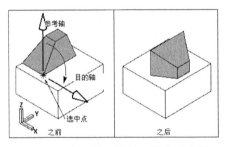

图9-35 "在两轴间旋转"操作示意图

### 9.1.6 特征重排序

执行"菜单"→"编辑"→"特征"→"重排序"命令，或单击"主页"选项卡"编辑特征"面组中的 （特征重排序）按钮，系统会弹出如图9-36所示的对话框。该选项允许改变将特征应用于体的次序。在选定参考特征之前或之后可对所需要的特征重排序。对话框部分选项功能如下。

（1）"参考特征"：该选项可列出部件中出现的特征。所有特征连同其圆括号中的时间标记一起出现于列表框中。

（2）"选择方法"：该选项用来指定如何重排序"重定位"特征，允许选择相对"参考"特征来放置"重定位"特征的位置。

1）"之前"：选中的"重定位"特征将被移动到"参考"特征之前。

2）"之后"：选中的"重定位"特征将被移动到"参考"特征之后。

（3）"重定位特征"：用于选择相对于"参考"特征要移动的"重定位"特征。

图9-36 "特征重排序"对话框

## 9.1.7　替换特征

执行"菜单"→"编辑"→"特征"→"替换"命令，或单击"主页"选项卡"编辑特征"面组中的 （替换特征）按钮，系统会弹出如图9-37所示的对话框。

该选项可改变设计的基本几何体，而无须从头开始重构所有依附特征。允许替换体和基准，并允许将依附特征从先前的特征重新应用到新特征上，从而保持与后段流程特征的关联。

这是一种可以以多种方法使用、功能既强大又灵活的工具，可用于：

（1）用相同体的更新版本来替换从外部系统导入的体的旧版本，而无须重做之后的建模。

（2）用以不同方法建模的另一个模型来替换一个曲面。

（3）用不同的方法重构体中的一组特征。

"替换特征"对话框部分选项功能如下。

1）"要替换的特征"：用于选择要替换的原始特征。原始特征可以是相同实体上的一组特征、基准轴或基准平面特征。

2）"替换特征"：用于选择替换特征。替换特征可以是同一零件中不同实体上的一组特征。如果原始特征为基准轴，则替换特征也需为基准轴；原始特征为基准平面，则替换特征也需为基准平面。

3）"映射"：选择替换后新的父子关系。

图9-37　"替换特征"对话框

## 9.1.8　抑制特征和释放

（1）执行"菜单"→"编辑"→"特征"→"抑制"命令，或单击"主页"选项卡"编辑特征"面组中的 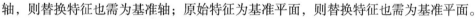（抑制特征）按钮，系统会弹出如图9-38所示对话框。该选项允许临时从目标体及显示中删除一个或多个特征，当抑制有关联的特征时，关联的特征也被抑制（如图9-39所示）。

实际上，抑制的特征依然存在于数据库里，只是将其从模型中删除了。因为特征依然存在，所以可以用"取消抑制特征"调用它们。如果不想让对话框中"选中的特征"列表里包括任何依附，可以关闭"列出依附的"选项（如果选中的特征有许多依附的话，这样操作可显著地减少执行时间）。

（2）执行"菜单"→"编辑"→"特征"→"取消抑制"命令，或单击"主页"选项卡"编辑特征"面组上的 （取消抑制特征）按钮，则该选项可调用先前抑制的特征。如果"编辑时延迟更新"是激活的，则不可用。

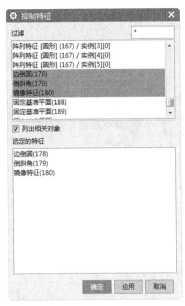

图9-38 "抑制特征"对话框

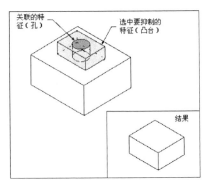

图9-39 "抑制"示意图

## 9.1.9 由表达式抑制

执行"菜单"→"编辑"→"特征"→"由表达式抑制"命令，或者单击"主页"选项卡"编辑特征"面组中的 📌（由表达式抑制）按钮，系统会弹出如图9-40所示的对话框。该选项可利用表达式编辑器用表达式来抑制特征，此表达式编辑器提供一个可用于编辑的抑制表达式列表。如果"编辑时延迟更新"是激活的，则不可用。对话框部分选项功能如下。

（1）"为每个创建"：允许为每一个选中的特征生成单个的抑制表达式。对话框显示所有特征，可以是被抑制的，或者是被释放的以及无抑制表达式的特征。如果选中的特征被抑制，则其新的抑制表达式的值为0，否则为1。按升序自动生成抑制表达式（即p22、p23、p24…）。

图9-40 "由表达式抑制"对话框

（2）"创建共享的"：允许生成被所有选中特征共用的单个抑制表达式。对话框显示所有特征，可以是被抑制的，或者是被释放的以及无抑制表达式的特征。所有选中的特征必须具有相同的状态，或者是被抑制的或者是被释放的。如果它们是被抑制的，则其抑制表达式的值为0，否则为1。当编辑表达式时，如果任何特征被抑制或被释放，则其他有相同表达式的特征也被抑制或被释放。

（3）"为每个删除"：允许删除选中特征的抑制表达式。对话框显示具有抑制表达式的所有特征。

（4）"删除共享的"：允许删除选中特征的共有的抑制表达式。对话框显示包含共有的抑制表达式的所有特征。如果选择特征，则对话框高亮显示共有该相同表达式的其他特征。

## 9.1.10 移除参数

执行"菜单"→"编辑"→"特征"→"移除参数"命令，或单击"主页"选项卡"编辑特征"组中的 （移除）按钮，则会激活该功能，系统回弹出如图9-41所示的对话框。该选项允许从一个或多个实体和片体中删除所有参数，还可以从与特征相关联的曲线和点删除参数，使其成为非相关联。如果"编辑时延迟更新"是激活的，则不可用。

图9-41 "移除参数"对话框

> **提示**
> 一般情况下，用户需要传送自己的文件，但不希望别人看到自己建模过程的具体参数，可以使用该方法去掉参数。

## 9.1.11 编辑实体密度

执行"菜单"→"编辑"→"特征"→"实体密度"命令，或单击"主页"选项卡"编辑特征"组中的 （编辑实体密度）按钮，系统会弹出如图9-42所示的对话框。该选项可以改变一个或多个已有实体的密度或密度单位。改变密度单位，让系统重新计算新单位的当前密度值，如果需要也可以改变密度值。

图9-42 "指派实体密度"对话框

## 9.1.12 特征重播

执行"菜单"→"编辑"→"特征"→"重播"命令，或单击"主页"选项卡"编辑特征"面组中的 （特征重播）按钮，系统会弹出如图9-43所示的对话框。用该选项可以逐个特征地查看模型是如何生成的。

（1）"时间戳记数"：指定要开始重播特征的时间戳编号。用户可以在框中输入一个数字，或者移动滑块。

（2）"步骤之间的秒数"：指定特征重播每个步骤之间暂停的秒数。

图9-43 "特征重播"对话框

## 9.2 同步建模

"同步建模"技术扩展了UG的某些基本的功能。其中包括面向面的操作、基于约束的方法、圆角的重新生成和历史特征的独立。可以对来自其他CAD系统的模型或是非参数化的模型，使用"直接建模"功能。

同步建模面组如图9-44所示，其中命令部分分布在"菜单"→"插入"→"同步建模"子菜单下，如图9-45所示。

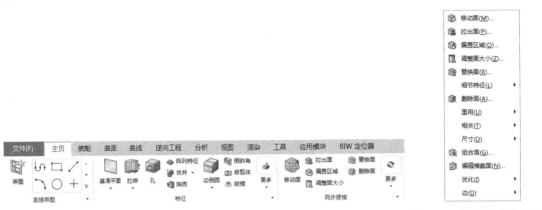

图9-44 "同步建模"面组　　　　　图9-45 "同步建模"子菜单

## 9.2.1 拉出面

执行"菜单"→"插入"→"同步建模"→"拉出面"命令，或单击"主页"选项卡"同步建模"组中的 （拉出面）按钮，弹出"拉出面"对话框如图9-46所示，选择要调整大小的圆柱面、球面或锥面，在"距离"文本框中输入数值，单击"确定"按钮，完成调整面大小的操作。该命令可从面区域中派出体积，接着使用此体积修改模型。

图9-46 "拉出面"对话框

"拉出面"对话框部分选项功能如下。

（1）"选择面" ：选择要拉出并用于向实体添加新体积或从实体中减去原体积的一个或多个面。

（2）"运动"：为选定要拉出的面提供线性和角度变换方法。

1）"距离"：按方向矢量的距离来变换面。

2）"点之间的距离"：按原点与沿某一轴的测量点之间的距离来定义运动。

3）"径向距离"：按测量点与方向轴之间的距离来变换面。该距离是垂直于轴而测量的。

4）"点到点"：将面从一个点拉出到另一个点。

## 9.2.2 调整面的大小

执行"菜单"→"插入"→"同步建模"→"调整面大小"命令，或单击"主页"选项卡"同步建模"面组中的 （调整面大小）按钮，系统会弹出如图9-47所示的对话框。该选项可以改变圆柱面或球面的直径以及锥面的半角，还能重新生成相邻圆角面。

"调整面的大小"操作忽略模型的特征历史，是一种修改模型快速、直接的方法，它的另一个好处是能重新生成圆角面。其操作前后示意图如图9-48所示。

图9-47 "调整面的大小"对话框

操作前　　　　　　　　　操作后

图9-48 "调整面的大小"操作前和操作后示意图

"调整面的大小"对话框部分选项功能如下。

（1）"选择面"：选择需要重设大小的圆柱面、球面或锥面。当选择了第一个面后，直径或角度的值显示在"直径"或"角度"文本框中。

（2）"面查找器"：用于根据面的几何形状与选定面的比较结果来选择面。

（3）"直径"：为所有选中的圆柱或球的直径指定新值。

## 9.2.3 偏置区域

执行"菜单"→"插入"→"同步建模"→"偏置区域"命令，或单击"主页"选项卡"同步建模"面组中的（偏置区域）按钮，系统会弹出如图9-49所示的对话框。

该选项可以在单个步骤中偏置一组面或一个整体。相邻的圆角面可以有选择地重新生成。可以使用与"抽取几何体"选项下的"抽取区域"相同的种子和边界方法抽取区域来指定面，或是把面指定为目标面。"偏置区域"操作忽略模型的特征历史，是一种修改模型快速而直接的方法，它的另一个好处是能重新生成圆角。

模具和铸模设计有可能使用到此选项，如使用面来进行非参数化部件的铸造。

"偏置区域"对话框部分选项功能如下。

（1）"选择面"：选择用来偏置的面。

图9-49 "偏置区域"对话框

（2）"面查找器"：用于根据面的形状与选定面的比较结果来选择面。

（3）"溢出行为"：用于控制移动的面的溢出特性，以及它们与其他面的交互方式。

## 9.2.4 替换面

执行"菜单"→"插入"→"同步建模"→"替换面"命令，或单击"主页"选项卡"同步建模"面组中的 （替换面）按钮，系统会弹出如图9-50所示的对话框。

该选项能够用一个面替换一组面，同时还能重新生成相邻的圆角面。当需要改变面的几何体时，比如需要简化它或用一个复

图9-50 "替换面"对话框

杂的曲面替换它时，就可以使用该选项。甚至可以在非参数化的模型上使用"替换面"命令。其操作前后示意图如图9-51所示。

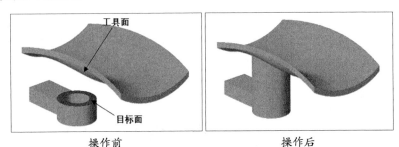

图9-51 "替换面"操作前后示意图

"替换面"对话框部分选项功能如下。

（1）"原始面"：选择一个或多个要替换的面。

（2）"替换面"：选择一个面来替换目标面。只可以选择一个面，在某些情况下对于一个替换面操作会出现多种可能的结果，可以用"反向"切换按钮在这些可能之间进行切换。

（3）"溢出行为"：用于控制移动的面的溢出特性，以及它们与其他面的交互方式。

## 9.2.5 移动面

执行"菜单"→"插入"→"同步建模"→"移动面"命令，或单击"主页"选项卡"同步建模"面组中的 （移动面）按钮，系统会弹出如图9-52所示的对话框。

该选项提供了在体上局部地移动面的简单方式。对于一个需要调整的原型模型来说，此选项很有用，而且快速方便。该

图9-52 "移动面"对话框

工具提供圆角的识别和重新生成，而且不依附建模历史，甚至可以用它移动体上所有的面。

"移动面"对话框部分选项功能如下。

（1）"选择面"：选择要调整大小的圆柱面、球面或圆锥面。

（2）"面查找器"：此选项在前面已经介绍，此处从略。

（3）"变换"：为要移动的面提供线性和角度变换方法。

1）"距离-角度"：按方向矢量，将选中的面区域移动一定的距离和角度。

2）"距离"：按方向矢量和位移距离，移动选中的面区域。

3）"角度"：按方向矢量和角度值，移动选中的面区域。

4）"点之间的距离"：按方向矢量，把选中的面区域从指定点移动到测量点。

5）"径向距离"：按方向矢量，把选中的面区域从轴点移动到测量点。

6）"点到点"：把选中的面区域从一个点移动到另一个点。

7）"根据三点旋转"：在三点中旋转选中的面区域。

8）"将轴和矢量对齐"：在两轴间旋转选中的面区域。

9）"坐系到坐标系"：把选中的面区域从一个坐标系移动到另一个坐标系。

10）"增量$XYZ$"：把选中的面区域根据输入的$XYZ$值移动。

（4）"溢出行为"：用于控制移动的面的溢出特性，以及它们与其他面的交互方式。

1）"自动"：拖动选定的面，使选定的面或入射面开始延伸，具体取决于哪种结果对体积和面积造成的更改最小。

2）"延伸更改面"：延伸正在修改的面以形成与模型的全相交。

3）"延伸固定面"：延伸与正在修改的面相交的固定面。

4）"延伸端盖面"：延伸正在修改的面并在其越过某边时加端盖。

## 9.2.6　阵列面

执行"菜单"→"插入"→"关联复制"→"阵列面"命令，或单击"主页"选项卡"特征"面组"更多"库中的 （阵列面）按钮，弹出如图9-53所示对话框。该选项可以制作面组的复制。它与"阵列特征"功能相似，但更容易使用，即使不是基于特征的模型也可使用。它也更快速、更直接。其操作前后示意图如图9-54所示。

图9-53　"阵列面"对话框

"阵列面"对话框大部分功能在前述的"阵列特征"选项中已介绍过，此处从略。

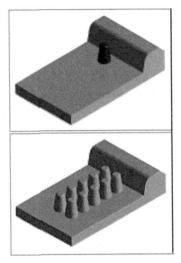

图9-54 "线性"阵列面示意图

# 9.3 综合实例——螺栓

创建如图9-55所示的M10螺栓零件。

1. 创建新文件

执行"文件"→"新建"命令，或单击"主页"选项卡"标准"面组中的□（新建）按钮，弹出"新建"对话框。在"文件名"文本框中输入luoshuan，单位选择"毫米"，单击"确定"按钮，进入建模环境。

扫码看视频

图9-55 M10螺栓

2. 创建多边形

（1）执行"菜单"→"插入"→"在任务环境中绘制草图"命令，弹出"创建草图"对话框，单击"确定"按钮，进入到绘制草图界面。

（2）绘制中心点在原点，边数为6，边长为9的正六边形。

（3）单击"主页"选项卡"草图"面组中的🏁（完成）按钮，退出草图绘制环境，如图9-56所示。

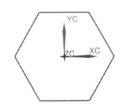

图9-56 绘制正六边形

3. 创建拉伸

（1）执行"菜单"→"插入"→"设计特征"→"拉伸"命令，或单击"主页"选项卡"特征"面组中的▥（拉伸）按钮，弹出如图9-57所示的"拉伸"对话框。

（2）选择上一步创建的正六边形为拉伸曲线。

（3）在"指定矢量"下拉列表中选择"ZC"轴作为拉伸方向。

（4）在限制栏中的开始"距离"和结束"距离"中分别输入0、6.4，单击"确定"完成拉伸。生成的正六棱柱如图9-58所示。

图9-57　"拉伸"对话框

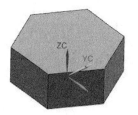

图9-58　生成的六棱柱

**4．创建圆柱**

（1）执行"菜单"→"插入"→"设计特征"→"圆柱"命令，或单击"主页"选项卡"特征"面组中的 （圆柱）按钮，弹出如图9-59所示的"圆柱"对话框。

（2）在对话框中选择"轴、直径和高度"选项。

（3）在"指定矢量"下拉列表中选择"ZC"轴作为圆柱体的轴向。

（4）在"直径"和"高度"选项中分别输入18、6.4，单击"确定"按钮。生成的圆柱体如图9-60所示。

图9-59　"圆柱"对话框

图9-60　圆柱体

5．创建倒斜角

（1）执行"菜单"→"插入"→"细节特征"→"倒斜角"命令，或单击"主页"选项卡"特征"面组中的 ◇ （倒斜角）按钮，弹出"倒斜角"对话框，如图9-61所示。

（2）在对话框"横截面"下拉列表中选择"对称"，输入"距离"为1.5。

（3）选择如图9-62所示的圆柱体的底边，单击"确定"，最后结果如图9-63所示。

图9-61 "倒斜角"对话框

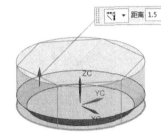

图9-62 选择倒角边

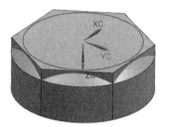

图9-63 倒斜角

6．相交

（1）执行"菜单"→"插入"→"组合"→"相交"命令，或单击"主页"选项卡"特征"面组上的 ◊ （相交）按钮，系统弹出"相交"对话框，如图9-64所示。

（2）选择圆柱体为目标体。

（3）选择拉伸体为工具体，单击"确定"按钮，完成相交运算。最后结果如图9-65所示。

图9-64 "相交"对话框

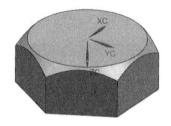

图9-65 螺帽

7．创建凸起

（1）执行"菜单"→"插入"→"设计特征"→"凸起"命令，或单击"主页"选项卡，选择"特征"面组"设计特征"库中的（凸起）◈按钮，系统弹出"凸起"对话框，如图9-66所示。

（2）单击"绘制截面" ▨ 按钮，弹出"创建草图"对话框，在"平面方法"下拉列表中选择"新平面"，选择六棱柱的上表面为新平面，在"参考"下拉列表中选择"水平"，在"指定矢量"下拉列表中选择"XC"轴，单击"确定"按钮，进入草图绘制界面，绘制如图9-67所示的草图，单击"主页"选项卡"草图"面组中的 ▨ （完成）按钮，返回到"凸起"对话框。

（3）选择六棱柱的上表面为要凸起的面，在"指定矢量"下拉列表中选择"ZC"轴，在"距离"文本框中输入35，单击"确定"按钮，生成模型如图9-68所示。

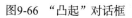

图9-66　"凸起"对话框

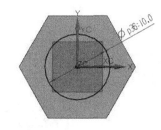

图9-67　绘制草图

图9-68　生成模型

8．创建倒斜角

（1）执行"菜单"→"插入"→"细节特征"→"倒斜角"命令，或单击"主页"选项卡"特征"面组中的（倒斜角）按钮，弹出"倒斜角"对话框。

（2）在对话框"横截面"下拉列表中选择"对称"，输入"距离"为1。

（3）选择凸起的顶边，如图9-69所示，单击"确定"按钮，最后结果如图9-70所示。

图9-69　选择倒角边

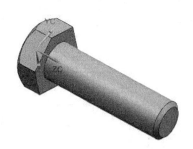

图9-70　生成模型

9．创建螺纹

（1）执行"菜单"→"插入"→"设计特征"→"螺纹"命令，或单击"主页"选项卡"特征"面组中的（螺纹刀）按钮，系统弹出如图9-71所示的"螺纹切削"对话框。

（2）选择螺纹类型为"符号"类型。

（3）选择如图9-72所示的圆柱面作为螺纹的生成面。

（4）系统弹出如图9-73所示的对话框，选择刚刚经过倒角的圆柱体的上表面作为螺纹的开始面。

图9-71 "螺纹"对话框

图9-72 螺纹的生成面

图9-73 选择螺纹开始面

（5）系统弹出的如图9-74所示的对话框，选择"螺纹轴反向"按钮。

（6）系统再次弹出"螺纹切削"对话框，将螺纹长度改为26，其他参数不变，单击"确定"生成符号螺纹。

符号螺纹并不生成真正的螺纹，而只是在所选圆柱面上建立虚线圆，如图9-75所示。

如果选择"详细"的螺纹类型，其操作方法与"符号"螺纹类型操作方法相同，生成的详细螺纹如图9-76所示，但是生成详细螺纹会影响系统的显示性能和操作性能，所以一般不生成详细螺纹。

图9-74 螺纹反向

图9-75 符号螺纹　　图9-76 详细螺纹

（7）保存文件。

10．另存为

将零件另存为文件名为"luoshuanM10×35"的零件。进入建模模式。

11．删除螺纹

用鼠标右键单击螺纹特征，弹出快捷菜单，选择其中的"删除"命令，将螺纹特征删除。

12．修改倒角

（1）用鼠标右键单击"倒斜角"特征，弹出快捷菜单，选择其中的"编辑参数"命令，弹出如图9-77所示的"倒斜角"对话框。

图9-77　"倒斜角"对话框

（2）在"横截面"下拉列表中选择"非对称"，重新设置倒角第一偏置值为1.585，第二偏置值保持不变。单击"确定"按钮，完成倒角的修改。

13．添加螺纹特征

（1）执行"菜单"→"插入"→"设计特征"→"螺纹"命令，或单击"主页"选项卡"特征"面组中的 （螺纹刀）按钮。弹出"螺纹切削"对话框如图9-78所示。

（2）选择"详细"单选按钮，用鼠标选择凸起柱面，如图9-79所示。

（3）选择经过倒角的圆柱体的上表面作为螺纹的开始面，弹出"螺纹切削"对话框，单击"螺纹轴反向"按钮，返回到"螺纹切削"对话框。

（4）将对话框中的"长度"文本框中输入26，其他参数保持默认值。单击"确定"按钮，结果如图9-55所示。

图9-78　"螺纹切削"对话框

图9-79　选择凸起柱面

# 第 10 章

# 曲面功能

☞ **本章导读**

　　UG中不仅提供了基本的特征建模模块，同时提供了强大的自由曲面特征建模及相应的编辑和操作功能。UG中提供了20多种自由曲面造型的创建方式，用户可以利用它们完成各种复杂曲面及非规则实体的创建，以及相关的编辑工作。强大的自由曲面功能是UG众多模块功能中的亮点之一。

**内容要点**

　　● 自由曲面创建

　　● 自由曲面编辑

# 10.1 自由曲面创建

本节中主要介绍最基本的曲面命令，即通过点和曲线构建曲面。再进一步介绍由曲面创建曲面的命令功能，掌握最基本的曲面造型方法。

## 10.1.1　通过点或极点构建曲面

执行"菜单"→"插入"→"曲面"→"通过点"命令，或"菜单"→"插入"→"曲面"→"从极点"命令，或单击"曲面"选项卡"曲面"面组"更多"库中的 （通过点）按钮或 （从极点）按钮，系统会弹出如图10-1所示的对话框。

（1）"通过点"命令可以定义体将通过的点的矩形阵列。体插补每个指定点。使用这个选项，可以很好地控制体，使它总是通过指定的点。

图10-1　"通过点"对话框

（2）"从极点"命令可以指定点为定义片体外形的控制网的极点（顶点）。使用极点可以更好地控制体的全局外形和字符，也可以更好地避免片体中不必要的波动（曲率的反向），如图10-2所示。

"通过点"和"从极点"对话框中的选项相同，各选项功能如下。

1）"补片类型"：该选项用于指定生成单面片或多面片的体（如图10-3所示）。

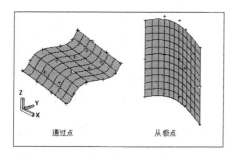

图10-2　"通过点"和"从极点"示意图

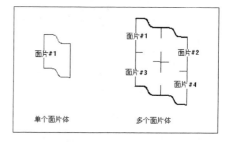

图10-3　"补片类型"示意图

① "单侧"：生成仅由一个面片组成的体。

② "多个"：生成由单面片矩形阵列组成的体。

2）"沿以下方向封闭"：该选项可以使用下列选项中一种方式来封闭一个多面片体。

① "两者皆否"：片体以指定的点开始和结束（如图10-4所示）。

② "行"：点/极点的第一列变成最后一列（如图10-5所示）。

③ "列"：点/极点的第一行变成最后一行。

④ "两者皆是"：在两个方向（行和列）上封闭体。

如果选择在两个方向上封闭体，或在一个方向上封闭体而另一个方向的端点是平的，则生成实体。

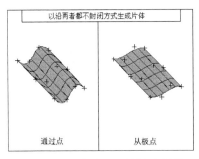

图10-4 "两者皆否"封闭示意图

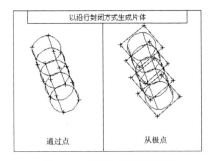

图10-5 "行"封闭示意图

3）"行次数"：即 $U$ 向，可以为多面片指定行次数（1～24），其默认值为3。对于单面片来说，系统决定行次数从点数最高的行开始，如图10-6所示。

4）"列次数"：即 $V$ 向，可以为多面片指定列次数（最多为指定行的次数减一），其默认值为3，如图10-7所示。对于单面片来说，系统将此设置为指定行的次数减一。

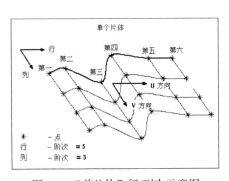

图10-6 "单片体"行/列次示意图

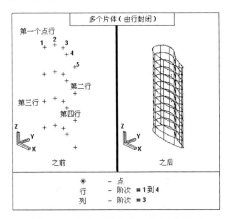

图10-7 "多片体"行/列次示意图

5）"文件中的点"：可以通过选择包含点的文件来定义这些点。有三种点文件类型：一系列点、带有切矢和曲率的一系列点和点行。不考虑文件的类型，文件的点格式有几条一般规则。

① 用每行一个点格式化点数据。这一行由 $XYZ$ 坐标组成，用制表符或空格分开。有些功能接受附加数据，这些附加数据在同一行上的坐标信息之后。

② 所有的输入文件都是简单的文本文件。

③ 忽略空行。

④ 可以用磅符号（#）来标记注释的开始。可以将磅符号放在行的任何地方。当遇到磅符号时，忽略这一行剩下的部分。

⑤ 一旦从一行中读取了最大数量的值，就可以忽略这一行剩下的部分。

⑥ 最大的行长度是132个字符。如果一行多于132个字符，则将其截断。

每个点在单独行上用它的 $XYZ$ 坐标来描述，用制表符或空格分开，如图11-8所示。

6）当用户完成"通过点"或"从极点"对话框设置后，系统会弹出如图10-9所示选取点信息的对话框，用户可利用该对话框选取定义点，但该对话框选项仅用于根据点定义的命令中。对话框各选项功能介绍如下。

①"全部成链"：该选项用于链接窗口中已存在的定义点，但点与点之间需要一定的距离。它用来定义起点与终点，获取起点与终点之间链接的点。

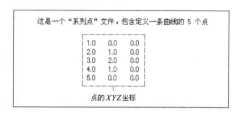

图10-8　"文件的点"示意图

图10-9　"过点"对话框

②"在矩形内的对象成链"：该选项用于通过拖动鼠标定义矩形方框来选取定义点，并链接矩形方框内的点。

③"在多边形内的对象成链"：该选项用于通过鼠标来定义多边形方框来选取定义点，并链接多边形方框内的点。

④"点构造器"：该选项通过点构造器来选取定义点的位置。每指定一行点后，系统都会用对话框提示"是"或"否"确定当前定义点。

## 10.1.2　直纹面

执行"菜单"→"插入"→"网格曲面"→"直纹"命令，或单击"曲面"选项卡"曲面"面组中的（直纹）按钮，系统会弹出如图10-10所示的对话框。

该选项是"通过曲线"选项的特殊情况。"直纹"选项生成通过两条曲线轮廓线的直纹体（片体或实体），如图10-11所示。曲线轮廓线称为截面线串。

图10-10　"直纹面"对话框

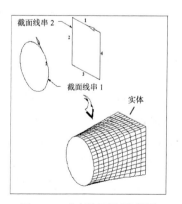

图10-11　"直纹面"示意图

截面线串可以由单个或多个对象组成。每个对象可以是曲线、实边或实面，也可以选择曲线的点或端点作为两个截面线串中的第一个截面线串。

"直线"对话框相关选项功能如下。

（1）"截面线串1"：用于选择第一条截面线串。

（2）"截面线串2"：用于选择第二条截面线串。

要注意的是在选取截面线串1和截面线串2时两组线串的方向要一致，如果两组截面线串的方向相反，则生成的曲面是扭曲的。

（3）"对齐"：通过直纹面来构建片体需要在两组截面线上确定对应点后用直线将对应点连接起来，这样一个曲面就形成了。因此调整方式选取的不同改变了截面线串上对应点分布的情况，从而调整了构建的片体。在选取线串后可以进行调整方式的设置如图10-12所示。调整方式有参数和根据点两种方式。

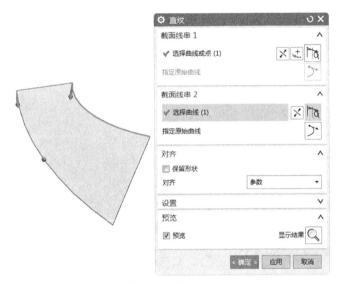

图10-12　调整方式

1）"参数"：在构建曲面特征时，两条截面曲线上所对应的点是根据截面曲线的参数方程进行计算的；两组截面曲线对应的直线部分，是根据等距离来划分连接点的；两组截面曲线对应的曲线部分，是根据等角度来划分连接点的。选用"参数"方式并选取如图10-13中所显示的截面曲线来构建曲面，首先设置栅格线，栅格线主要用于曲面的显示，栅格线也称为等参数曲线，执行"菜单"→"首选项"→"建模"命令，系统弹出如图10-14所示的"建模首选项"对话框，把网格线中的"$U$"和"$V$"设置为6，这样构建的曲面将会显示出网格线。选取线串后，调整方式设置为"参数"，单击"确定"或"应用"按钮，生成的片体如图10-15所示，直线部分是根据等弧长来划分连接点的，而曲线部分是根据等角度来划分连接

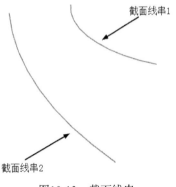

图10-13　截面线串

点的。

图10-14　"建模首选项"对话框

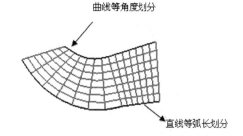

图10-15　"参数"调整方式构建曲面

如果选取的截面对象都为封闭曲线，则生成的结果是实体，如图10-16所示。

2）"根据点"：在两组截面线串上选取对应的点（同一点允许重复选取）作为强制的对应点，选取的顺序决定着片体的路径走向。一般在截面线串中含有角点时选择应用"根据点"方式。

（4）"公差"：该选项用于设置公差值。

"G0（位置）"选项指距离公差，可用来设置

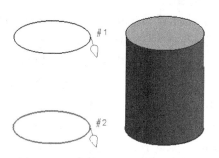

图10-16　"参数"调整方式构建曲面

选取的截面曲线与生成的片体之间的误差值。设置值为零时，将会完全沿着所选取的截面曲线构建片体。

## 10.1.3　通过曲线组

执行"菜单"→"插入"→"网格曲面"→"通过曲线组"命令，或单击"曲面"选项卡"曲面"面组中的 （通过曲线组）按钮，系统会弹出如图10-17所示的对话框。

该选项让用户通过同一方向上的一组曲线轮廓线生成一个体，如图10-18所示。这些曲线轮廓称为截面线串。用户选择的截面线串定义体的行。截面线串可以由单个对象或多个对象组成。每个对象可以是曲线、实边或实面。

图10-17 "通过曲线组"对话框

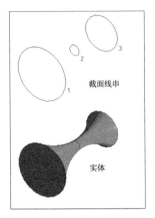

图10-18 "通过曲线组"构造实体示意图

"通过曲线组"对话框相关选项功能如下。

1. 截面

（1）选择曲线或点：单击该图标选取截面线串。选择第一组截面曲线后，添加新设置被激活，单击鼠标中键或单击 ✦ （添加新集）图标将进行下一个对象的选取。

（2）列表：选中并确定的截面线串以列表的形式在"列表"框中显示出来，如图10-19所示。单击 ✕ 按钮可以删除已存在于"列表"框中的截面线串，单击 ⬆ 按钮可以向上移动"列表"框中已经存在的截面线串的选择次序，单击 ⬇ 按钮可以向下移动"列表"框中已经存在的截面线串的选择次序。

图10-19 "截面"设置

2. 连续性

通过这个选项可以设置首尾的接触约束，目的在于可以使生成的曲面与已经存在的曲面作为首尾截面线串保持一定的约束关系，设置对话框如图10-20所示。

（1）约束关系包括位置、相切和曲率3个选项。

1）G0（位置）：截面线串与已经存在的曲面无约束关系，生成的曲面在公差范围内要严格沿着截面线串。

图10-20 "连续性"设置对话框

2）G1（相切）：选取的第一截面线串（最后截面线串）与指定的曲面相切，且生成的曲面与指定的曲面的切线斜率连续。

3）G2（曲率）：选取的第一截面线串（最后截面线串）与指定的曲面相切，且生成的曲面与指定的曲面的曲率连续。

（2）流向：指定约束边界的切向方向，有未指定、等参数和垂直三种。

**3．对齐**

通过对齐方式选取的不同来改变截面线串上对应点的分布，从而调整了构建的曲面。在设置截面线串后可以进行对齐方式的设置如图10-21所示。调整方式包括7种方式。

图10-21 "对齐"设置对话框

（1）参数：截面曲线上所对应的点是根据截面曲线的参数方程来进行划分的。划分时使用截面曲线的全长。

（2）弧长：截面线串上建立的连接点在截面线串上的分布和间隔方式是根据等弧长方式建立的。

（3）根据点：根据点方式用于不同形状的截面线串的对齐，特别是截面线串具有尖角或有不同截面形状时，应该采用根据点方式，如果截面线串都为封闭曲线，那么构建的结果是实体，如图10-22所示。该对齐方法可以使用零公差，表明点与点之间的精确对齐。选点时应该注意按照同一方向与次序选择，并且在所有的截面线串上均需要有相应的对应点。起点和终点不能用于对齐，系统会自动对齐。

（4）距离：沿每个截面线串，在规定方向等距离间隔点，结果是所有等参数曲线将位于正交于规定矢量的平面中，如图10-23所示。

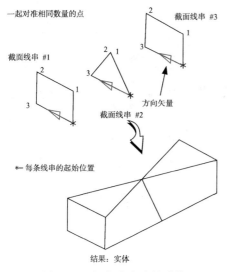

图10-22 根据点方式构建体

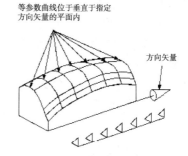

图10-23 距离方式构建曲面

（5）角度：沿每个截面线串，绕一规定的轴线等角度间隔点，结果是所有等参数曲线将位于含有该轴线的平面中，如图10-24所示。

（6）脊线：脊线对齐点放在选择的曲线和正交于输入曲线的平面的交点上。最终体的范围基于这个脊线的界限。

（7）根据段：利用点和对输入曲线的相切值建立曲面，要求新建曲面通过定义输入曲线的点而不是曲线本身。

### 4．输出曲面选项

输出曲面选项包括补片类型、*V*向封闭、垂直于终止截面和构造4项，如图10-25所示。

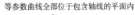

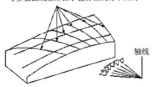

图10-24　角度方式构建曲面　　　　　　图10-25　输出曲面选项设置

（1）补片类型：设置将产生片体的偏移面类型，有3个选项即单个、多个和匹配线串。如果采用单个补片，系统自动计算*V*方向的次数，其数值等于截面线数量减去1；如果采用多个补片，用户可以自己定义*V*方向的次数，但所选择的截面线数量至少比*V*方向的次数多一组。建议采用多补片，次数为3次的特征类型。

（2）*V*向封闭：当选取该选项时，片体沿列（*V*方向）闭合。

（3）垂直于终止截面：此选项只有在选择多个片体时才可以选取。

（4）构造：设置生成的曲面符合各条曲线的程度。包括法向、样条点和简单孔3个选项。

### 5．设置

此对话框用来设置次数、公差值等选项，如图10-26所示。

（1）次数：设置*V*方向上曲面的次数。所生成的片体或实体沿*V*方向（垂直于截面线方向）的次数取决于补片类型和所选择的截面线的数量。

如果采用单补片，系统自动计算*V*方向的次数，其数值等于截面线数量减去1。

如果采用多补片，用户可以自己定义*V*方向的次数，但所选择的截面线数量至少比*V*方向的次数多一组。建议采用多补片，次数为3次的特征类型。

图10-26　"设置"对话框

（2）公差：指距离公差，可用来设置选取的截面曲线与生成的片体之间的误差值。设置值为零时，将会完全沿着所选取的截面曲线构建片体。

## 10.1.4　通过曲线网格

执行"菜单"→"插入"→"网格曲面"→"通过曲线网格"命令，或者单击"曲面"选项卡"曲面"面组中的 （通过曲线网格）按钮，系统会弹出如图10-27所示的对话框。

该选项让用户从沿着两个不同方向的一组现有的曲线轮廓（称为线串）上生成体，如图10-28所示。生成的曲线网格体是双三次多项式的。这意味着它在*U*向和*V*向的次数都是三次的（次数为3）。该选项只在主线串对和交叉线串对不相交时才有意义。如果线串不相交，生成的体会通过主线串或交叉线串，或两者均分。

"通过曲线网格"对话框相关选项功能如下。

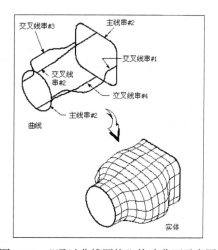

图10-27　"通过曲线网格"对话框　　　　图10-28　"通过曲线网格"构造曲面示意图

**1．主曲线**

创建网格曲面时，将选择第一组同方向的截面线串定义为主曲线。

（1）"选择曲线或点"：单击该图标 ✱ 选择曲线或点 (0) 选取主线串。选择主线串1（或点）后，添加新设置被激活，单击鼠标中键或单击"添加新集"图标 ✤，出现方向箭头，将进行下一个对象的选取。同理按顺序依次选择其他主线串，最后单击鼠标中键，结束主线串的选择。

（2）"列表"：选中并确定的主线串以列表的形式在"列表"框中显示出来。单击 ✖ 按钮可以删除已存在于"列表"框中的主线串，单击 ⬆ 按钮可以向上移动"列表"框中已经存在的主线串的选择次序，单击 ⬇ 按钮可以向下移动"列表"框中已经存在的主线串的选择次序。

**2．交叉曲线**

创建网格曲面时，选择主曲线后，另一组大致垂直于主曲线的截面线串则成为交叉曲线。

（1）"选择曲线"：单击该图标 ✱ 选择曲线 (0) 选取交叉线串。选择交叉线串1（或点）后，添加新设置被激活，单击鼠标中键或单击"添加新集"图标 ✤，出现方向箭头，将进行下一个对象的选取。同理按顺序依次选择其他交叉线串，最后单击鼠标中键，结束交叉线串的选择。

（2）"列表"：选中并确定的交叉曲线以列表的形式在"列表"框中显示出来。单击 ✖ 按钮可以删除已存在于"列表"框中的交叉线串，单击 ⬆ 按钮可以向上移动"列表"框中已经存在的交叉线串的选择次序，单击 ⬇ 按钮可以向下移动"列表"框中已经存在的交叉线串的选择次序。

3．连续性

通过这个选项用户可以对所要生成的片体或实体定义边界约束条件，以使它在起始或最后的主曲线、交叉曲线处与一个或多个被选择的体表面相切或等曲率过渡。

约束关系包括3个选项。

（1）"G0（位置）"：线串与已经存在的曲面无约束关系，生成的曲面在公差范围内要严格沿着主线串或交叉线串。

（2）"G1（相切）"：选取的线串与指定的曲面相切，且生成的曲面与指定的曲面的切线斜率连续。

（3）"G2（曲率）"：选取的线串与指定的曲面相切，且生成的曲面与指定曲面的曲率连续。

4．输出曲面选项

（1）"着重"：着重选项只有在主曲线与交叉曲线不相交时才有意义。此时，着重不同，则构造的曲面通过的位置不同。其中有3个选项。

1）"两者皆是"：构造的曲面通过主曲线和交叉曲线中间。

2）"主线串"：构造的曲面通过主线串。

3）"交叉线串"：构造的曲面通过交叉线串。

（2）"构造"：用来设置构建的曲面符合各截面线串的程度，有3个选项。

1）"法向"：利用标准程序构造曲线网格体。采用这种方法生成的曲面具有很高的精度，构建的曲面包含较多的补片。

2）"样条点"：利用输入曲线的定义点和该点的斜率值来构造曲面。要求所有主曲线和交叉曲线必须使用单根B-样条曲线，并且要求具有相同数量的定义点。

3）"简单"：构造尽可能简单的曲面。采用这种方法生成的曲面包含较少的补片。

5．设置

（1）"重新构建"：可以通过重新定义主曲线或交叉曲线的次数和节点数来构建光滑曲面。其中有3个选项。

1）"无"：不用重构主曲线和交叉曲线。

2）"次数和公差"：通过手工选取主曲线或交叉曲线来替换原来的曲线，并为构建的曲面指定 $U$ 向次数或 $V$ 向次数，节点数会依据G0、G1、G2的公差值按需要插入。

3）"自动拟合"：通过指定最小次数和分段数来重新构建曲面，系统会自动尝试利用最小次数来重新构建曲面。如果还不满足要求，则会再利用分段数来重新构建曲面。

（2）"公差"：通过曲线网格构造特征时，主曲线和交叉曲线可以不相交，交点公差用于检查两组曲线间的距离。如果主曲线和交叉曲线不相交，两组曲线间的最大距离必须小于交点公差，否则系统报错。

## 10.1.5  扫掠

执行"菜单"→"插入"→"扫掠"→"扫掠"命令，或单击"曲面"选项卡"曲面"面组中的 （扫掠）按钮，系统会弹出如图10-29所示的对话框。

使用扫掠命令可通过沿一条、两条或三条引导线串扫掠一个或多个截面来创建实体或片体，如图10-30所示。

引导线串在扫掠方向上控制着扫掠体的方向和比例。引导线串可以由单个或多个分段组成，每个分段可以是曲线、实体边或实体面。每条引导线串的所有对象必须光顺而且连续。必须提供一条、两条或三条引导线串。截面线串不必光顺，而且每条截面线串内的对象的数量可以不同。可以输入从1到150的任何数量的截面线串。

如果所有选定的引导线串形成封闭循环，则第一条截面线串可以作为最后一条截面线串重新选定。

图10-29　"扫掠"对话框

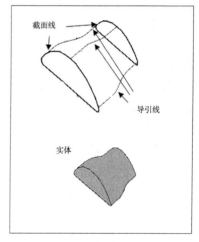

图10-30　"扫掠"示意图

上述对话框部分选项功能如下。

1．截面

截面线可以由单段或多段曲线组成。截面线可以是曲线，也可以是实（片）体的边或面。截面线的数量范围为1～150。在扫描特征中，截面线方位决定了 $V$ 方向。

（1）"选择曲线"：单击该图标 ✱ 选择曲线 (0)　　　　选取截面线串。选择截面1后，添加新设置被激活，单击鼠标中键或单击"添加新集"图标 ✦，出现方向箭头，将进行下一个对象的选取。同理按顺序依次选择其他截面线串，最后单击鼠标中键，结束截面线串的选择。

（2）"列表"：选中并确定的截面线串以列表的形式在"列表"框中显示出来。单击 ✕ 按钮可以删除已存在于"列表"框中的截面线串，单击 按钮可以向上移动"列表"框中已经存在的截面线串的选择次序，单击 按钮可以向下移动"列表"框中已经存在的截面线串的选择次序。

2．引导线

引导线控制扫描特征沿着V方向（扫描方向）的方位和尺寸大小。注意，引导线可以由单段或多段曲线组成，组成每条引导线的所有曲线段之间必须相切过渡。引导线数量范围为1~3。

（1）"选择曲线"：单击该图标 ✱ 选择曲线 (0)　　　　　选取引导线串。选择引导线1后，添加新设置被激活，单击鼠标中键或单击"添加新集"图标 ，出现方向箭头，将进行下一个对象的选取。同理按顺序依次选择其他引导线串，最后单击鼠标中键，结束引导线串的选择。

（2）"列表"：选中并确定的引导线串以列表的形式在"列表"框中显示出来。单击 按钮可以删除已存在于"列表"框中的引导线串，单击 按钮可以向上移动"列表"框中已经存在的引导线串的选择次序，单击 按钮可以向下移动"列表"框中已经存在的引导线串的选择次序。

3．脊线

脊线可以进一步控制截面线的扫掠方向。当使用一条截面线时，脊线会影响扫掠的长度。当脊线垂直于每条截面线时，使用效果更好。

使用脊线扫掠时，系统在脊线上每个点构造一个平面，称为截平面，此平面垂直于脊线在该点的切线，如图10-31所示。然后，系统求出截平面与引导线的交点，这些交点用于产生控制方向和收缩比例的矢量轴。一般情况下不建议采用脊线，除非由于引导线的不均匀参数化而导致扫描体形状不理想，才使用脊线。

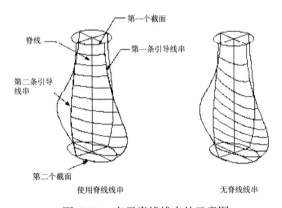

图10-31　有无脊线线串的示意图

4．截面选项

（1）"定向方法"：在构造扫掠特征时，若只使用一条引导线，需要进一步控制截面线在沿引导线扫掠时的方位。其中有7个选项。

1）"固定"：无须指明任何方向，截面线串保持固定的方位沿引导线串平移扫描。

2）"面的法向"：截面线串沿引导线串扫掠时的第二个方向与所选择的面法向相同。

3）"矢量方向"：扫掠时截面线串变化的第二个方向与所选择的矢量方向相同，此矢量决不能与引导线串相切。

4）"另一曲线"：用另一条曲线或体边界来控制截面线串的方位。扫掠时截面线串变化的第二个方向由引导线串与另一条曲线各对应点之间的连线的方向来控制（好像用两条线作了一个直纹面）。

5）"一个点"：这个方法与"另一曲线"功能相似，这时两条曲线之间的直纹面被引导线串与点之间的直纹面所替代。这个方法仅适用于创建三边扫掠体的情况，这时截面线串的一个端点占据一固定位置，另一个端点沿引导线串滑行。

6）"强制方向"：使用一个矢量方向来固定扫掠的第二个方向，截面线串在一系列平行平面内沿引导线串扫掠，使用该选项可以在小曲率的引导线串扫掠时防止相交。

7）"角度规律"：用于通过规律子函数来定义方位的控制规律。仅可用于一个截面线串的扫掠。

（2）"缩放方法"：在构造扫掠特征使用一条引导线时，截面线在沿引导线扫掠时可以进行比例控制。缩放有多个选项。

1）"恒定"：扫掠特征沿着整个引导线串采用一致的比例放大或缩小。截面线串首先相对于引导线串的起始点进行缩放，然后扫掠。

2）"倒圆功能"：先定义起始和终止截面线串的缩放比例，中间的缩放比例是按线性或三次函数变化规律来获得。

3）"面积规律"：该选项使用规律子功能控制扫掠体的截面面积的变化。截面线用于定义截面形状，截面线必须是封闭形状。

4）"均匀"：在横向和竖向两个方向缩放截面线串，在使用两条引导线时选项可用。

## 10.1.6　截面

执行"菜单"→"插入"→"扫掠"→"截面"命令，或单击"曲面"选项卡"曲面"面组中的 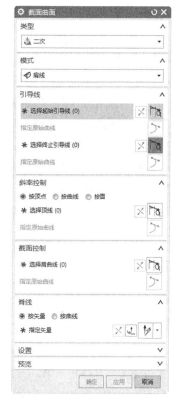（截面曲面）按钮，系统会弹出如图10-32所示的对话框。

该选项通过使用二次构造技巧定义的截面来构造体。截面自由形式特征作为位于预先描述平面内的截面曲线的无限族，开始和终止通过某些选定控制曲线。另外，系统从控制曲线直接获取二次端点切矢，并且使用连续的二维二次外形参数沿体改变截面的整个外形。

为符合工业标准并且便于数据传递，"截面"选项产生带有B曲面的体作为输出。

"截面曲面"对话框部分选项功能如下。

（1）"类型"：可选择二次、圆形、三次和线性。

（2）"模式"：根据选择的类型所列出的各个模态。若类型为"二次曲线"，其模式包括肩线、Rho、高亮显示、四点-斜率和五点；若类型为"圆形"，其模式包括三点、两点-半径、两点-斜率、半径-角度-圆弧、中心半径和相切半径等；若类型为"三次"，其模式包括两个斜率和圆角-桥接。

（3）"引导线"：指定起始和结束位置，在某些情况下，指定截面曲面的内部形状。

图10-32　"截面曲面"对话框

（4）"斜率控制"：控制来自起始边或终止边的任一者或两者、单一顶线，或者起始面和终止面的截面曲面的形状。

（5）"截面控制"：控制在截面曲面中定义截面的方式。根据选择的类型，这些选项可以在选择的曲线、边或面之间变化。

（6）"脊线"：控制已计算剖切平面的方位。

（7）"设置"：用于控制U方向上的截面形状，设置重新构建和公差选项，以及创建顶线。

各选项部分组合功能如下。

1）"二次-肩线-按顶线"：可以使用这个选项生成起始于第1条选定曲线，通过一条称为肩曲线的内部曲线并且终止于第3条选定曲线的截面自由形式特征。每个端点的斜率由选定顶线定义，如图10-33所示。

2）"二次-肩线-按曲线"：该选项可以生成起始于第1条选定曲线，通过一条内部曲线（称为肩曲线）并且终止于第3条曲线的截面自由形式特征。切矢在起始点和终止点由两个不相关的切矢控制曲线定义，如图10-34所示。

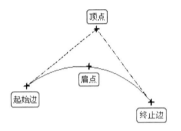

图10-33 "二次-肩线-按顶线"示意图

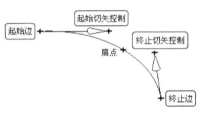

图10-34 "二次-肩线-按曲线"示意图

3）"二次-肩线-按面"：可以使用这个选项生成截面自由形式特征，该特征在分别位于两个体上的两条曲线间形成光顺的圆角。体起始于第1条选定曲线，与第一个选定体相切，终止于第2条曲线，与第二个体相切，并且通过肩曲线，如图10-35所示。

4）"圆形-三点"：该选项可以通过选择起始边曲线、内部曲线、终止边曲线和脊线曲线来生成截面自由形式特征。片体的截面是圆弧，如图10-36所示。

5）"二次-Rho-按顶线"：可以使用这个选项来生成起始于第1条选定曲线并且终止于第2条曲线的截面自由形式特征。每个端点的切矢由选定的顶线定义。每个二次截面的完整性由相应的Rho值控制，如图10-37所示。

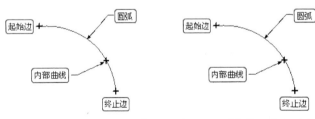

图10-35 "二次-肩线-按面"示意图　图10-36 "圆形-三点"示意图

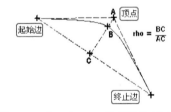

图10-37 "二次-Rho-按顶线"示意图

6）"二次-Rho-按曲线"：该选项可以生成起始于第1条选定边曲线并且终止于第2条边曲线的截面自由形式特征。切矢在起始点和终止点由两个不相关的切矢控制曲线定义。每个二次截面的完整性由相应的Rho值控制，如图10-38所示。

7）"二次-Rho-按面"：可以使用这个选项生成截面自由形式特征，该特征在分别位于两个体上的两条曲线间形成光顺的圆角。每个二次截面的完整性由相应的rho值控制，如图10-39所示。

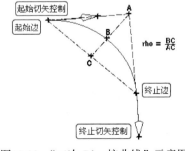

图10-38 "二次-Rho-按曲线"示意图

8）"圆形-两点-半径"：该选项生成带有指定半径圆弧截面的体。对于脊线方向，从第1条选定曲线到第2条选定曲线以逆时针方向生成体。半径至少是每个截面的起始边与终止边之间距离的一半，如图10-40所示。

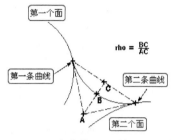

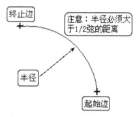

图10-39　"二次曲线-Rho-按面"示意图　　　　图10-40　"圆形-两点-半径"示意图

9）"二次-高亮显示-按顶线"：该选项可以生成带有起始于第1条选定曲线并终止于第2条曲线而且与指定直线相切的二次截面的体。每个端点的切矢由选定顶线定义，如图10-41所示。

10）"二次-高亮显示-按曲线"：该选项可以生成带有起始于第1条选定边曲线并终止于第2条边曲线而且与指定直线相切的二次截面的体。切矢在起始点和终止点由两个不相关的切矢控制曲线定义，如图10-42所示。

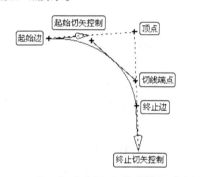

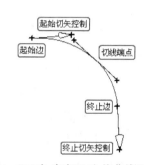

图10-41　"二次-高亮显示-按顶线"示意图　　　图10-42　"二次-高亮显示-按曲线"示意图

11）"二次-高亮显示-按面"：可以使用这个选项生成带有在分别位于两个体上的两条曲线之间构成光顺圆角并与指定直线相切的二次截面的体，如图10-43所示。

12）"圆形-两点-斜率"：该选项可以生成起始于第1条选定边曲线并且终止于第2条边曲线的截面自由形式特征。切矢在起始处由选定的控制曲线决定。片体的截面是圆弧，如图10-44所示。

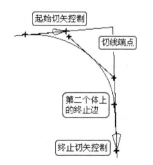

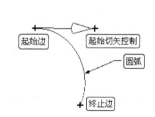

图10-43　"二次-高亮显示-按面"示意图　　　　图10-44　"圆形-两点-斜率"示意图

13）"二次-四点斜率"：该选项可以生成起始于第一条选定曲线，通过两条内部曲线并且终止于第四条曲线的截面自由形式特征，也选择定义起始切矢控制曲线，如图10-45所示。

14）"三次-两个斜率"：该选项生成带有截面的S形的体，该截面在两条选定边曲线之间构成光顺的三次圆角。切矢在起始点和终止点由两个不相关的切矢控制曲线定义，如图10-46所示。

图10-45 "二次-四点斜率"示意图　　　　图10-46 "三次-两个斜率"示意图

15）"三次-圆角-桥接"：该选项生成一个体，该体带有在位于两组面上的两条曲线之间构成桥接的截面，如图10-47所示。

16）"圆形-半径/角度/圆弧"：该选项可以通过在选定边、相切面、体的曲率半径和体的张角上定义起始点来生成带有圆弧截面的体。角度可以在-170°～0°，或0°～170°变化，但是禁止通过零。半径必须大于零。曲面的默认位置在面法向的方向上，或者可以将曲面反向到相切面的反方向，如图10-48所示。

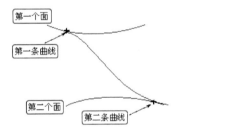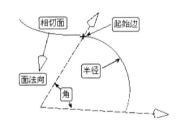

图10-47 "三次-圆角-桥接"示意图　　　　图10-48 "圆形-半径/角度/圆弧"示意图

17）"二次-五点"：该选项可以使用5条已有曲线作为控制曲线来生成截面自由形式特征。体起始于第一条选定曲线，通过3条选定的内部控制曲线，并且终止于第5条选定的曲线，而且提示选择脊线曲线。5条控制曲线必须完全不同，但是脊线曲线可以为先前选定的控制曲线，如图10-49所示。

18）"线性"：该选项可以生成与一个或多个面相切的线性截面曲面。选择其相切面、起始曲面和脊线来生成这个曲面，如图10-50所示。

图10-49 "二次-五点"示意图　　　　图10-50 "线性"示意图

19）"圆形-相切半径"：该选项可以生成与面相切的圆弧截面曲面。通过选择其相切面、起始曲线和脊线并定义曲面的半径来生成这个曲面，如图10-51所示。

20）"圆形-中心-半径"：可以使用这个选项生成整圆截面曲面。选择引导线串、可选方向线串和脊线来生成圆截面曲面，然后定义曲面的半径，如图10-52所示。

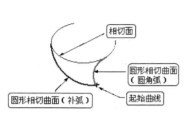

图10-51　"圆形-相切半径"示意图

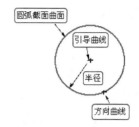

图10-52　"圆形-中心-半径"示意图

## 10.1.7　延伸

执行"菜单"→"插入"→"弯边曲面"→"延伸"命令，或单击"曲面"选项卡"曲面"面组中的 （延伸曲面）按钮，系统会弹出如图10-53所示的对话框。

图10-53　"延伸曲面"对话框

该选项让用户从现有的基片体上生成切向延伸片体、曲面法向延伸片体、角度控制的延伸片体或圆弧控制的延伸片体。

"延伸曲面"对话框部分选项功能如下。

（1）"边"：选择要延伸的边后，选择延伸方法并输入延伸的长度或百分比延伸曲面。

（2）"方法"：参数设置包括"相切"和"圆弧"两种。

1）"相切"：让用户生成相切于面、边或拐角的体。切向延伸通常是相邻于现有基面的边或拐角而生成，这是一种扩展基面的方法。这两个体在相应的点处拥有公共的切面，因而，它们之间的过渡是平滑的，如图10-54所示。

可以为延伸的长度指定一个"固定长度"或"百分比"值。如果选择把长度指定为百分比，则可以选择"边界延伸"或"拐角延伸"。

2）"圆弧"：让用户从光顺曲面的边上生成一个圆弧的延伸。该延伸沿着选定边的曲率半径。可以为圆弧延伸的长度指定"固定长度"或"百分比"值。

要生成圆弧的边界延伸，选定的基曲线必须是面的未裁剪的边。延伸的曲面边的长度不能大于任何由原始曲面边的曲率确定半径的区域的整圆的长度，如图10-55所示。

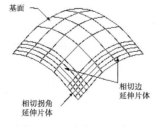

图10-54　"相切"示意图

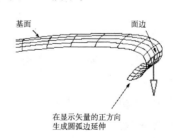

图10-55　"圆弧"示意图

（3）"拐角"：选择要延伸的曲面，在%U和%V长度输入拐角长度。

## 10.1.8　规律延伸

执行"菜单"→"插入"→"弯边曲面"→"规律延伸"命令，或单击"曲面"选项卡"曲面"面组中的 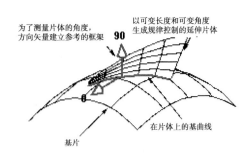（规律延伸）按钮，则会激活该功能，系统会弹出如图10-56所示的对话框，其示意图如图10-57所示。部分选项功能如下。

图10-56　"规律延伸"对话框　　　　图10-57　"规律延伸"示意图

（1）类型

1）"面"：选择一个参考曲面来确定延伸曲面。参考坐标系建立在基本曲线串的中点上。

2）"矢量"：定义一个矢量方向作为延伸曲面的方向。

（2）"曲线"：选取用于延伸的线串（曲线、边、草图、表面的边）。

（3）"面"：选取线串所在的表面。只有在参考方法为"面"时才有效。

（4）"长度规律"：在"规律类型"下拉列表中选择长度规律类型，采用规律子功能的方式定义延伸面的长度函数。

（5）"角度规律"：在"规律类型"下拉列表中选择角度规律类型，采用规律子功能的方式定义延伸面的角度函数。

（6）"脊线"：单击脊线串 按钮，选取脊柱线。脊柱曲线决定角度测量平面的方位。角度测量平面垂直于脊柱线。

（7）"规律类型"：指定用于延伸曲面长度的规律类型。

（8）"恒定"：使用恒定的规则（规律），当系统计算延伸曲面时，它沿着基本曲线线串移动，截面曲线的长度保持恒定的值。

（9）"线性"：使用线性的规则（规律），当系统计算延伸曲面时，它沿着基本曲线线串移动，截面曲线的长度从基本曲线线串起始值到基本曲线线串终点的终止值呈线性变化。

（10）"三次"：使用三次的规则（规律），当系统计算延伸曲面时，它沿着基本曲线线串移动，截面曲线的长度从基本曲线线串起始点的起始值到基本曲线线串终点的终止值呈非线性变化。

## 10.1.9　桥接

执行"菜单"→"插入"→"细节特征"→"桥接"命令，或单击"曲面"选项卡"曲面"面组→"圆角"库中的 （桥接）按钮，系统会弹出如图10-58所示的对话框。

该选项让用户生成一个连接两个面的片体。可以在桥接和定义面之间指定相切连续性或曲率连续性。选择侧面或线串（至多两个，任意组合）或拖动选项可以用来控制桥接片体的形状。

"桥接"对话框部分选项功能如下。

1. 边

（1）"选择边1"：让用户选择两个主面，它们会通过桥接特征连接起来。这是必需的步骤（如图10-57所示）。

（2）"选择边2"：让用户选择一个或两个侧面，该步骤可选（如图10-59所示）。

图10-58　"桥接曲面"对话框

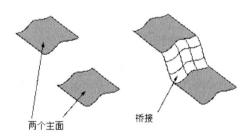

图10-59　"主面"桥接示意图

2. 约束

（1）"连续性"：让用户指定在选择的面和桥接面之间是"相切"（斜率连续）还是"曲率"（曲率连续）。

（2）"相切副值"：如果没有选择面或线串来控制桥接自由形式特征的侧面，则可以使用该选项来动态地编辑它的形状。

（3）"流向"：设置桥接曲线的曲线走向参数设置。

（4）"边限制"：设置边1和边2的连接位置。

### 10.1.10　偏置曲面

执行"菜单"→"插入"→"偏置/缩放"→"偏置曲面"命令，或单击"曲面"选项卡"曲面操作"面组中的 🝖（偏置曲面）按钮，系统会弹出如图10-60所示的对话框。

该选项可以从一个或多个已有的面生成偏置曲面。

系统用沿选定面的法向偏置点的方法来生成正确的偏置曲面。指定的距离称为偏置距离，并将已有的面称为基面。可以选择任何类型的面作为基面。如果选择多个面进行偏置，则产生多个偏置体。

（1）面

1）"选择面"：选择需要偏置的曲面，可以选择一个也可以选择多个，但同一组选择的曲面偏置距离都相同。

图10-60　"偏置曲面"对话框

2）"偏置1"：设置一组偏置曲面的偏置距离。

3）"反向"：单击 ⊠（反向）按钮则曲面偏置的方向反向。

4）"添加新集"：选择好一组偏置曲面后单击 ✦（添加新集）按钮，将进行一组新偏置曲面的选取。

5）"列表"：列表中显示已选的偏置曲面组。

（2）输出

1）"为所有面创建一个特征"：将所有偏置的曲面作为一个特征。

2）"为每个面创建一个特征"：每个偏置的曲面均创建一个特征。

### 10.1.11　拼合

执行"菜单"→"插入"→"组合"→"拼合"命令，系统会弹出如图10-61所示的对话框。

该选项可以将几个曲面合并为一个曲面。系统生成单个B曲面，它逼近几个已有面上的四面区域，如图10-62所示。

系统从驱动曲面沿矢量或沿驱动曲面法向矢量将点投影到目标曲面（被逼近的面）上，然后用这些投影点构造逼近B曲面的曲面。可以把投影想象为从每个原始点到目标曲面的光束放射过程。

如图10-64所示，"拼合"对话框部分选项功能如下。

（1）驱动类型

1）"曲线网格"：在内部，驱动始终是B曲面，然而不是仅限于B曲面。如果使用"曲线网格"选项，在合并选定的目标面之前，系统在内部构造B曲面驱动。当使用曲线定义驱动曲面

图10-61　"拼合"对话框

时，它们必须满足所有构造曲线网格B曲面所需的条件。可以在选择一组交叉曲线后选择一组主曲线。主曲线和交叉曲线的数量必须为两个或多个（但小于50）。最外面的主曲线和交叉曲线作为合并曲面的边界。因此，每条主曲线必须与每条交叉曲线相交一次且仅为一次，它们也必须在目标曲面的边界之内（如图10-63所示）。

始终使用在投影目标曲面边界内的驱动曲面或驱动曲线是必要的，如果未能这样做将会导致下列错误信息，如图10-63所示。

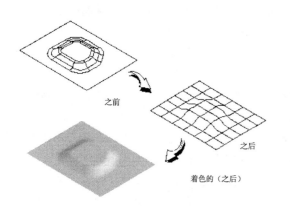

图10-62　"拼合"示意图

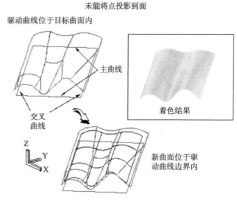

图10-63　"曲线网格"驱动示意图

2）"B曲面"：可以选择已有的B曲面作为驱动。

3）"自整修"：可以逼近单个未修剪的B曲面。

（2）"投影类型"：该选项可以指明是否要让驱动曲面到目标曲面的投影方向为单个矢量或者为驱动曲面法向方向的矢量。

1）"沿固定矢量"：可以使用矢量构造器来定义投影矢量。

2）"沿驱动法向"：该选项可以使用驱动曲面法向矢量来定义投影矢量。

（3）"投影限制"：当投影矢量通过目标曲面多于一次时，该选项用来限制点投影到目标曲面的距离。这个选项仅在使用"沿驱动法向"投影类型时激活。

（4）"公差"：该选项可以为"合并"特征定义内部与边界距离和角度公差。

（5）"内部距离"：曲面内部的距离公差。

（6）"内部角度"：曲面内部的角度公差。

（7）"边距离"：沿曲面4条边的距离公差。

（8）"边角"：沿曲面4条边的角度公差。

（9）"显示检查点"：当这个选项切换为"打开"时，在显示合并曲面的逼近过程中计算点。使用"显示检查点"会轻微地降低过程的速度，但是这可能是值得的。显示点可以可视化并识别曲面上潜在的问题区域，然后就可以更快地排除和修复问题区域。

（10）"检查重叠"：如果这个选项为"打开"，则系统检查并试着处理重叠曲面。系统试着将每个光束与所有附近的曲面相交，并找出最高的投影点。如果"检查重叠"选项为"关闭"，则系统假设每个光束只能投射到一个目标曲面上，所以它一找到投射就停止并继续处理下一个光束。

## 10.1.12　修剪片体

执行"菜单"→"插入"→"修剪"→"修剪片体"命令，或单击"曲面"选项卡"曲面操作"面组中的 （修剪片体）按钮，系统会弹出如图10-64所示的对话框，该选项用于生成相关的修剪片体，选项功能如下。

（1）"目标"：选择目标曲面体。

（2）"边界对象"：选择修剪的工具对象，该对象可以是面、边、曲线和基准平面。

（3）"允许目标体边作为工具对象"：帮助将目标片体的边作为修剪对象过滤掉。

（4）"投影方向"：可以定义要作标记的曲面/边的投影方向。可以在"垂直于面""垂直于曲线平面"和"沿矢量"间选择。

（5）"选择区域"：可以定义在修剪曲面时选定的区域是保留还是舍弃。在选定目标曲面体、投影方式和修剪对象后，可以选择目前选择的区域"保留"或"放弃"。

每个选择用来定义保留或舍弃区域的点在空间中固定。如果移动目标曲面体，则点不移动。为防止意外的结果，如果移动为"修剪边界"选择步骤选定的曲面或对象，则应该重新定义区域。

如图10-65所示，可以选择"保留"片体的6个部分（左视图）或"放弃"一个部分。

（6）"公差"：当修剪边在目标体上标记时使用，用于定义修剪曲面的公差值。

（7）"输出精确的几何体"：该选项产生相交边作为标记边，但当投影沿面法向、边或曲线被用于修剪对象时，系统使用"公差"值并在公差范围内生成边。

图10-64　"修剪片体"对话框

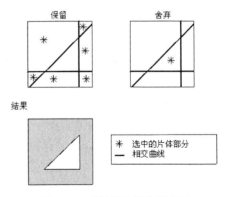

图10-65　"保留"操作示意图

## 10.1.13　片体加厚

执行"菜单"→"插入"→"偏置/缩放"→"加厚"命令，或单击"曲面"选项卡"曲面操作"面组中的 （加厚）按钮，系统会弹出如图10-67所示的对话框。

该选项可以偏置或加厚片体来生成实体，在片体的面的法向应用偏置，操作前后示意图如图10-66所示，各选项功能如下。

（1）"选择面"：该选项用于选择要加厚的片体。一旦选择了片体，就会出现法向于片体的箭头矢量来指明法向方向。

（2）"偏置1/偏置2"：指定一个或两个偏置。

（3）"Check-Mate"：如果出现加厚片体错误，则此按钮可用。点击此按钮会识别导致加厚片体操作失败的可能的面。

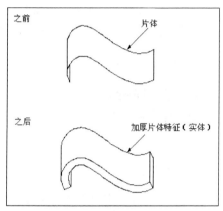

图10-66　"片体加厚"示意图

图10-67　"加厚"对话框

# 10.2 自由曲面编辑

通过对自由曲面创建的学习，在用户创建一个自由曲面特征之后，还需要对其进行相关的编辑工作，以下主要讲述常用自由曲面的编辑操作，这些功能是曲面造型后期修整的常用技术。

## 10.2.1 X型

执行"菜单"→"编辑"→"曲面"→"X型"命令，或单击"曲面"选项卡"编辑曲面"面组中的（X型）按钮，系统会弹出如图10-68所示的对话框提示用户选取需要编辑的曲面。

"X型"选项可以移动片体的极点，这在曲面外观形状的交互设计中非常有用，如设计消费品或汽车车身。当要修改曲面形状以改善其外观或使其符合一些标准时，就要移动极点。可以沿法向矢量拖动极点至曲面或与其相切的平面上。当拖动行时，保留在边处的曲率或切向。

"X型"对话框选项部分功能说明如下。

图10-68　"X型"对话框

（1）"单选"：选择要编辑的单个或多个曲面或曲线。

（2）"极点选择"：选择要操控的极点和多段线，有任意、极点、行3种可供选择。

（3）"参数化"：改变$U/V$向的次数和补片数从而调节曲面。

（4）"方法"：用户可根据需要移动、旋转、比例和平面化编辑曲面。

1）"移动"：在指定方向移动极点和多段线。

2）"旋转"：将极点和多段线旋转到指定矢量。

3）"比例"：使用主轴和平面缩放选定极点。

4）"平面化"：显示位于投影平面的操控器，可用于定义平面位置和方向。

（5）"边界约束"：用户可以调节$U$最小值（最大值）和$V$最小值（最大值）来约束曲面的边界。

（6）"设置"：用户可以设置提取方法和提取公差值，恢复父面选项，也可以恢复曲面到编辑之前的状态。

（7）"微定位"：指定使用微调选项时动作的速率。

1）"比率"：通过使用微小移动来移动极点，从而允许对曲线进行精细调整。

2）"步长值"：设置一个值，以按该值移动、旋转或缩放选定的极点。

## 10.2.2　I型

执行"菜单"→"编辑"→"曲面"→"I型"命令，或单击"曲面"选项卡"编辑曲面"面组中的　（I型）按钮，系统弹出如图10-69所示的对话框，提示用户选取需要编辑的曲面。

使用该命令可以选择并修改任何面类型（B曲面和非B曲面）的控制极点或多边形，而不必对其进行抽取、取消修剪、重新拟合、替换或其他转换。在改变面的形状时所做的更改是累积的。例如，可以通过先沿面的$U$向等参数曲线更改其形状来修改面，然后再通过更改其$V$向等参数曲线来做进一步修改。

"I型"对话框选项功能说明如下。

（1）"选择面"：选择单个或多个要编辑的面，或使用面查找器来选择。

（2）等参数曲线

1）"方向"：用于选择要沿其创建等参数曲线的$U/V$方向。

2）"位置"：用于指定将等参数曲线放置在所选面上的位置。

① "均匀"：将等参数曲线按相等的距离放置在所选面上。

② "通过点"：将等参数曲线放置在所选面上，使其通过每个指定的点。

③ "在点之间"：在两个指定的点之间按相等的距离放置等参数曲线。

图10-69　"I型"对话框

3）"数量"：指定要创建的等参数曲线的总数。

（3）等参数曲线形状控制

1）"插入手柄"：通过均匀、通过点和在点之间等方法在曲线上插入控制点。

2）"线性过渡"：勾选复选框，当拖动一个控制点时，整条等参数曲线的区域变形。

3）"沿曲线移动手柄"：勾选此复选框，在等参数曲线上移动控制点，也可以单击鼠标右键来选择此选项。

（4）曲线形状控制

1）"局部"：拖动控制点，只能控制点周围的局部区域变形。

2）"全局"：拖动一个控制点时，整个曲面跟着变形。

## 10.2.3　扩大

执行"菜单"→"编辑"→"曲面"→"扩大"命令，或单击"曲面"选项卡"编辑曲面"面组中的 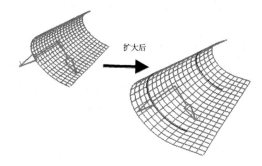（扩大）按钮，系统弹出如图10-70所示的对话框，该选项让用户改变未修剪片体的大小，方法是生成一个新的特征，该特征和原始的、覆盖的未修剪面相关，如图10-71所示。

图10-70　"扩大"对话框

图10-71　"扩大"示意图

用户可以根据给定的百分率改变片体的每个未修剪边。

当使用片体生成模型时，将片体生成得过大是一个良好的习惯，以消除后续实体建模可能出现的问题。如果用户没有把这些原始片体建造的足够大，则用户如果不使用"等参数修剪/分割"功能就不能增加它们的大小。然而，"等参数修剪"是不相关的，并且在使用时会打断片体的参数化。"扩大"选项让用户生成一个新片体，它既和原始的未修剪面相关，又允许用户改变各个未修剪边的尺寸。

"扩大"对话框部分选项功能如下。

（1）"全部"：让用户把所有的 "U/V 最小/最大" 滑尺作为一个组来控制。当此开关为开时，移动任一滑尺，所有的滑尺会同时移动并保持它们之间已有的百分率。若关闭 "所有的" 开关，用户可以对滑尺和各个未修剪的边进行单独控制。

（2）"U 向起点百分比/U 向终点百分比/V 向起点百分比/V 向终点百分比"：使用 U 向起点百分比、U 向终点百分比、V 向起点百分比和 V 向终点百分比滑尺或它们各自的数据输入字段来改变扩大片体的未修剪边的大小。在数据输入字段中输入的值或拖动滑尺达到的值是原始尺寸的百分比，可以在数据输入字段中输入数值或表达式。

（3）"重置调整大小参数"：把所有的滑尺重设回他们的起始位置。

（4）"模式" 共有两个选项。

1）"线性"：在一个方向上线性地延伸扩大片体的边。使用 "线性" 选项可以增大片体的大小，但不能减小。

2）"自然"：沿着边的自然曲线延伸扩大片体的边。如果用 "自然" 选项来设置片体的大小，则既可以增大也可以减小。

## 10.2.4　更改次数

执行 "菜单" → "编辑" → "曲面" → "次数" 命令，或单击 "曲面" 选项卡 "编辑曲面" 组中的 $x^{z^3}$（更改次数）按钮，系统会弹出对话框如图 10-72 所示。

该选项可以改变体的次数，但只能增加带有底层多面片曲面的体的次数，也只能增加所生成的 "封闭" 体的次数。

图10-72　"更改次数"对话框

增加体的次数不会改变它的形状，却能增加其自由度，这可增加对编辑体可用的极点数。

降低体的次数会降低特征次数，但会试图保持体的全形和特征。降低次数的公式（算法）是这样设计的，如果先增加次数随后又降低，那么所生成的体将与开始时的一样。降低次数有时会导致体的形状发生剧烈改变。如果对这种改变不满意，可以放弃并恢复到以前的体。何时发生这种改变是可以预知的，因此完全可以避免。

通常，除非原先体的控制多边形与更低次数体的控制多边形类似，否则因为低次数体的拐点（曲率的反向）少，它们都要发生剧烈改变。

## 10.2.5　更改边

执行 "菜单" → "编辑" → "曲面" → "更改边" 命令，或单击 "曲面" 选项卡 "编辑曲面" 面组中的 ⬚（更改边）按钮，系统会弹出如图 10-73 所示的对话框。如果选择的是 ◉ 编辑原片体 复选框，选择要编辑的曲面后，系统会弹出警告信息框。单击 "确定" 按钮，系统弹出如图 10-74 所示的 "更改边" 对话框；如果选择的是 ◉ 编辑副本 复选框，选择要编辑的曲面后，系统会弹出如图 10-74 所示的 "更改边"对话框。选择要编辑的边后，系统弹出如图10-75所示的"更改边"对话框。

图10-73 "更改边"对话框

图10-74 "更改边"选择对话框

图10-75 "更改边"对话框

该选项使用不同的方法修改"B曲面"的边。修改"B曲面"的边，使它与一条曲线或另一体的边相匹配，或在平面内；使边变形，以便该边的所有横向切矢通过同一个点、与指定的矢量对齐、与另一体上的选中的边的横向切矢相匹配，或在指定的平面内。

"更改边"对话框选项功能如下。

（1）"仅边"：修改选中的边，弹出如图10-76所示的对话框。

1）"匹配到曲线"：使边变形，以便使其与选中的曲线的形状和位置相匹配（如图10-77所示）。

图10-76 "仅边"选项

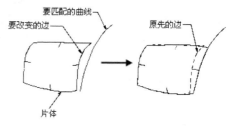

图10-77 "匹配到曲线"示意图

2）"匹配到边"：该选项使边变形，以便使其与另一体上选中的边的形状和位置相匹配（如图10-78所示）。

3）"匹配到体"：该选项使体变形，以便选中的边与另一体（主体）相匹配，但不是在适当位置。

4）"匹配到平面"：该选项使体变形，以便选中的边位于指定的平面内（如图10-79所示）。

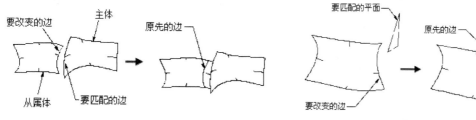

图10-78 "匹配到边"示意图　　　　　图10-79 "匹配到平面"示意图

（2）"边和法向"：该选项将选中的边或法向与不同的对象相匹配。包含"匹配到边""匹配到体"和"匹配到平面"3个子选项。

（3）"边和交叉切线"：该选项可使选中的边或它的横向切矢与不同的对象相匹配。边的横向切矢是等参数曲线在端点处的切矢，等参数曲线与边在端点处相遇。

1）"瞄准一个点"：该选项使体变形，以便选中的边上的每一点处的横向切矢通过指定点（如图10-80所示）。

2）"匹配到矢量"：该选项使体变形，以便选中的边上的每一点处的横向切矢与指定的矢量平行（如图10-81所示）。

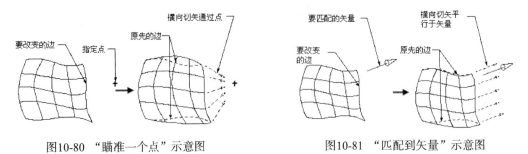

图10-80 "瞄准一个点"示意图       图10-81 "匹配到矢量"示意图

3）"匹配到边"：该选项使体变形，以便选中的边与另一体（主体）上的选中的边在适当的位置和横向切矢相匹配。

（4）"边和曲率"：该选项为曲面提供比"边和横向切线"选项次数更高的匹配。如果要求曲面间的曲率连续，就使用该选项。这个操作过程与"边及横向切矢"操作过程一样。

（5）"检查偏差-否"：对"信息窗口"进行"打开"或"关闭"切换，当匹配两个用于定位和相切的自由形式体时，可提供曲面变形程度的反馈信息。

## 10.2.6 更改刚度

更改刚度命令是改变曲面$U$方向和$V$方向参数线的次数，曲面的形状有所变化。

执行"菜单"→"编辑"→"曲面"→"更改刚度"命令，或单击"曲面"选项卡"编辑曲面"组中的（更改刚度）按钮，弹出如图10-82所示的"更改刚度"对话框。该对话框中选项的含义和10.2.4节一样，不再介绍。

在视图区选择要进行操作的曲面后，弹出"确认"对话框，提示用户该操作将会移除特征参数，是否继续执行，单击"确定"按钮，弹出的"更改刚度"参数输入对话框。

图10-82 "更改刚度"对话框

"更改刚度"选项功能有：增加曲面次数，曲面的极点不变，补片减少，曲面更接近它的控制多边形，反之则相反。封闭曲面不能改变刚度。

## 10.2.7 法向反向

"法向反向"命令是用于创建曲面的反法向特征。

执行"菜单"→"编辑"→"曲面"→"法向反向"命令，或单击"曲面"选项卡"编辑曲面"面组中的（法向反向）按钮，弹出如图10-83所示的"法向反向"对话框。

图10-83 "法向反向"对话框

使用"法向反向"功能，创建曲面的反法向特征。改变曲面的法线方向可以解决因表面法线方向不一致造成的表面着色问题和使用曲面修剪操作时因表面法线方向不一致而引起的更新故障。

# 10.3 综合实例——灯管

创建如图10-84所示的节能灯管。

1. 创建新文件

执行"文件"→"新建"命令，或单击"主页"选项卡"标准"面组中的▯（新建）按钮，弹出"新建"对话框。在"文件名"文本框中输入dengguan，单位选择"毫米"，单击"确定"按钮，进入建模环境。

扫码看视频

2. 创建圆柱

（1）执行"菜单"→"插入"→"设计特征"→"圆柱"命令，或单击"主页"选项卡"特征"面组中的▧（圆柱）按钮，系统弹出如图10-85所示的"圆柱"对话框。

（2）在"类型"下拉列表中选择"轴、直径和高度"，在"指定矢量"下拉列表中选择"ZC"轴。

（3）单击"指定点"中的右侧的"点对话框"按钮🔄，弹出"点"对话框如图10-86所示，保持默认的点坐标（0，0，0）作为圆柱体的圆心坐标，单击"确定"按钮。

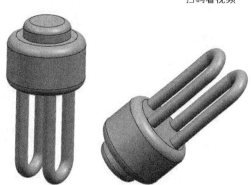

图10-84　节能灯管模型

图10-85　"圆柱"对话框

图10-86　"点"对话框

（4）在"圆柱"对话框中设置"直径""高度"为62、40。

（5）单击"确定"按钮生成圆柱体，如图10-87所示。

**3．圆柱倒圆角**

（1）执行"菜单"→"插入"→"细节特征"→"边倒圆"命令，单击"主页"选项卡"特征"面组中的  按钮，系统弹出如图10-88所示的"边倒圆"对话框。

（2）选择倒圆角边1和倒圆角边2如图10-89所示，倒圆角半径设置为7，单击"确定"按钮生成如图10-90所示的模型。

图10-87　生成的圆柱

图10-88　"边倒圆"对话框

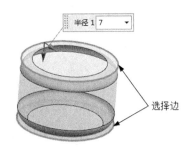

图10-89　圆角边的选取

图10-90　倒圆角后的模型

**4．创建直线**

（1）将视图转换为右视图。执行"菜单"→"插入"→"曲线"→"直线"命令，或单击"曲线"选项卡"曲线"面组中的 ✐（直线）按钮，系统弹出如图10-91所示的"直线"对话框。

（2）单击"开始"选项中的 按钮，系统弹出"点"对话框，输入起点坐标为（13，-13，0），点参考设置为WCS，单击"确定"按钮如图10-92所示。

图10-91　"直线"对话框

图10-92　点参考设置为WCS

（3）单击"结束"选项中的 按钮，系统弹出"点"对话框，输入终点坐标为（13，-13，-60），点参考设置为WCS，单击"确定"按钮，在"直线"对话框中单击"确定"按钮生成直线如图10-93所示。

（4）同样的方法创建另一条直线，输入起点坐标为（13，13，0），输入终点坐标为（13，13，-60），生成直线如图10-94所示。

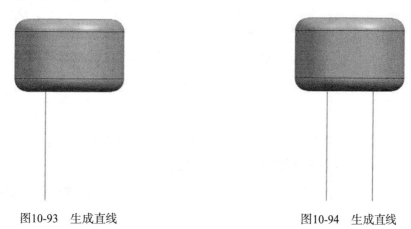

图10-93　生成直线　　　　　　　　　　　图10-94　生成直线

5．创建圆弧

（1）将视图转换为右视图。执行"菜单"→"插入"→"曲线"→"圆弧/圆"命令，或单击"曲线"选项卡"曲线"面组中的 ╮（圆弧/圆）按钮，系统弹出如图10-95所示的"圆弧/圆"对话框。

（2）在"类型"下拉选项中选择"三点画圆弧"，单击两直线的两个端点作为圆弧的起点和端点。

（3）单击"中点"选项中的 按钮系统弹出"点"对话框，输入中点坐标为（13，0，-73），点参考设置为WCS，单击"确定"按钮，在"圆弧/圆"对话框中单击"确定"按钮，生成圆弧如图10-96所示。

图10-95　"圆弧/圆"对话框

图10-96　创建圆弧

**6. 创建圆**

（1）将视图转换为仰视图。

（2）执行"菜单"→"插入"→"曲线"→"圆弧/圆"命令，或单击"曲线"选项卡"曲线"面组中的 ⌐（圆弧/圆）按钮，弹出"圆弧/圆"对话框，如图10-97所示。

（3）在"类型"下拉列表中选择"从中心开始的圆弧/圆"，单击"中心点"选项中的 按钮系统弹出"点"对话框，输入中心点坐标为（13，−13，0），单击"确定"按钮。

（4）"点参考"设置为WCS，在"通过点"的"终点选项"下拉列表中选择"半径"选项，输入半径值为5，在"限制"中勾选"整圆"复选框。在"圆弧/圆"对话框中单击"确定"按钮，生成圆如图10-98所示。

**7. 扫掠**

（1）执行"菜单"→"插入"→"扫掠"→"扫掠"命令，或单击"曲面"选项卡"曲面"面组中的 ◈ "扫掠"按钮，系统弹出如图10-99所示的"扫掠"对话框。

图10-97 "圆弧/圆"对话框

图10-98 创建圆

图10-99 "扫掠"对话框

（2）截面选择上一步中建好的圆如图10-100所示。

（3）引导线选择如图10-101所示。单击"确定"按钮，生成扫掠曲面如图10-102所示。

图10-100 截面选择

图10-101 引导线选择

图10-102 灯管

8．隐藏

（1）执行"菜单"→"编辑"→"显示和隐藏"→"隐藏"命令，或按住键盘Ctrl+B，系统弹出如图10-103所示的"类选择"对话框。

（2）选取圆弧和直线作为要隐藏的对象如图10-100所示，单击"确定"按钮后曲线被隐藏。

9．创建另一个灯管

（1）执行"菜单"→"编辑"→"移动对象"命令，系统弹出"移动对象"对话框如图10-104所示。

图10-103 "类选择"对话框

图10-104 "移动对象"对话框

（2）选择灯管为移动对象。

（3）在"运动"下拉列表中选择"点到点"，单击"指定出发点"按钮，弹出"点"对话框，输入点坐标（13，-13，0）。单击"指定目标点"按钮，弹出"点"对话框，输入点坐标（-13，-13，0）。

（4）点选"复制原先的"选项，非关联副本数输入为1，单击"确定"按钮，灯管复制到如图10-105所示的位置。

10．创建圆柱体

（1）执行"菜单"→"插入"→"设计特征"→"圆柱"命令，或单击"主页"选项卡"特征"面组中的（圆柱）按钮，系统弹出"圆柱"对话框。

（2）在"类型"下拉列表中选择"轴、直径和高度"，选择"指定矢量"下拉列表中的"ZC"轴。

（3）单击"指定点"中的"点对话框"按钮，弹出"点"对话框，保持默认的点坐标（0，0，0）作为圆柱体的圆心坐标，单击"确定"按钮。

图10-105　创建灯管

（4）在"圆柱"对话框中设置"直径""高度"为38、12，如图10-106所示。单击"确定"按钮生成圆柱体，如图10-107所示。

11．圆柱体倒圆角

（1）执行"菜单"→"插入"→"细节特征"→"边倒圆"命令，单击"主页"选项卡"特征"面组中的（边倒圆）按钮，系统弹出"边倒圆"对话框。

（2）选择倒圆角边如图10-108所示，倒圆角"半径"设置为5，单击"确定"按钮生成如图10-84所示的节能灯管模型。

图10-106　输入圆柱体的参数

图10-107　生成的圆柱体

图10-108　圆角边的选取

# 第 11 章

# 装配建模

☞ **本章导读**

　　UG 的装配模块不仅能快速组合零部件成为产品，而且在装配中可以参考其他部件进行部件关联设计，并可以对装配模型进行间隙分析、重量管理等相关操作。在完成装配模型后，还可以建立爆炸视图，并将其导入到装配工程图中。同时，可以在装配工程图中生成装配明细表，并能对轴测图进行局部剖切。

　　本章中主要讲解装配过程的基础知识和常用模块及方法，让用户对装配建模能有进一步的认识。

🖐 **内容要点**

　　🍡 装配概述

　　🍡 装配导航器

　　🍡 自底向上装配

　　🍡 自顶向下装配

　　🍡 装配爆炸图

　　🍡 组件族

　　🍡 装配信息查询

　　🍡 装配序列化

# 11.1 装配概述

## 11.1.1 相关术语和概念

以下主要介绍装配中的常用术语。

（1）"装配"：是指在装配过程中建立部件之间的连接功能。由装配部件和子装配组成。

（2）"装配部件"：由零件和子装配构成的部件。在UG中允许向任何一个prt文件中添加部件构成装配，因此任何一个prt文件都可以作为装配部件。UG中零件和部件不必严格区分。需要注意的是当存储一个装配时，各部件的实际几何数据并不是储存在装配部件文件中，而是储存在相应的部件（零件文件）中。

（3）"子装配"：是在高一级装配中被用作组件的装配，子装配也拥有自己的组件。子装配是一个相对概念，任何一个装配可在更高级的装配中作为子装配。

（4）"组件对象"：是一个从装配部件链接到部件主模型的指针实体。一个组件对象纪录的信息包括部件名称、层、颜色、线型、线宽、引用集和配对条件等。

（5）"组件部件"：是装配里组件对象所指的部件文件。组件部件可以是单个部件（零件），也可以是子装配。需要注意的是组件部件是装配体引用而不是复制到装配体中的。

（6）"单个零件"：是指在装配外存在的零件几何模型，它可以添加到一个装配中去，但它本身不能含有下级组件。

（7）"主模型"：利用Master Model功能来创建的装配模型，它是由单个零件组成的装配组件，是供UG模块共同引用的部件模型。同一主模型，可同时被工程图、装配、加工、机构分析和有限元分析等模块引用，当主模型修改时，相关引用自动更新。

（8）"自顶向下装配"：在装配级中创建与其他部件相关的部件模型，是在装配部件中自顶向下生成子装配和部件（零件）的装配方法。

（9）"自底向上装配"：先创建部件几何模型，再组合成子装配，最后生成装配部件的装配方法。

（10）"混合装配"：是将自顶向下装配和自底向上装配结合在一起的装配方法。例如，先创建几个主要部件模型，再将其装配到一起，然后在装配中设计其他部件，即为混合装配。

## 11.1.2 引用集

在装配中，各部件含有草图、基准平面及其他辅助图形对象，如果在装配中显示所有对象不但容易混淆图形，而且还会占用大量内存，不利于装配工作的进行。通过引用集命令能够限制加载于装配图中的装配部件的不必要信息量。

引用集是用户在零部件中定义的部分几何对象，它代表相应的零部件参与装配。引用集可以包含下列数据对象：零部件名称、原点、方向、几何体、坐标系、基准轴、基准平面和属性等。创建完引用集后，就可以单独装配到部件中。一个零部件可以有多个引用集。

执行"菜单"→"格式"→"引用集"命令，系统会弹出如图11-1所示的对话框，部分选项功能如下。

（1）□ "添加新的引用集"：可以创建新的引用集。输入引用集的名称，并选取对象。

（2）⊠ "删除"：在已创建的引用集的项目中可以选择性的删除，删除引用集只不过是在目录中被删除而已。

（3）🔲 "设为当前的"：把对话框中选取的引用集设定为当前的引用集。

（4）🗐 "属性"：编辑引用集的名称和属性。

（5）🔳 "信息"：显示工作部件的全部引用集的名称、属性、个数等信息。

图11-1　"引用集"对话框

## 11.2 装配导航器

装配导航器也叫装配导航工具，它提供了一个装配结构的图形显示界面，也被称为 "树形表"，如图11-2所示，掌握了装配导航器才能灵活地运用装配的功能。

压缩/展开盒

装配盒子
装配符号

图11-2　"树形表"示意图

### 11.2.1　功能概述

（1） "节点显示"：采用装配树形结构显示，非常清楚地表达了各个组件之间的装配关系。

（2）"装配导航器图标"：装配结构树中用不同的图标来表示装配中子装配和组件的不同。同时，各零部件不同的装载状态也用不同的图标表示。

1）🏭：表示装配或子装配。

① 如果图标是黄色，则此装配在工作部件内。

② 如果是黑色实线图标，则此装配不在工作部件内。

③ 如果是灰色虚线图标，则此装配已被关闭。

2）🧊：表示装配结构树组件。

① 如果图标是黄色，则此组件在工作部件内。

② 如果是黑色实线图标，则此组件不在工作部件内。

③ 如果是灰色虚线图标，则此组件已被关闭。

（3）"检查盒"：检查盒提供了快速确定部件工作状态的方法，允许用户用一个非常简单的方法装载并显示部件。部件工作状态用检查盒指示器表示。

1）□：表示当前组件或子装配处于关闭状态。

2）☑：表示当前组件或子装配处于隐藏状态，此时检查框显灰色。

3）☑：表示当前组件或子装配处于显示状态，此时检查框显红色。

（4）"弹出菜单选项"：如果将光标移动到装配树的一个节点或选择若干个节点并单击右键，则弹出快捷菜单，其中提供了很多便捷命令，以方便用户操作（如图11-3所示）。

图11-3　弹出的快捷菜单

## 11.2.2　预览面板和依附性面板

"预览"面板是装配导航器的一个扩展区域，是显示装载或未装载的组件。此功能在处理大装配时，有助于用户根据需要打开组件，更好地掌握其装配性能。

"依附性"面板是装配导航器和部件导航器的一个特殊扩展。装配导航器的相关性面板允许查看部件或装配内选定对象的相关性，包括配对约束和WAVE相关性，可以用它来分析修改计划对部件或装配的潜在影响，如图11-4所示。

图11-4　预览面板和依附性面板

# 11.3 自底向上装配

自底向上装配的设计方法是常用的装配方法，即先设计装配中的部件，再将部件添加到装配中，由底向上逐级进行装配。

执行"菜单"→"装配"→"组件"命令，"组件"下拉菜单如图11-5所示。

图11-5　"组件"子菜单命令

采用自底向上的装配方法，选择添加已存在组件的方式有两种，一般来说，第一个部件采用绝对坐标定位方式添加，其余部件采用配对定位的方法添加。

## 11.3.1　添加已经存在的部件

执行"菜单"→"装配"→"组件"→"添加组件"命令，或单击"装配"选项卡"组件"面组中的 （添加）按钮，系统会弹出如图11-6所示的"添加组件"对话框。如果要进行装配的部件还没有打开，可以选择"打开"按钮，从磁盘目录选择；已经打开的部件名字会出现在"已加载的部件"列表框中，可以从中直接选择。单击"确定"按钮，返回如图11-6所示的"添加组件"对话框。

（1）保持选定：勾选此选项，维护部件的选择，这样就可以在下一个添加操作中快速添加相同的部分。

（2）组件名：可以为组件重新命名，默认为组件的零件名。

（3）引用集：用于改变引用集。默认引用集是模型，表示只包含整个实体的引用集。用户可以通过该下拉列表框选择所需的引用集。

（4）图层选项：该选项用于指定部件放置的目标层。

1）工作的：该选项用于将指定部件放置到装配图的工作层中。

2）原始的：该选项用于将部件放置到部件原来的层中。

3）按指定的：该选项用于将部件放置到指定的层中。选择该选项，在其下端的指定"层"文本框中输入需要的层号即可。

（5）位置

图11-6　"添加组件"对话框

1）装配位置：装配中组件的目标坐标系。该下拉列表框中提供了"对齐""绝对坐标系-工作部件""绝对坐标系-显示部件"和"工作坐标系"4种装配位置。

① 对齐：通过选择位置来定义坐标系。

② 绝对坐标系-工作部件：将组件放置于当前工作部件的绝对原点。

③ 绝对坐标系-显示部件：将组件放置于显示装配的绝对原点。

④ 工作坐标系：将组件放置于工作坐标系。

2）组件锚点：坐标系来自用于定位装配中组件的坐标原点，可以通过在组件内创建产品接口来定义其他组件系统。

## 11.3.2 组件的装配

### 1. 移动组件

执行"菜单"→"装配"→"组件位置"→"移动组件"命令，或单击"装配"选项卡"组件位置"面组中的 （移动组件）按钮，打开如图11-7所示的"移动组件"对话框。

（1）"点到点"：用于采用点到点的方式移动组件。在"运动"下拉列表框中选择"点对点"，然后选择两个点，系统便会根据这两点构成的矢量和两点间的距离，沿着其矢量方向移动组件。

（2）"增量XYZ"：用于平移所选组件。在"运动"下拉列表框中选择"增量XYZ"，"移动组件"对话框将变为如图11-8所示。该对话框用于沿X、Y和Z坐标轴方向移动一个距离。如果输入的值为正，则沿坐标轴正向移动；反之，则沿坐标轴负向移动。

（3）"角度"：用于绕轴和点旋转组件。在"运动"下拉列表框中选择"角度"时，"移动组件"对话框将变为如图11-9所示。选择旋转轴，然后选择旋转点，在"角度"文本框中输入要旋转的角度值，单击"确定"按钮即可。

图11-7 "移动组件"对话框

图11-8 选择"增量XYZ"时的"移动组件"对话框

图11-9 选择"角度"时的"移动组件"对话框

（4）"坐标系到坐标系"：用于采用移动坐标方式重新定位所选组件。在"运动"下拉列表框中选择"坐标系到坐标系"时，"移动组件"对话框将变为如图11-10所示。首先选择要定位的组件，然后指定参考坐标系和目标坐标系。选择一种坐标定义方式定义参考坐标系和目标坐标系后，单击"确定"按钮，则组件从参考坐标系的相对位置移动到目标坐标系中的对应位置。

（5）"将轴与矢量对齐"：用于在选择的两轴之间旋转所选的组件。在"运动"下拉列表框中选择"将轴与矢量对齐"时，"移动组件"对话框将变为如图11-11所示。选择要定位的组件，然后指定参考点、参考轴和目标轴的方向，单击"确定"按钮即可。

图11-10　选择"坐标系到坐标系"时的
"移动组件"对话框

图11-11　选择"将轴与矢量对齐"时的
"移动组件"对话框

**2．装配约束**

执行"菜单"→"装配"→"组件"→"装配约束"命令，或单击"装配"选项卡"组件位置"面组中的 <i class="icon">（装配约束）</i>按钮，弹出如图11-12所示的"装配约束"对话框。该对话框用于通过装配约束确定组件在装配中的相对位置。

（1）"接触对齐"：用于约束两个对象，使其彼此接触或对齐，如图11-13所示。

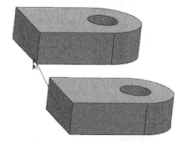

图11-12　"装配约束"对话框

图11-13　"接触对齐"示意图

1）"接触"：定义两个同类对象接触。

2）"对齐"：对齐匹配对象。

3）"自动判断中心/轴"：使圆锥、圆柱和圆环面的轴线重合。

（2）⚖️ "角度"：用于在两个对象之间定义角度尺寸，约束相配组件到正确的方位上，如图11-14所示。角度约束可以在两个具有方向矢量的对象间产生，角度是两个方向矢量间的夹角。这种约束允许配对不同类型的对象。

（3）∥ "平行"：用于约束两个对象的方向矢量彼此平行，如图11-15所示。

（4）⊥ "垂直"：用于约束两个对象的方向矢量彼此垂直，如图11-16所示。

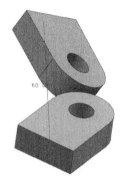

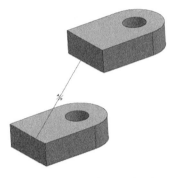
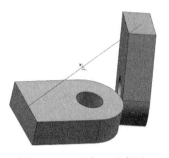

图11-14 "角度"示意图　　　　　图11-15 "平行"示意图　　　　　图11-16 "垂直"示意图

（5）◎ "同心"：用于将相配组件中的一个对象定位到基础组件中的一个对象的中心上，其中一个对象必须是圆柱或轴对称实体，如图11-17所示。

（6）⑾⊪ "中心"：用于约束两个对象的中心对齐。

① "1对2"：用于将相配组件中的一个对象定位到基础组件中的两个对象的对称中心上。

② "2对1"：用于将相配组件中的两个对象定位到基础组件中的一个对象上，并与其对称。

③ "2对2"：用于将相配组件中的两个对象与基础组件中的两个对象呈对称布置。

> **提示**
>
> 相配组件是指需要添加约束进行定位的组件，基础组件是指位置固定的组件。

（7）⊪ "距离"：用于指定两个相配对象间的最小三维距离。距离可以是正值，也可以是负值，正负号确定相配对象是在目标对象的哪一边，如图11-18所示。

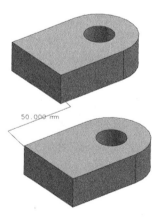

图11-17 "同心"示意图　　　　　　　　图11-18 "距离"示意图

（8）　"对齐/锁定"：用于对齐不同对象中的两个轴，同时防止对象绕公共轴旋转。通常，当需要将螺栓完全约束在孔中时，这将作为约束条件之一。

（9）　"胶合"：用于将对象约束到一起以使它们作为刚体移动。

（10）　"适合窗口"：用于约束半径相同的两个对象，例如圆边或椭圆边，圆柱面或球面。如果半径变为不相等，则该约束无效。

（11）　"固定"：用于将对象固定在其当前位置。

# 11.4 自顶向下装配

自顶向下装配的方法是指在上下文设计（Working in Context）中进行装配。上下文设计是指在一个部件中定义几何对象时引用其他部件的几何对象。

例如，在一个组件中定义孔时需要引用其他组件中的几何对象进行定位。当工作部件是尚未设计完成的组件而显示部件是装配件时，上下文设计非常有用。

自顶向下装配的方法有两种。

方法一：

（1）先建立装配结构，此时没有任何的几何对象。

（2）使其中一个组件成为工作部件。

（3）在该组件中建立几何对象。

（4）依次使其余组件成为工作部件并建立几何对象，注意可以引用显示部件中的几何对象。

方法二：

（1）在装配件中建立几何对象。

（2）建立新的组件，并把图形加到新组件中。

在装配的上下文设计（Designing in Context of an Assembly）中，当工作部件是装配中的一个组件而显示部件是装配件时，定义工作部件中的几何对象时可以引用显示部件中的几何对象，即引用装配件中其他组件的几何对象。建立和编辑的几何对象发生在工作部件中，但是显示部件中的几何对象是可以选择的。

> **提示**
>
> 组件中的几何对象只是被装配件引用而不是复制，修改组件的几何模型后装配件会自动改变，这就是主模型的概念。

## 11.4.1 第一种设计方法

该方法首先建立装配结构即装配关系，但不建立任何几何模型，然后使其中的组件成为工作部件，并在其中建立几何模型，即在上下文中进行设计，边设计边装配。

其详细设计过程如下。

（1）建立一个新装配件，如test.prt。

（2）执行"菜单"→"装配"→"组件"→"新建组件"命令，或单击"装配"选项卡"组件"面组中的 ☝（新建）按钮。

（3）在弹出的"新组件文件"对话框中输入新组件的路径和名称，如P1，单击"确定"。

（4）系统弹出如图11-19所示的"新建组件"对话框，单击"确定"按钮，新组件即可被装到装配件中。

（5）重复上述（2）至（4）的步骤，用上述方法建立新组件P2。

（6）打开装配导航器查看，如图11-20所示。

图11-19　创建新的组件

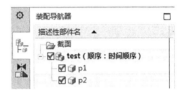

图11-20　装配导航器

（7）以下要在新的组件中建立几何模型，先选择P1成为工作部件，建立如图11-21所示的实体。其中的4个孔是用阵列特征的方法建立的，模型建完后进行保存并关闭。

（8）然后使P2为工作部件，建立如图11-22所示的实体，模型建完后进行保存并关闭。

（9）使装配件test.prt成为工作部件。

（10）执行"菜单"→"装配"→"组件"→"装配约束"命令，或单击"装配"选项卡"组件位置"面组中的 ☝（装配约束）按钮，给组件P1和P2建立配对约束，如图11-23所示。

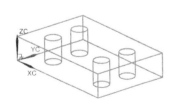

图11-21　组件P1

图11-22　组件P2

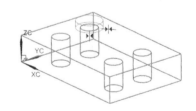

图11-23　建立配对约束

（11）执行"菜单"→"装配"→"组件"→"阵列组件"命令，或单击"主页"选项卡"装配"面组中的 ☝（阵列组件）按钮，弹出如图11-24所示的"阵列组件"对话框，选择组件P2为要阵列的组件，"方向1"选项区域在"指定矢量"下拉列表中选择"XC"轴，在"间距"下拉列表中选择"数量和间隔"，在"数量"文本框中输入2，在"节距"文本框中输入90。"方向2"选项区域在"指定矢量"下拉列表中选择"YC"轴，在"间距"下拉列表中选择"数量和间隔"，在"数量"文本框中输入2，在"节距"文本框中输入-40。单击"确定"按钮，则得到如

图11-25所示的装配体。

（12）将组件P1变成工作部件，编辑引用阵列参数，使阵列的孔的个数改为6个。

图11-24　"阵列组件"对话框

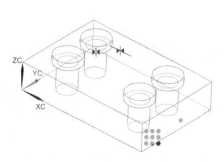

图11-25　装配体

（13）使装配体test.prt为工作部件，如图11-26所示。如图11-27所示的装配导航器中组件P2的个数变为6个。

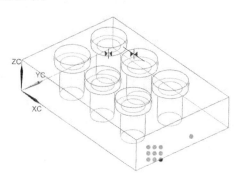

图11-26　修改阵列孔个数后的装配体

图11-27　修改后的装配导航器

## 11.4.2　第二种设计方法

该方法首先在装配件中建立几何模型，然后建立组件即建立装配关系，并将几何模型添加到组件中。

其详细设计过程如下：

（1）打开一个包含几何体的装配件或者在装配件中建立一个几何体。

（2）执行"菜单"→"装配"→"组件"→"新建组件"
命令，或单击"装配"选项卡"组件"面组中的 ![新建] （新建）
按钮，弹出"新组件文件"对话框，在装配件中选择需要添
加的几何模型，单击"确定"，在选择部件对话框中，选择新
组件的路径，并输入名字，单击"确定"按钮。

（3）弹出如图11-28所示的对话框，单击"删除原对象"
按钮，则几何模型添加到组件后就删除装配件中的几何模型，
单击"确定"按钮，新组件就装到装配件中了，并添加了几
何模型。

（4）重复上面的（2）至（3）步，直至完成自顶向下装
配设计为止。

图11-28 "新建组件"对话框

# 11.5 装配爆炸图

爆炸图是在装配环境下把组成装配的组件拆分开来，更好地表达
整个装配的组成状况的视图，便于观察每个组件的一种方法。爆炸图
是一个已经命名的视图，一个模型中可以有多个爆炸图。UG默认的
爆炸图名为Explosion，后加数字后缀。用户也可根据需要指定爆炸图
名称。执行"菜单"→"装配"→"爆炸图"命令，弹出如图11-29
所示的下拉菜单。执行"菜单"→"信息"→"装配"→"爆炸"命
令可以查询爆炸信息。

图11-29 "爆炸图"下拉菜单

## 11.5.1 爆炸图的建立

执行"菜单"→"装配"→"爆炸图"→"新建爆炸"命
令，或单击"装配"选项卡"爆炸图"面组中的 ![新建爆炸] （新建爆炸）
按钮，弹出如图11-30所示的对话框。在该对话框中输入爆炸视
图的名称，或者接受默认名，单击"确定"按钮建立一个新的爆
炸视图。

图11-30 "新建爆炸"对话框

## 11.5.2 自动爆炸视图

执行"菜单"→"装配"→"爆炸图"→"自动爆炸组件"
命令，或单击"装配"选项卡"爆炸图"面组中的 ![自动爆炸组件] （自动爆
炸组件）按钮，系统弹出"类选择"对话框，选择需要爆炸的组
件，完成以后弹出如图11-31所示的对话框。

"距离"：该选项用于设置自动爆炸组件之间的距离。

图11-31 "自动爆炸组件"对话框

### 11.5.3　编辑爆炸视图

执行"菜单"→"装配"→"爆炸图"→"编辑爆炸"命令，或单击"装配"选项卡"爆炸图"面组中的（编辑爆炸）按钮，系统弹出如图11-32所示的对话框。选择需要编辑的组件，然后选择需要的编辑方式，再选择一种移动组件的方法，确定组件的定位方式。然后可以直接用鼠标选取屏幕中的位置，移动组件位置，也可以通过如图11-31所示的对话框来输入移动的距离。

（1）"取消爆炸组件"：执行"菜单"→"装配"→"爆炸图"→"取消爆炸组件"命令，或单击"装配"选项卡"爆炸图"面组中的（取消爆炸组件）按钮，系统弹出类"选择器"对话框，选择需要复位的组件后，单击"确定"按钮，即可使已爆炸的组件回到原来的位置。

（2）"删除爆炸"：执行"菜单"→"装配"→"爆炸图"→"删除爆炸"命令，或单击"装配"选项卡"爆炸图"面组中的（删除爆炸）按钮，系统弹出如图11-33所示的对话框，选择要删除的爆炸图的名称。单击"确定"按钮，即可完成删除操作。

图11-32　"编辑爆炸"对话框

图11-33　"爆炸图"对话框

（3）"隐藏爆炸"：隐藏爆炸图是将当前爆炸图隐藏起来，使图形窗口中的组件恢复到爆炸前的状态。执行"菜单"→"装配"→"爆炸图"→"隐藏爆炸"命令即可。

（4）"显示爆炸"：显示爆炸图是将已建立的爆炸图显示在图形区中。执行"菜单"→"装配"→"爆炸图"→"显示爆炸"命令即可。

## 11.6　组件族

组件族（Part Families）提供通过一个模板零件快速定义一类组件（零件或装配）族方法。该功能主要用于建立一系列标准件，可以一次生成所有的相似组件。

执行"菜单"→"工具"→"部件族"命令，系统会弹出如图11-34所示的对话框，部分选项功能如下。

（1）"可导入部件族模板"：该选项用于连接UG/Manager和IMAN进行产品管理，一般情况下，保持默认选项即可。

（2）"可用的列"：该下拉列表框中列出了用来驱动系列组件的参数选项。

1）"表达式"：选择表达式作为模板，使用不同的表达式值来生成系列组件。

2）"属性"：将定义好的属性值设为模板，可以为系列件生成不同的属性值。

3）"组件"：选择装配中的组件作为模板，用以生成不同的装配。

4）"镜像"：选择镜像体作为模板，同时可以选择是否生成镜像体。

5）"密度"：选择密度作为模板，可以为系列件生成不同的密度值。

6）"特征"：选择特征作为模板，同时可以选择是否生成指定的特征。

选择相应的选项后，双击列表框中的选项或选中指定选项后单击"添加列"按钮，就可以将其添加到"选中的列"列表框中，"选中的列"中不需要的选项可以通过"移除列"按钮来删除。

（3）"族保存目录"：可以利用"浏览…"按钮来指定生成的系列件的存放目录。

（4）"部件族电子表格"：该选项组用于控制如何生成系列件。

1）"创建电子表格"：选中该选项后，系统会自动调用Excel表格，选中的相应条目会被列举在其中，如图11-35所示。

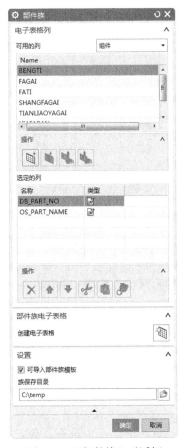

图11-34　"部件族"对话框　　　　图11-35　创建Excel表格

2）"编辑电子表格"：保存生成的Excel表格后，返回UG中，单击该按钮可以重新打开Excel表格进行编辑。

3）"删除族"：删除已定义的组件族文件。

4）"取消"：用于取消对于Excel的当前编辑操作，Excel中还保持上次保存过的状态。一般在"确认部件"以后发现参数不正确，可以利用该选项取消编辑。

另外，如果在装配环境中加入了模板文件的主文件，系统会弹出系列件选择对话框，用户可以自己指定需要导入的部件，完成装配。

## 11.7　装配信息查询

装配信息可以通过相关菜单命令来查询。其命令功能主要在"菜单"→"信息"→"装配"子菜单中（如图11-36所示）。

相关命令功能介绍如下。

（1）"列出组件"：执行该命令后，系统会在信息窗口列出工作部件中各组件的相关信息（如图11-37所示）。其中包括节点名、部件名、引用集名、组件名、单位和组件被加载的数量等信息。

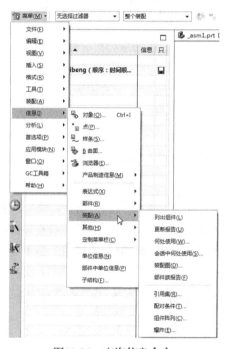

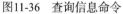

图11-36　查询信息命令

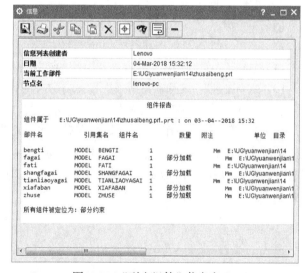

图11-37　"列出组件"信息窗口

（2）"更新报告"：执行该命令后，系统将会列出装配中各部件的更新信息（如图11-38所示）。包括部件名、引用集名、加载的版本、更新、部件族成员状态以及状态字段中的注释等。

（3）"何处使用"：执行该命令后，系统将查找出所有的引用指定部件的装配件。系统会弹出如图11-39所示的对话框。

当输入部件名称和指定相关选项后，系统会在信息窗口中列出引用该部件的所有装配部件，包括信息列表创建者、日期、当前工作部件路径和引用的装配部件名等信息，如图11-40所示。

对话框中主要选项功能如下。

（1）"部件名"：该文本框用于输入要查找的部件名称，默认为当前工作部件名称。

（2）搜索选项

1）"按搜索文件夹"：该选项用于在定义的搜寻目录中查找。

2）"搜索部件文件夹"：该选项用于在部件所在的目录中查找。

3）"输入文件夹"：该选项用于在指定的目录中查找。

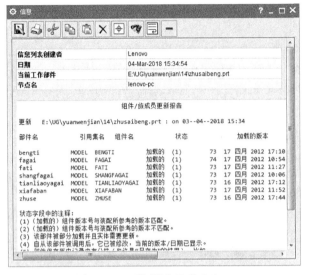

图11-38　"更新报告"信息窗口　　　　　　　　图11-39　"何处使用报告"对话框

（3）"选项"：该选项用于定义查找装配的级别范围。

1）"单一级别"：该选项只用来查找父装配，而不包括父装配的上级装配。

2）"所有级别"：该选项用来在各级装配中查找。

（4）"会话中何处使用"：执行该命令后，可以在当前装配部件中查找引用指定部件的所有装配。系统会弹出如图11-41所示的对话框，在其中选择要查找的部件，选择指定部件后，系统会在信息窗口中列出引用当前所选部件的装配部件，如图11-42所示。信息包括装配部件名、状态和引用数量等。

图11-40　"何处使用报告"信息窗口　　　　　　图11-41　"会话中何处使用"对话框

（5）"装配图"：执行该命令后，系统会弹出如图11-43所示的对话框，在该对话框中设置显示项目和相关信息后，然后指定一点用于放置装配结构图。

图11-42　"会话中何处使用"信息窗口　　　　图11-43　"装配"对话框

对话框上部是已选项目列表框，可以进行添加、删除信息操作，用于设置装配结构图要显示的内容和排列顺序。

对话框中部是当前部件属性列表框和属性名文本框。用户可以在属性列表框中选择属性直接加到项目列表框中，也可以在文本框中输入名称来获取。

对话框下部是指定图形的目标位置，可以将生成的图表放置在当前部件、存在的部件或新部件中。

如果要将生成的装配结构图形删除，选取"移除已有的图表"复选框即可。

## 11.8 装配序列化

装配序列化的功能主要有两个：一个是规定一个装配的每个组件的时间与成本特性；另一个是用于表演装配顺序，指定一线的装配工人进行现场装配。

完成组件装配后，可建立序列化来表达装配各组件间的装配顺序。

执行"菜单"→"装配"→"序列"命令，或单击"装配"选项卡"常规"面组中的 ⬚ （序列）按钮，系统会自动进入序列环境并弹出如图11-44所示的"主页"选项卡。

图11-44 "主页"选项卡

下面介绍该工具栏中主要选项的用法。

（1） "完成"：用于退出序列化环境。

（2） "新建"：用于创建一个序列。系统会自动为这个序列命名为序列_1，以后新建的序列为序列_2、序列_3等依次增加。用户也可以自己修改名称。

（3） "插入运动"：选择该按钮，打开如图11-45所示的"录制组件运动"工具条。该工具条用于建立一段装配动画模拟。

1） "选择对象"：选择需要运动的组件对象。

2） "移动对象"：用于移动组件。

3） "只移动手柄"：用于移动坐标系。

4） "运动录制首选项"：单击该图标，弹出如图11-46所示的"首选项"对话框。该对话框用于指定步进的精确程度和运动动画的帧数。

图11-46 "首选项"对话框

图11-45 "录制组件运动"工具条

5） "拆卸"：用于拆卸所选组件。

6） "摄像机"：用来捕捉当前的视角，以便于回放的时候在合适的角度观察运动情况。

（4） "装配"：选择该按钮，弹出"类选择"对话框，按照装配步骤选择需要添加的组件，该组件会自动出现在视图区右侧。用户可以依次选择要装配的组件，生成装配序列。

（5） "一起装配"：用于在视图区选择多个组件，一次全部进行装配。"装配"功能只能一次装配一个组件，该功能在"装配"功能选中之后可选。

（6） "拆卸"：用于在视图区选择要拆卸的组件，该组件会自动恢复到绘图区左侧。该功能主要是模拟反装配的拆卸序列。

（7） "一起拆卸"：一起装配的反过程。

（8） "记录摄像位置"：用于为每一步序列生成一个独特的视角。当序列演变到该步时，自动转换到定义的视角。

（9）"插入暂停"：选择该按钮，系统会自动插入暂停并分配固定的帧数，当回放的时候，系统看上去像暂停一样，直到走完这些帧数。

（10）"删除"：用于删除一个序列步。

（11）"在序列中查找"：选择该按钮，打开"类选择"对话框，可以选择一个组件，然后查找应用了该组件的序列。

（12）"显示所有序列"：用于显示所有的序列。

（13）"捕捉布置"：用于可以把当前的运动状态捕捉下来，作为一个装配序列。用户可以为

这个序列取一个名字，系统会自动记录这个序列。

定义完成序列以后，就可以通过如图11-47所示的"序列回放"组来播放装配序列。在最左边的输入栏设置当前帧数，在最右边的输入栏调节播放速度，从1到10，数字越大，播放的速度就越快。

图11-47　"序列回放"工具栏

## 11.9 综合实例——台虎钳装配图

台虎钳装配图如图11-48所示。

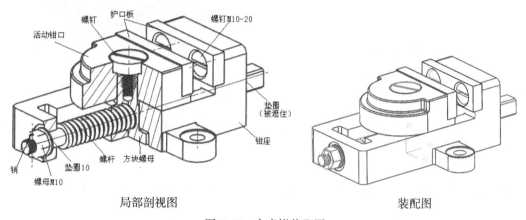

局部剖视图　　　　　　　　　　　装配图

图11-48　台虎钳装配图

### 11.9.1　装配台虎钳

1. 打开部件文件

单击"主页"选项卡"打开"按钮，弹出"打开"对话框，输入qianzuo.prt，单击"OK"按钮，进入UG主界面。

扫码看视频

2. 旋转钳座

（1）执行"菜单"→"编辑"→"移动对象"命令，弹出如图11-49所示的"移动对象"对话框。

（2）在视图区选择钳座实体为移动对象。

（3）在"运动"下拉列表中选择"角度"选项。

（4）单击"矢量对话框" 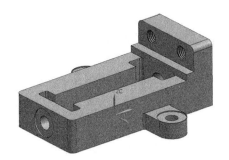按钮，弹出"矢量"对话框，选择"ZC轴"正向作为矢量方向，单击"确定"按钮，返回"移动对象"对话框。单击"点对话框" 按钮，弹出"点"对话框，选择原点为基点，单击"确定"按钮，返回"移动对象"对话框。

（5）在"角度"文本框中输入90，点选"移动原先的"单选按钮，单击"确定"按钮，完成旋转操作，如图11-50所示。

图11-49 "移动对象"对话框　　　　　　　　图11-50 旋转后的钳座

3. 另存文件

单击"快速访问"工具栏中的"另存为"按钮 ，弹出"另存为"对话框，输入文件名huqian，单击"OK"按钮。

4. 安装方块螺母

（1）执行"菜单"→"应用模块"→"装配"命令，或单击"应用模块"选项卡"设计"面组中的 （装配）按钮，进入装配模式。

（2）执行"菜单"→"装配"→"组件"→"添加组件"命令，或单击"主页"选项卡"装配"面组中的 （添加）按钮，弹出如图11-51所示的"添加组件"对话框。

（3）在"添加组件"对话框中单击"打开" 按钮，弹出"部件名"对话框，选择"fangkuailuomu.prt"，单击"OK"按钮，载入该文件。

（4）返回到"添加组件"对话框，在绘图区指定放置组件的位置，弹出"组件预览"对话框。

（5）在"添加组件"对话框中，"引用集"选项选择"模型（"MODEL"）"选项，"图层选项"选项卡内选择"原始的"选项，"放置"选项卡内选择 约束选项，在"约束类型"选项卡内选择"接触对齐 "类型，在"要约束的几何体"选项卡的"方位"下拉列表中选择"接触"选项，"添加组件"对话框设置如图11-52所示。在视图区选择相配部件和基础部件的接触面，如图11-53和图11-54所示。

（6）在"添加组件"对话框中选择"接触对齐 "类型，在视图区选择相配部件和基础部件的接触面，如图11-55和图11-56所示。

图11-51　"添加组件"对话框

图11-52　"添加组件"对话框

图11-53　相配部件

图11-54　基础部件

图11-55　相配部件

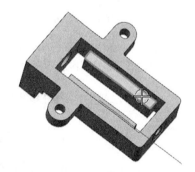

图11-56　基础部件

（7）在"添加组件"对话框中选择"距离"类型，在视图区选择相配部件和基础部件，如图11-57和图11-58所示。

（8）在"距离"文本框中输入33。单击"确定"按钮，安装方块螺母，如图11-59所示。

图11-57　相配部件

图11-58　基础部件

图11-59　安装方块螺母

5．安装活动钳口

（1）执行"菜单"→"装配"→"组件"→"添加组件"命令，或单击"主页"选项卡"装配"面组中的 按钮，打开"添加组件"对话框。

（2）在"添加组件"对话框中单击"打开"按钮，打开"部件名"对话框，选择"huodongqiankou.prt"，单击"OK"按钮，载入该文件。

（3）返回到"添加组件"对话框，在绘图区指定放置组件的位置，弹出"组件预览"对话框

（4）在"添加组件"对话框中，"放置"选项卡内选择◎约束选项，在"约束类型"选项卡内选择"接触对齐▼⃥"类型，在"要约束的几何体"选项卡的"方位"下拉列表中选择"接触"，在视图区选择相配部件和基础部件，如图11-60和图11-61所示。

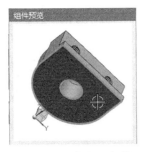

图11-60　选择相配部件

图11-61　选择基础部件

（5）在"约束类型"选项卡内选择"接触对齐▼⃥"类型，在"方位"下拉列表中选择"自动判断中心/轴"，在视图区选择相配部件和基础部件，如图11-62所示。

图11-62　选择相配部件和基础部件

（6）在"约束类型"选项卡内选择"平行%"类型，在视图区选择相配部件和基础部件，如图11-63所示。

（7）在"添加组件"对话框中，单击"确定"按钮，安装活动钳口，如图11-64所示。

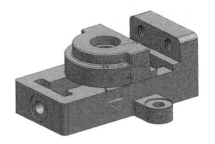

图11-63　选择相配部件和基础部件

图11-64　安装活动钳口

6．安装螺钉

（1）执行“菜单”→“装配”→“组件”→“添加组件”命令，或单击“主页”选项卡“装配”面组中的（添加）按钮，打开“添加组件”对话框。

（2）在“添加组件”对话框中单击按钮，弹出“部件名”对话框，选择“luoding.prt”，单击“OK”按钮，载入该文件。

（3）返回到“添加组件”对话框，在绘图区指定放置组件的位置，弹出“组件预览”窗口。在“引用集”选项卡内选择“模型”选项，“图层选项”选项卡内选择“原始的”选项，“放置”选项卡内选择 约束 选项，在“约束类型”选项卡内选择“接触对齐”类型，在“要约束的几何体”选项卡的“方位”下拉列表中选择“接触”。在视图区选择相配部件和基础部件，如图11-65和图11-66所示。

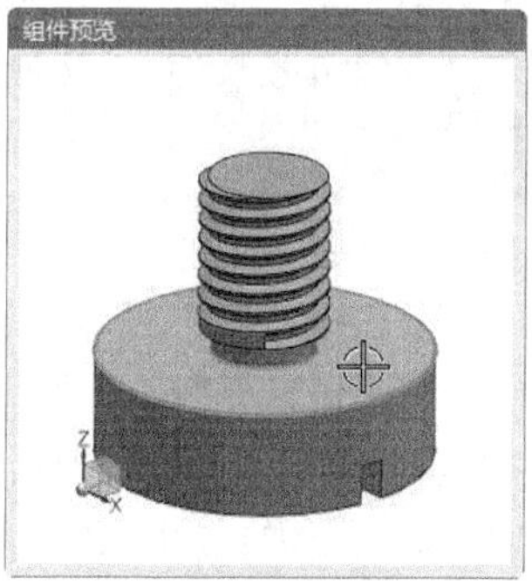

图11-65　选择相配部件

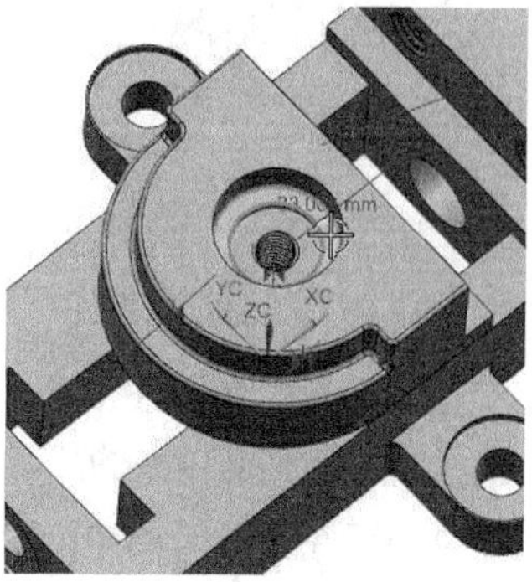
图11-66　选择基础部件

（4）在“装配约束”对话框中选择“接触对齐”类型，在“方位”下拉列表中选择“自动判断中心/轴”，在视图区选择相配部件和基础部件，如图11-67所示。

（5）在“添加组件”对话框中，单击“确定”按钮，安装螺钉，如图11-68所示。

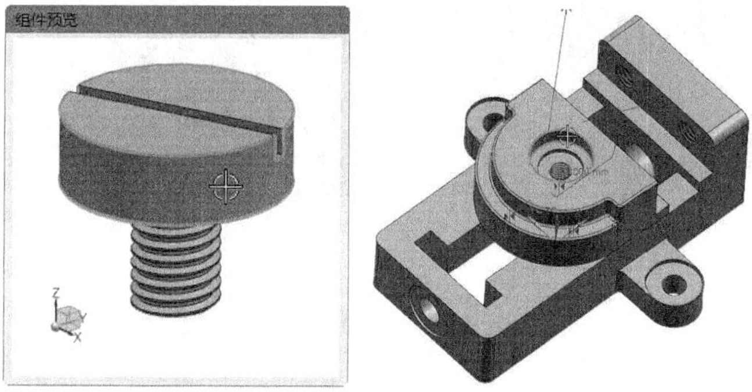

图11-67　选择相配部件和基础部件

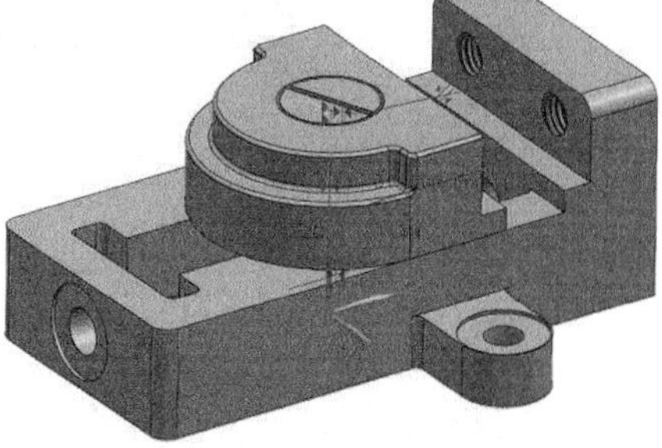
图11-68　安装螺钉

7．安装垫圈

（1）执行“菜单”→“装配”→“组件”→“添加组件”命令，或单击“主页”选项卡“装配”面组中的（添加）按钮，打开“添加组件”对话框。

（2）在“添加组件”对话框中单击按钮，打开“部件名”对话框，选择“dianquan.prt”，单击“OK”按钮，载入该文件。

（3）返回到"添加组件"对话框，在绘图区指定放置组件的位置，弹出"组件预览"窗口，在"放置"选项卡内选择◉ 约束选项，在"约束类型"选项卡内选择"接触对齐""类型，在"要约束的几何体"选项卡的"方位"下拉列表中选择"接触"，在视图区选择相配部件和基础部件，如图11-69和图11-70所示。

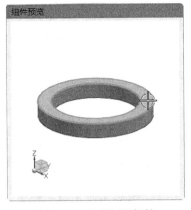

图11-69　选择相配部件

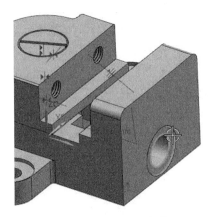

图11-70　选择基础部件

（4）在"添加组件"对话框中，"约束类型"选项卡内选择"接触对齐""类型，在"方位"下拉列表中选择"自动判断中心/轴"，在视图区选择相配部件和基础部件，如图11-71所示。

（5）在"添加组件"对话框中，单击"确定"按钮，安装垫圈，如图11-72所示。

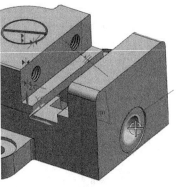
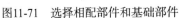

图11-71　选择相配部件和基础部件

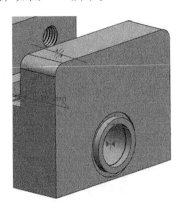

图11-72　安装垫圈

8. 安装螺杆

（1）执行"菜单"→"装配"→"组件"→"添加组件"命令，或单击"主页"选项卡"装配"面组中的 （添加）按钮，打开"添加组件"对话框。

（2）在"添加组件"对话框中单击 按钮，弹出"部件名"对话框，选择"luogan.prt"，单击"OK"按钮，载入该文件。

（3）返回到"添加组件"对话框，在绘图区指定放置组件的位置，弹出"组件预览"窗口，在"放置"选项卡内选择◉ 约束选项，在"约束类型"选项卡内选择"接触对齐""类型，在"要约束的几何体"选项卡"方位"的下拉列表中选择"接触"，在视图区选择相配部件和基础部件，如

图11-73和图11-74所示。

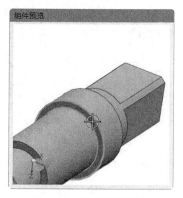

图11-73　选择相配部件

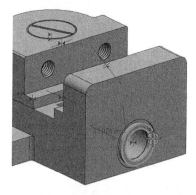

图11-74　选择基础部件

（4）在"添加组件"对话框中，"约束类型"选项卡内选择"接触对齐"类型，"方位"下拉列表中选择"自动判断中心/轴"，在视图区选择相配部件和基础部件，如图11-75和图11-76所示。

（5）在"添加组件"对话框中，单击"确定"按钮，安装螺杆，如图11-77所示。

图11-75　选择相配部件

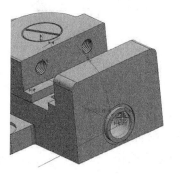

图11-76　选择基础部件

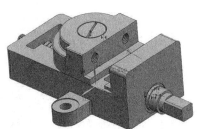

图11-77　安装螺杆

9．安装垫圈10

（1）执行"菜单"→"装配"→"组件"→"添加组件"命令，或单击"主页"选项卡"装配"面组中的 （添加）按钮，弹出"添加组件"对话框。

（2）在"添加组件"对话框中单击 按钮，打开"部件名"对话框，选择"dianquan10.prt"，单击"OK"按钮，载入该文件。

（3）返回到"添加组件"对话框，在绘图区指定放置组件的位置，弹出"组件预览"窗口，在"放置"选项卡内选择 约束选项，在"约束类型"选项卡内选择"接触对齐"类型，在"要约束的几何体"选项卡"方位"的下拉列表中选择"接触"，在视图区选择相配部件和基础部件，如图11-78和图11-79所示。

（4）在"添加组件"对话框中，"约束类型"选项卡内选择"接触对齐"类型，在"方位"下拉列表中选择"自动判断中心/轴"，在视图区选择相配部件和基础部件，如图11-80和图11-81所示。

（5）在"添加组件"对话框中，单击"确定"按钮，安装垫圈10，如图11-82所示。

图11-78  选择相配部件

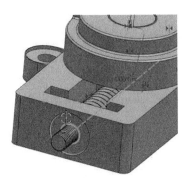

图11-79  选择基础部件

图11-80  选择相配部件

图11-81  选择基础部件

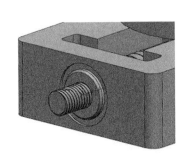

图11-82  安装垫圈

10．安装螺母M10

（1）执行"菜单"→"装配"→"组件"→"添加组件"命令，或单击"主页"选项卡"装配"面组中的 (添加)按钮，打开"添加组件"对话框。

（2）在"添加组件"对话框中单击 按钮，弹出"部件名"对话框，选择"luomum10.prt"，单击"OK"按钮，载入该文件。

（3）返回到"添加组件"对话框，在绘图区指定放置组件的位置，弹出"组件预览"窗口，在"放置"选项卡内选择 约束 选项，在"约束类型"选项卡内选择"接触对齐 "类型，在"要约束的几何体"选项卡的"方位"下拉列表中选择"接触"，在视图区选择相配部件和基础部件，如图11-83和图11-84所示。

图11-83  选择相配部件

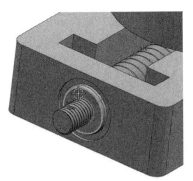

图11-84  选择基础部件

（4）在"添加组件"对话框中，"约束类型"选项卡内选择"接触对齐 ⁣"类型，"方位"下拉列表中选择"自动判断中心/轴"，在视图区选择相配部件和基础部件，如图11-85和图11-86所示。

（5）在"添加组件"对话框中，单击"确定"按钮，安装螺母M10，如图11-87所示。

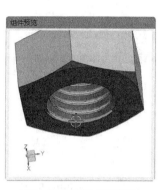

图11-85　选择相配部件

图11-86　选择基础部件

图11-87　安装螺母M10

11．安装销

（1）执行"菜单"→"装配"→"组件"→"添加组件"命令，或单击"主页"选项卡"装配"面组中的 ⁣（添加）按钮，弹出"添加组件"对话框。

（2）在"添加组件"对话框中单击 按钮，打开"部件名"对话框，选择"xiao3-16.prt"，单击"OK"按钮，载入该文件。

（3）返回到"添加组件"对话框，在绘图区指定放置组件的位置，弹出"组件预览"窗口，在"放置"选项卡内选择 约束 选项，在"约束类型"选项卡内选择"接触对齐 ⁣"类型，在"要约束的几何体"选项卡的"方位"下拉列表中选择"自动判断中心/轴"，在视图区选择相配部件和基础部件，如图11-88所示。

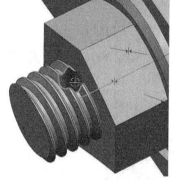

图11-88　选择部件

（4）在"添加组件"对话框中，"约束类型"选项卡内选择"接触对齐 ⁣"类型，在"方位"下拉列表中选择"对齐"，在视图区选择相配部件和基础部件，如图11-89所示。

（5）在"添加组件"对话框中，单击"确定"按钮，安装销3-16，如图11-90所示。

图11-89　选择部件

图11-90　安装销3-16

12．安装护口板

（1）执行"菜单"→"装配"→"组件"→"添加组件"命令，或单击"主页"选项卡"装配"面组中的 （添加）按钮，弹出"添加组件"对话框。

（2）在"添加组件"对话框中单击 按钮，打开"部件名"对话框，选择"hukouban.prt"，单击"OK"按钮，载入该文件。

（3）返回到"添加组件"对话框，在绘图区指定放置组件的位置，弹出"组件预览"窗口，在"放置"选项卡内选择 约束 选项，在"约束类型"选项卡内选择"接触对齐 "类型，在"要约束的几何体"选项卡的"方位"下拉列表中选择"接触"，在视图区选择相配部件和基础部件，如图11-91和图11-92所示。

图11-91　选择相配部件

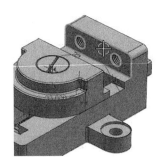

图11-92　选择基础部件

（4）在"添加组件"对话框中，"约束类型"选项卡内选择"接触对齐 "类型，"方位"下拉列表中选择"自动判断中心/轴"，在视图区选择相配部件和基础部件，如图11-93和图11-94所示。

图11-93　选择相配部件

图11-94　选择基础部件

（5）在"添加组件"对话框中，单击"确定"按钮，安装护口板，如图11-95所示。

（6）同样，依据上面的步骤，安装另一侧的护口板，如图11-96所示。

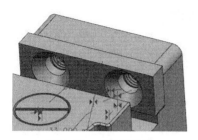

图11-95　安装护口板

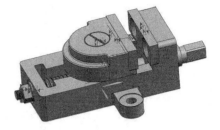

图11-96　安装护口板

13．安装螺钉M10-20

（1）执行"菜单"→"装配"→"组件"→"添加组件"命令，或单击"主页"选项卡"装配"面组中的 （添加）按钮，打开"添加组件"对话框。

（2）在"添加组件"对话框中单击 按钮，弹出"部件名"对话框，选择"luodingm10-20.prt"，单击"OK"按钮，载入该文件。

（3）返回到"添加组件"对话框，在绘图区指定放置组件的位置，弹出"组件预览"窗口，在"放置"选项卡内选择
◉ 约束 选项，在"约束类型"选项卡内选择"接触对齐 "类型，在"要约束的几何体"选项卡的"方位"下拉列表中选择"接触"，在视图区选择相配部件和基础部件，如图11-97和图11-98所示。

图11-97　选择相配部件

（4）在"添加组件"对话框中，"约束类型"选项卡内选择"接触对齐 "类型，"方位"下拉列表中选择"自动判断中心/轴"，在视图区选择相配部件和基础部件，如图11-99和图11-100所示。

图11-98　选择基础部件

图11-99　选择相配部件

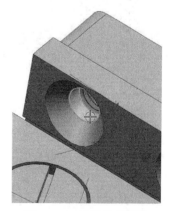

图11-100　选择基础部件

（5）在"添加组件"对话框中，单击"确定"按钮，安装螺钉M10-20，如图11-101所示。

（6）单击"主页"选项卡"装配"面组上的 （阵列组件）按钮，弹出如图11-102所示的"阵

列组件"对话框。在"阵列组件"对话框中，选择"线性"布局，在视图区选择边缘，如图11-103所示边缘为方向1。

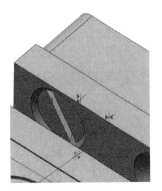

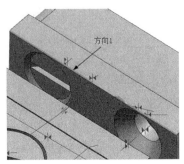

图11-101 安装螺钉M10-20 　　图11-102 "阵列组件"对话框 　　图11-103 选择边缘

（7）输入"数量"和"节距"为2和40。

（8）在"阵列组件"对话框中，单击"确定"按钮，阵列螺钉M10-20，如图11-104所示。

（9）同理，按照上面的步骤安装另一个护口板上螺钉，如图11-105所示。

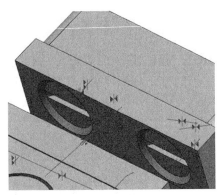

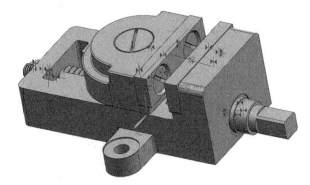

图11-104 阵列螺钉M10-20 　　　　图11-105 装配台虎钳结果图

## 11.9.2 台虎钳爆炸图

### 1. 打开装配文件

单击"主页"选项卡"打开"按钮，弹出"打开"对话框，输入huqian.prt，单击"OK"按钮，进入建模环境。

扫码看视频

2．另存文件

单击"快速访问"工具栏中的"另存为"按钮 ，弹出"另存为"对话框，输入huqianbaozha.prt，单击"OK"按钮。

图11-106　"新建爆炸"对话框

3．创建爆炸图

（1）执行"菜单"→"装配"→"爆炸图"→"新建爆炸"命令，打开如图11-106所示的"新建爆炸"对话框。

（2）在"新建爆炸"对话框中的"名称"文本框中输入huqian。

（3）在"新建爆炸"对话框中，单击"确定"按钮，创建台虎钳爆炸图。

4．爆炸组件

（1）执行"菜单"→"装配"→"爆炸图"→"自动爆炸组件"命令，弹出"类选择"对话框，单击"全选"  按钮，选中所有的组件。单击"确定"按钮，弹出如图11-107所示的"自动爆炸组件"对话框。

（2）在"自动爆炸组件"对话框中的"距离"文本框中输入60。

（3）在"自动爆炸组件"对话框中，单击"确定"按钮，爆炸组件，如图11-108所示。

图11-107　"自动爆炸组件"对话框

图11-108　爆炸组件

5．编辑爆炸图

（1）执行"菜单"→"装配"→"爆炸图"→"编辑爆炸"命令，打开如图11-109所示的"编辑爆炸"对话框。

（2）在视图区选择组件"销"。

（3）在"编辑爆炸"对话框中选中 ⊙ 移动对象 单选按钮，拖动手柄到合适的位置，如图11-110所示。

图11-109　"编辑爆炸"对话框

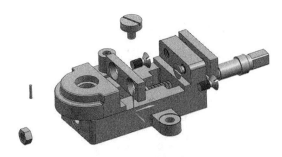

图11-110　移动销3-16

（4）在"编辑爆炸"对话框中，单击"应用"按钮或者鼠标中键。

（5）同理，移动其他组件，编辑后的爆炸图如图11-111所示。

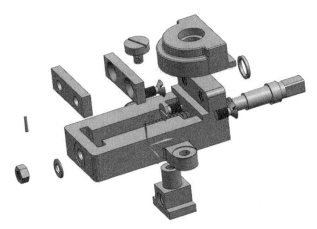

图11-111　编辑后的爆炸图

6．组件不爆炸

（1）执行"菜单"→"装配"→"爆炸图"→"取消爆炸组件"命令，打开"类选择"对话框。

（2）在视图区选择不进行爆炸的组件，如图11-112所示。单击"确定"按钮，使已爆炸的组件恢复到原来的位置，如图11-113所示。

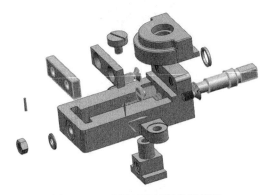

图11-112　选择不进行爆炸的组件

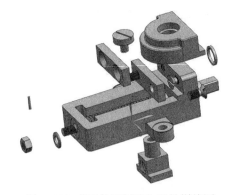

图11-113　"组件不爆炸"后的爆炸图

7．隐藏爆炸

执行"菜单"→"装配"→"爆炸图"→"隐藏爆炸"命令，则将当前爆炸图隐藏起来，使视图区中的组件恢复到爆炸前的状态。

# 第 12 章

# 工程图

## 本章导读

UG NX 12.0 的工程图是为了满足用户的二维出图功能。尤其是对传统的二维设计用户来说，很多工作还需要二维工程图。利用 UG 建模功能中创建的零件和装配模型，可以被引用到 UG 制图功能中快速生成二维工程图，UG 制图功能模块建立的工程图是由三维实体模型投影得到的，因此，二维工程图与三维实体模型完全关联。模型的任何修改都会引起工程图的相应变化。本章简要介绍了 UG 制图中的常用功能。

## 内容要点

- 工程图概述
- 工程图参数预设置
- 图纸管理
- 视图管理
- 视图编辑
- 标注与符号

## 12.1 工程图概述

执行"菜单"→"文件"→"新建"命令，在"新建"对话框中选择"图纸"选项卡，选择适当模板，单击"确定"按钮，即可启动UG工程制图模块，进入工程制图界面（如图12-1所示）。

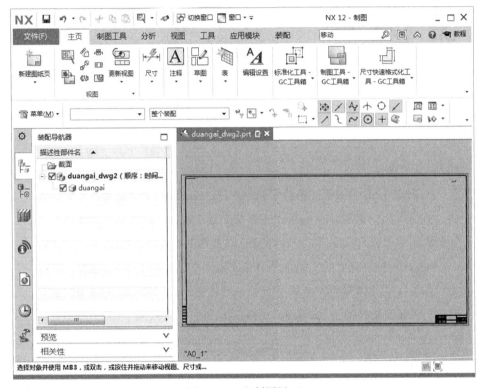

图12-1　工程制图界面

UG工程绘图模块提供了自动视图布置、剖视图、各向视图、局部放大图、局部剖视图、自动、手工尺寸标注、形位公差、表面粗糙度符号标注、支持GB、标准汉字输入、视图手工编辑、装配图剖视、爆炸图、明细表自动生成等选项卡。

具体各操作说明如下。

1. 选项卡（如图12-2所示）

图12-2　"主页"选项卡

2. 制图导航器操作

和建模环境一样，用户同样可以通过图纸导航器来操作图纸，如图12-3所示。每一幅图纸也会有相应的父子关系和细节窗口可以显示。在图纸导航器上同样有很强大的快捷菜单命令功能（单击鼠标右键即可实现），如图12-4所示。对于不同层次，单击鼠标右键后弹出的快捷菜单功能是不一样的。

图12-3 部件导航器

图12-4 导航器上快捷菜单

# 12.2 工程图参数预设置

在添加视图时，应预先设置工程图的有关参数。参数用来设置符合国标的工程图尺寸，控制工程图的风格，以下对一些常用的工程图参数设置进行简单介绍，其他用户可以参考帮助文件。

执行"菜单"→"首选项"→"制图"命令，弹出如图12-5所示的"制图首选项"对话框，用于进行包括"常规/设置""公共""图纸格式""视图""注释"和"表"等11种选项操作。用户选取相应的选项卡，对话框中就会出现相应的选项。

图12-5 "制图首选项"选项框

下面介绍常用的几种参数的设置方法。

（1）"尺寸"：设置尺寸相关的参数的时候，根据标注尺寸的需要，用户可以利用对话框中上部的尺寸和直线/箭头工具条进行设置。在尺寸设置中主要有以下几个设置选项。

1）"尺寸线"：根据标注的尺寸的需要，勾选箭头之间是否有线，或者修剪尺寸线。

2）"方向和位置"：在下拉列表中可以选择5种文本的放置位置。

3）"公差"：可以设置最高6位的精度和12种类型的公差，如图12-6所示显示了可以设置的12种类型的公差形式。

4）"倒斜角"：系统提供了4种类型的倒斜角样式，可以设置分割线样式和间隔，也可以设置指引线的格式。

（2）"公共"："直线/箭头"选项卡如图12-7所示。

图12-6　12种公差形式

图12-7　"直线/箭头"选项卡

1）"箭头"：该选项用于设置剖视图中的截面线箭头的参数，用户可以改变箭头的大小和箭头的长度以及箭头的角度。

2）"箭头线"：该选项用于设置截面延长线的参数。用户可以修改剖面延长线长度以及图形框之间的距离。

直线和箭头相关参数的设置可以设置尺寸线箭头的类型和箭头的形状参数，同时还可以设置尺寸线、延长线和箭头的显示颜色、线形和线宽。在设置参数时，用户根据要设置的尺寸和箭头的形式，在对话框中选择箭头的类型，并且输入箭头的参数值。如果需要，还可以在下部的选项中改变尺寸线和箭头的颜色。

3）"文字"：设置文字相关的参数时，用户可以设置4种"文字类型"选项参数，包括尺寸、附加的、公差和一般。设置文字参数时，先选择文字对齐位置和文本对准方式，再选择要设置的"文字类型"参数，最后在"文字大小""间隙因子""宽高比"和"行间距因子"等文本框中输入设置参数，这时用户可在预览窗口中看到文字的显示效果。

4）"符号"：符号参数选项可以设置符号的颜色、线型和线宽等参数。

（3）"注释"：设置各种标注的颜色、线条和线宽。

剖面线/区域填充：用于设置各种填充线/剖面线样式和类型，并且可以设置角度和线型。在此选项卡中设置了区域内应该填充的图形和比例以及角度等，如图12-8所示。

图12-8　"填充/剖面线"选项卡

（4）"表"：用于设置二维工程图表格的格式、文字标注等参数。

"零件明细表"：用于指定生成明细表时，默认的符号、标号顺序、排列顺序和更新控制等参数。

"单元格"：用来控制表格中每个单元格的格式、内容和边界线设置等参数。

另外，对于制图的预设置操作，在UG NX 12.0中"用户默认设置"管理工具中可以统一设置默认值。执行"菜单"→"文件"→"实用工具"→"用户默认设置"命令，弹出如图12-9所示的"用户默认设置"对话框进行默认设置的更改。

图12-9　"用户默认设置"对话框

# 12.3 图纸管理

在UG中，任何一个三维模型，都可以通过不同的投影方法、不同的图样尺寸和不同的比例创建灵活多样的二维工程图。本节包括了工程图纸的创建、打开、删除和编辑。

## 12.3.1 新建工程图

执行"菜单"→"插入"→"图纸页"命令，或单击"主页"选项卡中的 （新建图纸页）按钮，系统会弹出如图12-10所示的对话框。对话框部分选项功能介绍如下。

（1）大小

1）"使用模板"：选择此选项，在该对话框中选择所需的模板即可。

2）"标准尺寸"：选择此选项，通过如图12-10所示的对话框设置标准图纸的大小和比例。

3）"定制尺寸"：选择此选项，通过此对话框可以自定义设置图纸的大小和比例。

4）"大小"：用于指定图纸的尺寸规格。

5）"比例"：用于设置工程图中各类视图的比例大小，系统默认的设置比例为1:1。

（2）"图纸页名称"：该文本框用来输入新建工程图的名称。名称最多可包含30个字符，但不允许含有空格，系统自动将所有字符转换成大写方式。

（3）"投影"：该选项用来设置视图的投影角度方式。系统提供的投影角度分为"第三角投影"和"第一角投影"两种，如图12-11所示。按我国的制图标准，一般采用"第一象限角"的投影，两种投影方式如图12-12和图12-13所示。

图12-10 "工作表"对话框

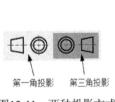

图12-11 两种投影方式

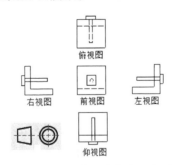

图12-12 第一象限角投影示意图

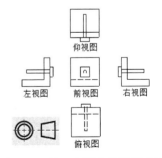

图12-13 第三象限角投影示意图

## 12.3.2　编辑工程图

在进行视图添加及编辑过程中，有时需要临时添加剖视图、技术要求等，那么新建过程中设置的工程图参数可能无法满足要求（例如比例不适当），这时需要对已有的工程图进行修改编辑。

执行"菜单"→"编辑"→"图纸页"命令，系统会弹出如图12-10所示的对话框。在对话框中修改已有工程图的名称、尺寸、比例和单位等参数。完成修改后，系统会按照新的设置对工程图进行更新。需要注意的是：在编辑工程图时，投影角度参数只能在没有产生投影视图的情况下进行修改，否则，需要删除所有的投影视图后执行投影视图的编辑。

## 12.4　视图管理

创建完工程图之后，下面就应该在图纸上绘制各种视图来表达三维模型。生成各种投影是工程图最核心的问题，UG制图模块提供了各种视图的管理功能，包括添加各种视图、对齐视图和编辑视图等。其中大部分命令可以在如图12-14所示的"视图"面组中找到。

图12-14　"视图"面组

## 12.4.1　建立基本视图

执行"菜单"→"插入"→"视图"→"基本"命令，或单击"主页"选项卡"视图"面组中的（基本视图）按钮，系统会弹出如图12-15所示的对话框。

（1）"视图样式"：该选项用于启动"视图样式"设置对话框，可以进行相关视图参数设置。

（2）"要使用的模型视图"：该选项包括俯视图、左视图、前视图、正等轴测图等8种基本视图的投影。

（3）"比例"：该选项用于指定添加视图的投影比例，其中共有9种方式，如果指定（按表达式定比例），用户可以指定视图比例和实体的一个表达式保持一致。

（4）"定向视图工具"：该选项会弹出如图12-16所示的对话框，用于定向视图的投影方向。

图12-15　"基本视图"对话框

图12-16　"定向视图工具"对话框

（5）"隐藏的组件"：该选项对于装配体制图而言，允许用户选取其中的组件进行隐藏。

（6）"非剖切"：该选项对于装配体制图而言，允许用户对组件不进行剖视。

## 12.4.2 投影视图

执行"菜单"→"插入"→"视图"→"投影"命令，或单击"主页"选项卡"视图"面组中的（投影视图）按钮，系统会弹出如图12-17所示的对话框。

"投影视图"对话框部分选项功能如下。

（1）"父视图"：该选项用于在绘图工作区选择视图作为基本视图（父视图），并从它投影出其他视图。

（2）"铰链线"：选择父视图后，定义折页线图标会被自动激活，所谓折页线就是与投影方向垂直的线。用户也可以单击该图标来定义一个指定的、相关联的折页线方向。如不满足要求用户还可以使用"反向"图标进行调整。

图12-17 "投影视图"对话框

## 12.4.3 局部放大视图

执行"菜单"→"插入"→"视图"→"局部放大图"命令，或单击"主页"选项卡"视图"面组中的（局部放大图）按钮，系统会弹出如图12-18所示的对话框。

"局部放大图"对话框部分选项功能如下。

（1）"圆形"：创建有圆形边界的局部放大图。

（2）"按拐角绘制矩形"：使用所选的两个对角拐角点创建矩形局部放大图边界。

（3）"按中心和拐角绘制矩形"：使用所选中心点和拐角点创建矩形局部放大图边界。

（4）"比例"：在该列表中选择局部放大视图的比例，该比例是放大图与实际尺寸的比例，而不是放大图与俯视图的比例。

图12-18 "局部放大图"对话框

## 12.4.4 剖视图

执行"菜单"→"插入"→"视图"→"剖视图"命令，或单击"主页"选项卡"视图"面组中的（局部剖视图）按钮，系统会弹出如图12-19所示的对话框，其简单剖视图示意图如图12-20所示。

图12-19　"剖视图"对话框

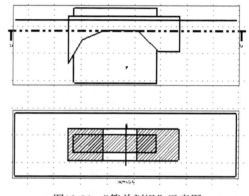

图12-20　"简单剖视"示意图

"剖视图"对话框部分选项功能如下。

1．截面线

（1）"定义"：包括动态和选择现有的两种。如果选择"动态"，根据创建方法，系统会自动创建截面线，将其放置到适当位置即可；如果选择现有的，根据截面线创建剖视图。

（2）"方法"：在列表中选择创建剖视图的方法，包括简单剖/阶梯剖、半剖、旋转和点到点。

2．铰链线

（1）"矢量选项"：包括自动判断和已定义。

1）"自动判断"：为视图自动判断铰链线和投影方向。

2）"已定义"：允许为视图手工定义铰链线和投影方向。

（2）"反转剖切方向"：反转剖切线箭头的方向。

3．设置

（1）"非剖切"：在视图中选择不剖切的组件或实体，做不剖处理。

（2）"隐藏的组件"：在视图中选择要隐藏的组件或实体，使其不可见。

## 12.4.5　局部剖视图

执行"菜单"→"插入"→"视图"→"局部剖"命令，或单击"主页"选项卡"视图"面组中的 （局部剖）按钮，弹出如图12-21所示的"局部剖"对话框。该对话框用于通过任何父图纸视图中移除一个部件区域来创建一个局部剖视图。其示意图如图12-22所示。

"局部剖"对话框中的功能选项说明如下。

（1）⊞"选择视图"：用于选择要进行局部剖切的视图。

（2）⊡"指出基点"：用于确定剖切区域沿拉伸方向开始拉伸的参考点，该点可通过"捕捉点"工具栏指定。

图12-21 "局部剖"对话框

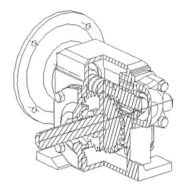

图12-22 "局部剖"示意图

（3）⊡"指出拉伸矢量"：用于指定拉伸方向，可用矢量构造器指定，必要时可使拉伸反向，或指定为视图法向。

（4）⊡"选择曲线"：用于定义局部剖切视图剖切边界的封闭曲线。当选择错误时，可单击"取消选择上一个"按钮，取消上一个选择。定义边界曲线的方法是在进行局部剖切的视图边界上单击鼠标右键，在弹出的快捷菜单中选择"展开"选项，进入视图成员模型工作状态。用曲线功能在要产生局部剖切的位置创建局部剖切边界线。完成边界线的创建后，在视图边界上单击鼠标右键，再从快捷菜单中选择"扩大"命令，恢复到工程图界面。这样，就建立了与选择视图相关联的边界线。

（5）⊡"修改边界曲线"：用于修改剖切边界点，必要时可用于修改剖切区域。

（6）"切穿模型"：勾选该复选框，则剖切时完全穿透模型。

## 12.4.6 断开视图

执行"菜单"→"插入"→"视图"→"断开视图"命令，或单击"主页"选项卡"视图"面组中的⊡（断开视图）按钮，弹出如图12-23所示的"断开视图"对话框。该对话框用于将图纸视图分解成多个边界并进行压缩，从而隐藏不感兴趣的部件部分，以此来减少图纸视图的大小，示意图如图12-24所示。

图12-23 "断开视图"对话框

"断开视图"对话框中的功能选项说明如下。

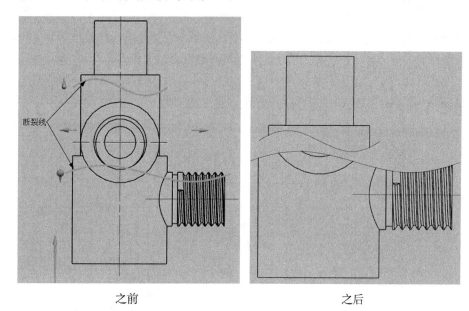

之前　　　　　　　　　　　　　　之后

图12-24　"断开视图"示意图

（1）类型

1）██ "常规"：创建具有两条表示图纸上断裂线的断开视图。

2）██ "单侧"：创建具有一条断裂线的断开视图。

（2）"主模型视图"：用于当前图纸页中选择要断开的视图。

（3）"方向"：断开的方向垂直于断裂线。

1）"方位"：指定与第一个断开视图相关的其他断开视图的方向。

2）"指定矢量"：添加第一个断开视图时可用，用于为断开的预选方向选择另一个矢量。

（4）断裂线1、断裂线2

1）"关联"：将断开位置锚点与图纸的特征点关联。

2）"指定锚点"：用于指定断开位置的锚点。

3）"偏置"：设置锚点与断裂线之间的距离。

（5）设置

1）"间隙"：设置两条断裂线之间的距离。

2）"样式"：指定断裂线的类型。包括简单线、直线、锯齿线、长断裂、管状线、实心管状线、实心杆状线、拼图线、木纹线、复制曲线和模板曲线。

3）"幅值"：设置用作断裂线的曲线的幅值。

4）"延伸1"/"延伸2"：设置穿过模型一侧的断裂线的延伸长度。

5）"显示断裂线"：显示视图中的断裂线。

6）"颜色"：指定断裂线的颜色。

7）"宽度"：指定断裂线的密度。

## 12.5 视图编辑

（1）编辑整个视图：选中需要编辑的视图，在其中单击右键弹出快捷菜单（如图12-25所示），可以更改视图样式、添加各种投影视图等。主要功能与前面介绍的相同，此处不再介绍了。

（2）视图的详细编辑：视图的详细编辑命令集中在"菜单"→"编辑"→"视图"子菜单下，如图12-26所示。

图12-25　快捷菜单

图12-26　"视图"子菜单

### 12.5.1　视图对齐

一般而言，视图之间应该对齐，但UG在自动生成视图时是可以任意放置的，需要用户根据需要进行对齐操作。在UG制图过程中，用户可以拖动视图，系统会自动判断用户意图（包括中心对齐、边对齐多种方式），并显示可能的对齐方式，基本上可以满足用户对于视图放置的要求。

执行"菜单"→"编辑"→"视图"→"对齐"命令，单击"主页"选项卡"视图"面组"编辑视图下拉菜单"中的 （视图对齐）按钮，弹出如图12-27所示的"视图对齐"对话框。该对话框用于调整视图位置，使之排列整齐。

对话框中部分选项说明如下。

在"选择视图"列表框中列出了所有可以进行对齐操作的视图。

（1）回 "叠加"：即重合对齐，系统会将视图的基准点进行重

图12-27　"视图对齐"对话框

合对齐。

（2）▦ "水平"：系统会将视图的基准点进行水平对齐。

（3）▥ "竖直"：系统会将视图的基准点进行竖直对齐。它与 "水平对齐" 都是较为常用的对齐方式。

（4）▨ "垂直于直线"：系统会将视图的基准点垂直于某一直线对齐。

（5）▣ "自动判断"：该选项中，系统会根据选择的基准点，判断用户意图，并显示可能的对齐方式。

（6）▧ "铰链副"：将所选视图以铰链的方式对齐。

（7）"对齐" 方式有以下几种。

1）"对齐至视图"：将第一个所选视图的中心与使用 "选择视图" ▭ 指定的另一个视图的中心对齐。

2）"模型点"：使用模型上的点对齐视图。

3）"点到点"：用于分别在不同的视图上选择点对齐视图。以第一个视图上的点为固定点，其他视图上的点以某一对齐方式向该点对齐。

## 12.5.2　视图相关编辑

执行 "菜单" → "编辑" → "视图" → "视图相关编辑" 命令，或单击 "主页" 选项卡 "视图" 面组中的▦（视图相关编辑）按钮，弹出如图12-28所示的 "视图相关编辑" 对话框。该对话框用于编辑几何对象在某一视图中的显示方式，而不影响在其他视图中的显示。

1．添加编辑

（1）▯▏ "擦除对象"：擦除选择的对象，如曲线、边等。擦除并不是删除，只是使被擦除的对象不可见而已，使用 "删除选择的擦除" 命令可使被擦除的对象重新显示。若要擦除某一视图中的某个对象，则先选择视图；而若要擦除所有视图中的某个对象，则先选择图纸，再选择此功能，然后选择要擦除的对象并单击 "确定" 按钮，则所选择的对象被擦除（如图12-29所示）。

（2）▯▏ "编辑完整对象"：编辑整个对象的显示方式，包括颜色、线型和线宽。单击该按钮，设置颜色、线型和线宽，单击 "应用" 按钮。弹出 "类选择" 对话框，选择要编辑的对象并单击 "确定" 按钮，则所选对象按设置的颜色、线型和线宽显示。如要隐藏选择的视图对象，则只用设置选择对象的颜色与视图背景色相同即可。

（3）▯▏ "编辑着色对象"：编辑着色对象的显示方式。单击该按钮，设置颜色，单击 "应用" 按钮。弹出 "类选择" 对话框，选择要编辑的对象并单击 "确定" 按钮，则所选的着色对象按设置的颜色显示。

图12-28　"视图相关编辑" 对话框

（4）　"编辑对象分段"：编辑部分对象的显示方式，用法与编辑整个对象相似。在选择编辑对象后，可选择一个或两个边界，但只编辑边界内的部分（如图12-30所示）。

（5）　"编辑剖视图背景"：编辑剖视图背景线。在建立剖视图时，可以有选择地保留背景线，而使用背景线编辑功能，不但可以删除已有的背景线，而且还可添加新的背景线。

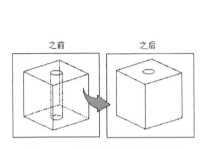

图12-29　"擦除对象"示意图

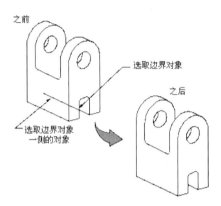

图12-30　"编辑对象分段"示意图

2．删除编辑

（1）　"删除选定的擦除"：恢复被擦除的对象。单击该图标，将高显已被擦除的对象，选择要恢复显示的对象并确认。

（2）　"删除　的修改"：恢复部分编辑对象在原视图中的显示方式。

（3）　"删除所有编辑"：恢复所有编辑对象在原视图中的显示方式。单击该图标，将显示警告信息对话框，单击"是"按钮，则恢复所有编辑，单击"否"，则相反。

3．转换相依性

（1）　"模型转换到视图"：转换模型中单独存在的对象到指定视图中，且对象只出现在该视图中。

（2）　"视图转换模型"：转换视图中单独存在的对象到模型视图中。

### 12.5.3　剖面线

执行"菜单"→"插入"→"注释"→"剖面线"命令，或单击"主页"选项卡"注释"面组中的　（剖面线）按钮，弹出如图12-31所示的"剖面线"对话框。该对话框用于在用户定义的边界内填充剖面线或图案，用于局部添加剖面线或对局部的剖面线进行修改。

需要注意的是：用户自定义边界只能选择曲线、实体轮廓线、剖视图中的边等，不能选择实体边。

图12-31　"剖面线"对话框

1．边界

（1）"选择模式"

1）"边界曲线"：选择一组封闭曲线。

2）"区域中的点"：用于选择区域中的点。

（2）"选择曲线"：选择曲线、实体轮廓线、实体边及截面边来定义边界区域。

（3）"指定内部位置"：指定要定位剖面线的区域。

（4）"忽略内边界"：取消此复选框，排除剖面线的孔和岛，如图11-32所示。

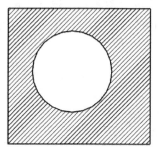 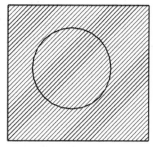

取消"忽略内边界"复选框　　　　勾选"忽略内边界"复选框

图11-32　"忽略内边界"示意图

2．要排除的注释

（1）"选择注释"：选择要从剖面线图样中排除的注释。

（2）"自动排除注释"：勾选此复选框，将在剖面线边界中任意注释周围添加文本区。

3．设置

（1）"断面线定义"：显示当前断面线的名称。

（2）"图样"：列出剖面线文件中包含的剖面线图样。

（3）"距离"：设置剖面线之间的距离。

（4）"角度"：设置剖面线的倾斜角度。

（5）"颜色"：指定剖面线的颜色。

（6）"宽度"：指定剖面线的密度。

（7）"边界曲线公差"：控制NX如何逼近沿不规则曲线的剖面线边界。值越小，就越逼近，构造剖面线图样所需的时间就越长。

## 12.5.4　移动/复制视图

执行"菜单"→"编辑"→"视图"→"移动/复制"命令，或单击"主页"选项卡"视图"面组中"编辑视图"下 📷（移动/复制视图）按钮，弹出如图11-33所示的"移动/复制视图"对话框。该对话框用于在当前图纸上移动或复制一个或多个选定的视图，或者把选定的视图移动或复制到另一张图纸中。

图11-33　"移动/复制视图"对话框

"移动/复制视图"对话框部分选项说明如下。

（1）🔾 "至一点"：移动或复制选定的视图到指定点，该点可用光标或坐标指定。

（2）🔾 "水平"：在水平方向上移动或复制选定的视图。

（3）🔾 "竖直"：在竖直方向上移动或复制选定的视图。

（4）🔾 "垂直于直线"：在垂直于指定方向移动或复制视图。

（5）🔾 "至另一图纸"：移动或复制选定的视图到另一张图纸中。

（6）"复制视图"：勾选该复选框，用于复制视图，否则移动视图。

（7）"距离"：勾选该复选框，用于输入移动或复制后的视图与原视图之间的距离值。若选择多个视图，则以第一个选定的视图作为基准，其他视图将与第一个视图保持指定的距离。若取消该复选框的勾选，则可移动光标或输入坐标值指定视图位置。

## 12.5.5　视图边界

执行"菜单"→"编辑"→"视图"→"边界"命令，或单击"主页"选项卡"视图"面组"编辑视图"下拉菜单中的🔾（视图边界）按钮，或在要编辑的视图的边界上单击鼠标右键，在弹出的菜单中选择"视图边界"命令，弹出如图12-34所示的"视图边界"对话框。该对话框用于重新定义视图边界，既可以缩小视图边界只显示视图的某一部分，也可以放大视图边界显示所有视图对象。

图12-34　"视图边界"对话框

1. 边界类型

（1）"断面线/局部放大图"：定义任意形状的视图边界，使用该选项只显示出被边界包围的视图部分。用此选项定义视图边界，则必须先建立与视图相关的边界线。当编辑或移动边界曲线时，视图边界会随之更新。

（2）"手工生成矩形"：以拖动方式手工定义矩形边界，该矩形边界的大小是由用户定义的，可以包围整个视图，也可以只包围视图中的一部分。该边界方式主要用在一个特定的视图中隐藏不要显示的几何体。

（3）"自动生成矩形"：自动定义矩形边界，该矩形边界能根据视图中几何对象的大小自动更新，主要用在一个特定的视图中显示所有的几何对象。

（4）"由对象定义边界"：由包围对象定义边界，该边界能根据被包围对象的大小自动调整，通常用于大小和形状随模型变化的矩形局部放大视图。

2. 其他参数

（1）"锚点"：用于将视图边界固定在视图对象的指定点上，从而使视图边界与视图相关，当模型变化时，视图边界会随之移动。锚点主要用在局部放大视图或用手工定义边界的视图。

（2）"边界点"：用于指定视图边界要通过的点。该功能可使任意形状的视图边界与模型相关。当模型修改后，视图边界也随之变化，也就是说，当边界内的几何模型的尺寸和位置变化时，该模型始终在视图边界之内。

（3）"包含的点"：用于选择视图边界要包围的点，只用于由"对象定义的边界"定义边界的方式。

（4）"包含的对象"：用于选择视图边界要包围的对象，只用于由"由对象定义边界"定义边界的方式。

（5）"父项上的标签"：用于设置圆形边界局部放大视图在父视图上的圆形边界是否显示。勾选该复选框，在父视图上显示圆形边界，否则不显示。

## 12.5.6　显示与更新视图

1．视图的显示

执行"菜单"→"视图"→"显示图纸页"命令，则系统会在对象的三维模型与二维工程图纸间进行转换。

2．视图的更新

执行"菜单"→"编辑"→"视图"→"更新"命令，或单击"主页"选项卡"视图"面组中的 （更新视图）按钮。系统会弹出如图12-35所示的对话框。

以下对上述对话框部分选项做介绍。

（1）"显示图纸中的所有视图"：该选项用于控制在列表框中是否列出所有的视图，并自动选择所有过期视图。选取该复选框之后，系统会自动在列表框中选取所有过期视图，否则，需要用户自己更新过期视图。

图12-35　"更新视图"对话框

（2）"选择所有过时视图"：用于选择当前图纸中的过期视图。

（3）"选择所有过时自动更新视图"：用于选择每一个在保存时勾选"自动更新"的视图。

## 12.6　标注与符号

为了表达零件的几何尺寸，需要引入各种投影视图，为了表达工程图的尺寸和公差信息，必须进行工程图的标注。

### 12.6.1　尺寸标注

UG标注的尺寸是与实体模型匹配的，与工程图的比例无关。在工程图中进行标注的尺寸是直接引用三维模型的真实尺寸，如果改动了零件中某个尺寸参数，工程图中的标注尺寸也会自动更新。

执行"菜单"→"插入"→"尺寸"命令（如图12-36所示），或在相应的"尺寸"面组中激活某一图标命令，系统会弹出各自的尺寸标注对话框，如图12-37所示，共包含了9种尺寸类型，部分尺寸标注方式如下。

图12-36 "尺寸"子菜单命令

图12-37 "尺寸"面组

1. 🗗 快速

（1）🗗圆柱式：用来标注工程图中所选圆柱对象之间的尺寸（如图12-38所示）。

（2）🗗 直径：用来标注工程图中所选圆或圆弧的直径尺寸（如图12-39所示）。

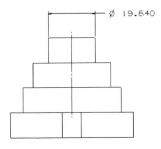

图12-38 "圆柱式"示意图

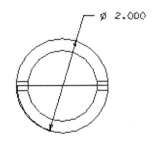

图12-39 "直径"示意图

（3）🗗自动判断：由系统自动推断出选用哪种尺寸标注类型来进行尺寸的标注。

（4）🗗水平：用来标注工程图中所选对象间的水平尺寸（如图12-40所示）。

（5）🗗竖直：用来标注工程图中所选对象间的垂直尺寸（如图12-41所示）。

（6）🗗点到点：用来标注工程图中所选对象间的平行尺寸（如图12-42所示）。

（7）🗗垂直：用来标注工程图中所选点到直线（或中心线）的垂直尺寸（如图12-43所示）。

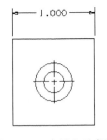

图12-40 "水平"示意图

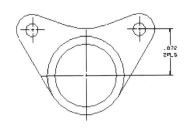

图12-41 "竖直"示意图

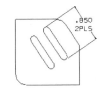

图12-42 "点到点"示意图

2. 🗗 倒斜角

倒斜角用来对于国标的45°倒角的标注。目前不支持对于其他角度倒角的标注（如图12-44所示）。

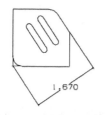

图12-43　"垂直"示意图

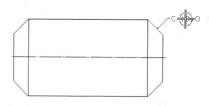

图12-44　"倒斜角"示意图

**3．线性**

可将六种不同线性尺寸中的一种创建为独立尺寸，或者创建为一组链尺寸或基线尺寸。可以创建下列尺寸类型。

（1）孔标注：用来标注工程图中所选孔特征的尺寸（如图14-45所示）。

（2）链：用来在工程图上生成一个水平方向（XC方向）或竖直方向（YC方向）的尺寸链，即生成一系列首尾相连的水平/竖直尺寸，如图14-46所示。

（注：在测量方法中选择水平或竖直，即可在尺寸集中选择链。）

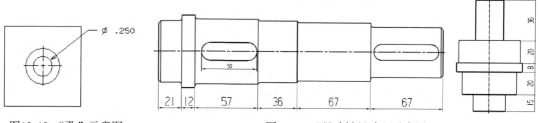

图12-45　"孔"示意图　　　　　　　　　图14-46　"尺寸链尺寸"示意图

（3）基线：用来在工程图上生成一个水平方向（XC方向）或竖直方向（YC方向）的尺寸系列，该尺寸系列分享同一条水平/竖直基线，如图14-47所示。

（注：在测量方法中选择水平或竖直，即可在尺寸集中选择基线。）

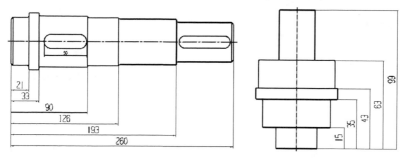

图14-47　"基线尺寸"示意图

**4．角度**

用来标注工程图中所选两直线之间的角度。

**5．径向**

用于创建3个不同的径向尺寸类型中的一种。

（1）径向：用来标注工程图中所选圆或圆弧的半径尺寸，但标注不过圆心。

（2）直径：用来标注工程图中所选圆或圆弧的直径尺寸。

（3）孔标注：用来标注工程图中所选大圆弧的半径尺寸。

6. 弧长

用来标注工程图中所选圆弧的弧长尺寸（如图12-48所示）。

7. 坐标

用来在标注工程图中定义一个原点的位置，作为一个距离的参考点位置，进而可以明确地给出所选对象的水平或垂直坐标距离（如图14-49所示）。

在放置尺寸值的同时，系统会打开如图14-50所示的"编辑尺寸"对话框也可以单击每一个标注图标后，在拖放尺寸标注时，单击右键选择"编辑"命令，打开此对话框，其功能如下。

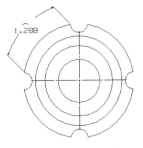
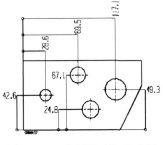
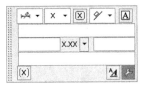

图12-48 "弧长"示意图　　　图14-49 "坐标尺寸"示意图　　　图14-50 "编辑尺寸"对话框

（1）文本设置：该选项会打开如图14-51所示的"设置"对话框，用于设置详细的尺寸类型，包括尺寸的位置、精度、公差、线条和箭头、文字、单位等。

（2）精度：该选项用于设置尺寸标注的精度值，可以使用其下拉选项进行详细设置。

（3）公差：用于设置各种需要的精度类型，可以使用其下拉选项进行详细设置。

（4）编辑附加文本：单击该图标，打开"附加文本"对话框，如图14-52所示，可以进行各种符号和文本的编辑。

图14-51 "设置"对话框　　　　　　　图14-52 "附加文本"对话框

"附加文本"对话框，其功能如下：

（1）用户定义（如图14-53所示）

如果用户已经定义好了自己的符号库，可以通过指定相应的符号库来加载它们，同时还可以设置符号的比例和投影。

（2）关系（如图14-54所示）

用户可以将物体的表达式、对象属性、零件属性、图纸页区域标注出来，并实现关联。

图14-53　"用户定义"符号类型

图14-54　"关系"符号类型

## 12.6.2　注释

执行"菜单"→"插入"→"注释"→"注释"命令，或单击"主页"选项卡"注释"面组中的 Ａ（注释）按钮，系统会弹出如图12-55所示的对话框。

1．"注释"对话框选项部分功能如下

（1） "插入文件中的文本"：将保存在.txt文件内容插入到注释编辑器中。

（2） "另存为"：将输入的文字保存到.txt文件中。

（3） "清除"：清除所有输入的文字。

（4） "删除文本属性"：删除字型为斜体或粗体的属性。

（5） "选择下一个符号"：用注释编辑器输入的符号来移动光标。

（6）$x^2$ "上标"：在文字上面添加内容。

（7）$x_2$ "下标"：在文字下面添加内容。

（8） chinesef "选择字体"：用于选择合适的字体。

2．制图符号

（1） "插入埋头孔"：生成埋头孔符号。

（2） "插入沉头孔"：生成沉头孔符号。

（3） "插入深度"：编辑深度符号。

（4） "插入拔锥"：生成圆锥拔模角符号。

（5） "插入斜率"：向具有斜坡的图形生成斜度符号。

图12-55　"注释"对话框

（6）▢ "插入方形"：给横向和竖向具有相同长度的图形创建正四边形符号。

（7）↔ "两者之间插入"：创建间隙符号。

（8）± "插入+/-"：创建正负号。

（9）x° "插入度数"：创建角度符号。

（10）⌒ "插入弧长"：创建弧长符号。

（11）( "插入左括号"：生成左括号。

（12）) "插入右括号"：生成右括号。

（13）ø "插入直径"：生成直径符号。

（14）sø "插入球径"：生成球体直径符号。

3．形位公差符号

（1）⊕ "插入单特征控制框"：单击该按钮开始编辑单框形位公差。

（2）— "插入直线度"：生成直线度符号。

（3）▱ "插入平面度"：生成平面度符号。

（4）○ "插入圆度"：生成圆弧度符号。

（5）⌀ "插入圆柱度"：生成圆柱度符号。

（6）⌒ "插入线轮廓度"：生成自由弧线的轮廓符号。

（7）⌒ "插入面轮廓度"：生成自由曲面的轮廓符号。

（8）∠ "插入倾斜度"：生成倾斜度符号。

（9）⊥ "插入垂直度"：生成垂直度符号。

（10）⊕ "插入复合特征控制框"：在一个框架内创建另一个框架，即组合框。

（11）// "插入平行度"：生成平行度符号。

（12）⌖ "刀片位置"：生成零件的点、线及面的位置符号。

（13）◎ "插入同轴度"：向具有中心的圆形对象创建同心度符号。

（14）= "插入对称度"：以中心线、中心面或中心轴为基准创建对称符号。

（15）↗ "插入圆跳动"：创建圆跳动度符号。

（16）↗ "插入全跳动"：创建全跳动度符号。

（17）ø "插入直径"：生成直径符号。

（18）sø "插入球径"：生成球体直径符号。

（19）| "插入框分隔线"：创建垂直分隔符。

（20）Ⓜ "插入最大实体状态"：生成实际最大尺寸符号。

（21）Ⓛ "插入最小实体状态"：生成实际最小尺寸符号。

（22）⊕ "开始下一个框"：开始编辑另一形位公差。

4．用户定义

如果用户已经定义好了自己的符号库，可以通过指定相应的符号库来加载它们，同时还可以设置符号的比例和投影。

5．关系

用户可以将物体的表达式、对象属性、零件属性标注出来，并实现关联。

### 12.6.3 定制

执行"菜单"→"插入"→"符号"→"定制"命令，或单击"制图工具"选项卡"定制符号"面组中的（插入）按钮，则系统弹出如图12-56所示的对话框。

"定制符号"对话框常用选项功能如下。

（1）"符号视图"

"视图列表"：选择一个选项以显示选定库文件夹的内容。

1）"表格视图"：将显示格式更改为带有可排序标题的表格。

2）"缩略图"：以缩略图格式显示带有图像及其名称的文件夹内容。

3）"预览"：显示带有图像及其名称的文件夹内容。

4）"列表"：以列表格式显示带有其名称的文件夹内容。

5）"图标"：以图标显示带有其名称的文件夹内容。

6）"标题"：显示带有名称、类型和图像的文件夹内容。

（2）"锁定更新"：创建不会在主定制符号发生更改时更新的关联定制符号实例。

（3）"放置时打散符号"：在将符号实例放在图纸上时，将其分解为各个组成部分。

图12-56 "定制符号"对话框

### 12.6.4 符号标注

执行"菜单"→"插入"→"注释"→"符号标注"命令，或单击"主页"选项卡"注释"面组中的（符号标注）按钮，则系统弹出如图12-57所示的对话框。

使用符号标注可在图纸上创建并编辑符号标注符号。可将符号标注符号作为独立符号进行创建。

"符号标注"对话框常用选项功能如下。

（1）"类型"：指定标注符号类型。包括圆、分割圆、顶角朝下三角形、顶角朝上三角形、正方形、分割正方形、六边形、分割六边形、象限圆、圆角方块和下划线11种类型。

（2）"原点"和"指引线"选项参数参考基准特征符号中的选项。

（3）"文本"：将文本添加到符号标注。如果选择分割的符号，则可以将文本添加到上部和下部文本字段。未分割的符号只有一行文本。

图12-57 "符号标注"对话框

（4）"继承-选择符号标注"：单击以继承现有符号标注的符号大小。

（5）"大小"：允许更改符号的大小。

# 12.7 综合实例——端盖工程图

创建如图12-58所示的端盖工程图。

扫码看视频

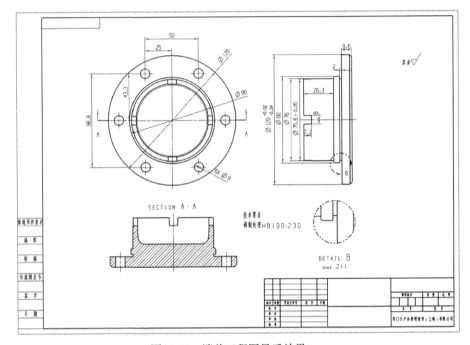

图12-58　端盖工程图最后效果

**1．新建文件**

（1）执行"文件"→"新建"命令，或单击"主页"选项卡"标准"面组中的（新建）按钮，弹出如图12-59所示的"新建"对话框。

（2）在对话框中的"图纸"选项卡中选择"A3-无视图"模板。

（3）在"要创建图纸的部件"栏中单击"打开"按钮。

（4）弹出"选择主模型部件"对话框，单击"打开"按钮。

（5）弹出"部件名"对话框，选择要创建工程图的"duangai"零件，单击"OK"按钮，然后单击"确定"按钮。进入制图界面。

**2．创建基本视图**

（1）执行"菜单"→"插入"→"视图"→"基本"命令，或单击"主页"选项卡"视图"面组中的（基本视图）按钮，弹出如图12-60所示的"基本视图"对话框。

（2）在图纸中适当的地方放置基本视图，如图12-61所示。

**3．创建投影视图**

（1）执行"菜单"→"插入"→"视图"→"投影"命令，或单击"主页"选项卡"视图"面组中的（投影视图）按钮，弹出如图12-62所示的"投影视图"对话框。

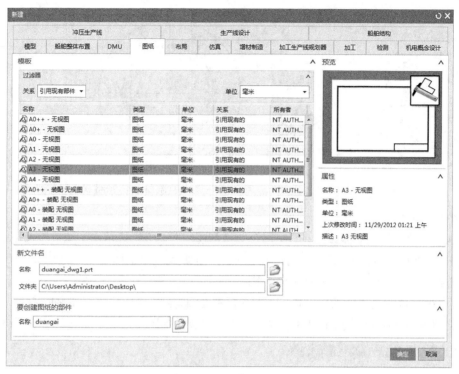

图12-59　"新建"对话框

图12-60　"基本视图"对话框

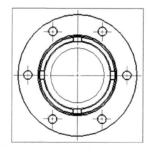

图12-61　放置基本视图框

图12-62　"投影视图"对话框

（2）选择上一步创建的基本视图为父视图。

（3）选择投影方向，如图12-63所示。

（4）将投影放置在图纸中适当的位置，如图12-64所示。

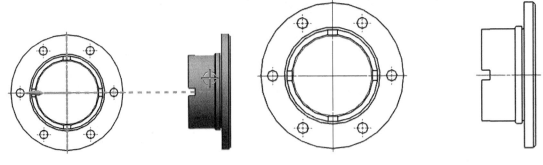

| 图12-63　选择投影方向 | 图12-64　放置适当的位置 |

**4．创建剖视图**

（1）执行"菜单"→"插入"→"视图"→"剖视图"命令，或单击"主页"选项卡"视图"面组中的 ▦（剖视图）按钮，弹出如图12-65所示的"剖视图"对话框。

（2）选择上一步创建的基本视图为父视图。

（3）选择圆心为铰链线的放置位置，单击鼠标左键确定剖视图的位置，如图12-66所示。

（4）将剖视图放置在图纸中适当的位置，创建的剖视图如图12-67所示。

图12-65　"剖视图"对话框

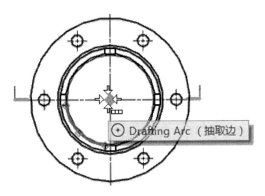

图12-66　放置位置

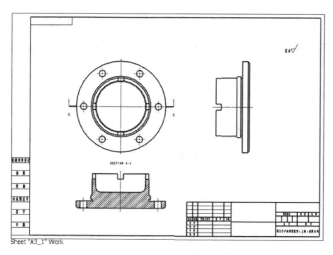

图12-67　创建的剖视图

**5. 创建局部放大图**

（1）执行"菜单"→"插入"→"视图"→"局部放大图"命令，或单击"主页"选项卡"视图"面组中的 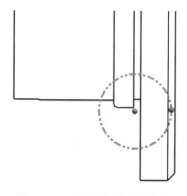（局部放大图）按钮，弹出如图12-68所示的"局部放大图"对话框。

（2）在对话框中的"类型"下拉列表中选择"圆形"选项。

（3）选取圆心和半径，如图12-69所示。

图12-68　"局部放大图"对话框　　　　　图12-69　选择局部放大的范围

（4）系统自动创建局部放大图，放置到图纸中适当的位置如图12-70所示。

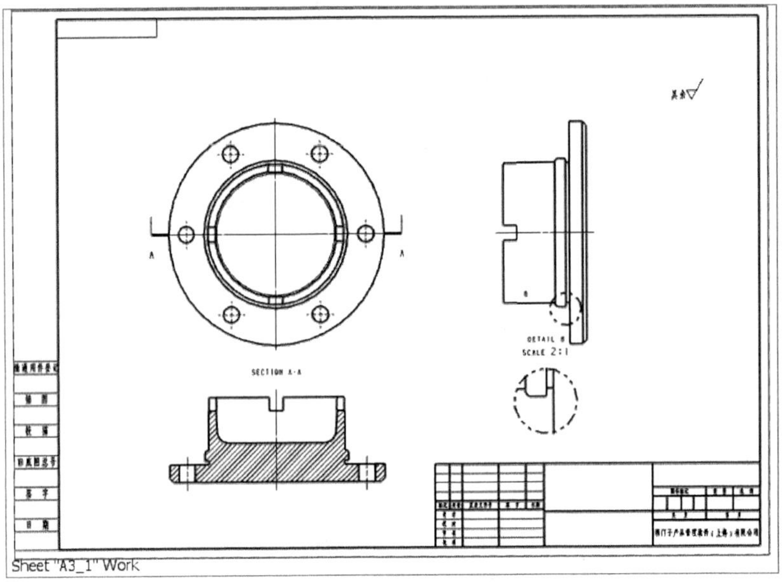

图12-70　局部放大图实例

**6．制图设置**

执行"菜单"→"首选项"→"制图"命令，弹出如图12-71所示的"制图首选项"对话框，对各选项卡进行设置。

图12-71　"制图首选项"对话框

7．标注尺寸

（1）标注径向尺寸。

执行"菜单"→"插入"→"尺寸"→"线性"命令，选择左视图中各端面的端点进行合理的尺寸标注，如图12-72所示。

（2）标注直径尺寸。

执行"菜单"→"插入"→"尺寸"→"径向"命令，选择主视图中的圆进行合理的尺寸标注，如图12-73所示。

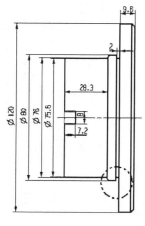

图12-72　尺寸标注

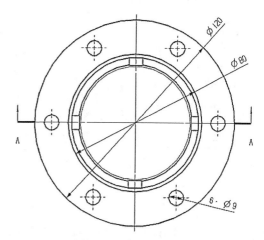

图12-73　直径尺寸标注

（3）标注直线的尺寸。

执行"菜单"→"插入"→"尺寸"→"快速"命令，进行线性尺寸标注，如图12-74所示。

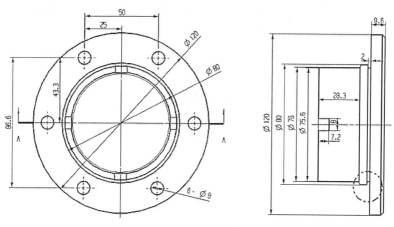

图12-74　线性尺寸标注

8．标注公差

（1）选择要标注公差的尺寸，单击鼠标右键，弹出如图12-75所示的快捷菜单，选择"编辑"选项。

（2）在如图12-75所示的"编辑尺寸"对话框中选择"等双向公差"，单击"公差值"选项，在公差文本框中输入公差值，结果如图12-76所示。

图12-75　"编辑尺寸"对话框

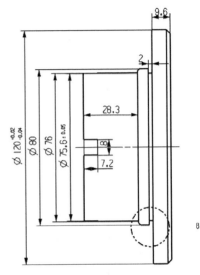

图12-76　公差标注

9．技术要求

（1）执行"菜单"→"插入"→"注释"→"注释"命令，或单击"主页"选项卡"注释"面组中的 A（注释）按钮，弹出如图12-77所示的"注释"对话框。

图12-77　"注释"对话框

（2）在文本框中输入技术要求文本，在图中拖动文本到合适位置处，单击鼠标左键，将文本固定在图样中，效果如图12-58所示。